戰略 *strategy* 戰術 *tactics* 兵器 *weapons* 事典 vol.7

中國中古篇

戰略・戰術・兵器事典 ⑦ 中國中古篇

CONTENTS

【卷頭彩色特集】

裝備

兵器・軍船・軍裝・城　　監修、文／來村多加史　中西立太（軍船）

戰陣

陣法與戰法的變遷　　監修／村山吉廣　文／島村 亨

兵制

軍事組織的變遷　文／李天鳴

本文由李天鳴重新編寫與㈱学研パブリッシング無涉，如有任何疑問歡迎聯繫楓樹林編輯部。

首都

剖析防禦據點　文／來村多加史

戰役

中國七大激戰

本篇【金・南宋大戰】、【土木之變及北京保衛戰】、【薩爾滸之役】、【李自成之亂】由李天鳴、周維強重新編寫與㈱学研パブリッシング無涉，如有任何疑問歡迎聯繫楓樹林編輯部。

實踐

戰爭與中國

兵家

名將的智慧　　監修／村山吉廣

歷代皇朝

中國歷代興亡史　　監修／坂田 新

【卷頭彩色特集】

裝備

【卷頭彩頁】

兵器（冷兵器・火器）

軍船（樓船・鬥艦・其他）

軍裝（魏晉南北朝・唐・元・明・清）

城（門的構造・防禦機能・萬里長城）

兵書《武經總要》、《武備志》

監修、文／來村多加史

中西立太（插畫／p.16～p.19）

冷兵器是未使用火與火藥的武器之總稱，包括刀劍、斧鉞等短兵武器、槍與戟等長柄武器、弓弩等遠射武器，以及用於攻、守城作戰中的大型兵器，全部都算在冷兵器的範疇內。從漢朝一直到明清時期，冷兵器的刀刃部位主要都是以鐵作為材料。鋼鐵製刃器的製造技術從東漢時期開始飛躍性發展，經過無數次實戰考驗，不僅變得越來越純熟，也衍生出各式各樣不同種類的武器。從各方面技術都有獲得革新的宋朝開始，在刀、槍、弩弓這種傳統組合上，又進一步加入了形狀更為複雜嶄新的鐵刃武器，如實說明了冷兵器的製造技術已經到達了爐火純青的地步。即便此時火器已經發明出來，並被當成制敵機先用的戰略兵器，不過冷兵器依然還是穩坐帶領戰鬥邁向最後勝利的重要裝備之地位。不過，這種長期併用冷兵器與火器的現象，反而使中國的近代化軍隊發展遲緩，且成為遭致列強侵略的主要原因。

←手上握著刀的士兵（南宋）。

刀

從青銅劍進入鐵刀時代——腰間的斬刀威力更為提高

西漢時代，鐵刀取代青銅劍成為最普遍的短柄武器，進入東漢之後，因為鍛造技術的躍進而能打造出更為鋒利的鋼刀。漢朝的鐵刀屬於環首直刀，刀柄與刀身之間並沒有明確的區分。而在南北朝到唐代時因為受到波斯的影響，流行在刀鞘上裝有兩個耳的騎馬用太刀，不過這種也是跟之前一樣的直刀。進入宋朝之後，較寬的曲刀成為主流，明朝時因為倭寇所拿的日本刀頗具威力，因此中國也開始製作裝有鍔的細刀身曲刀。

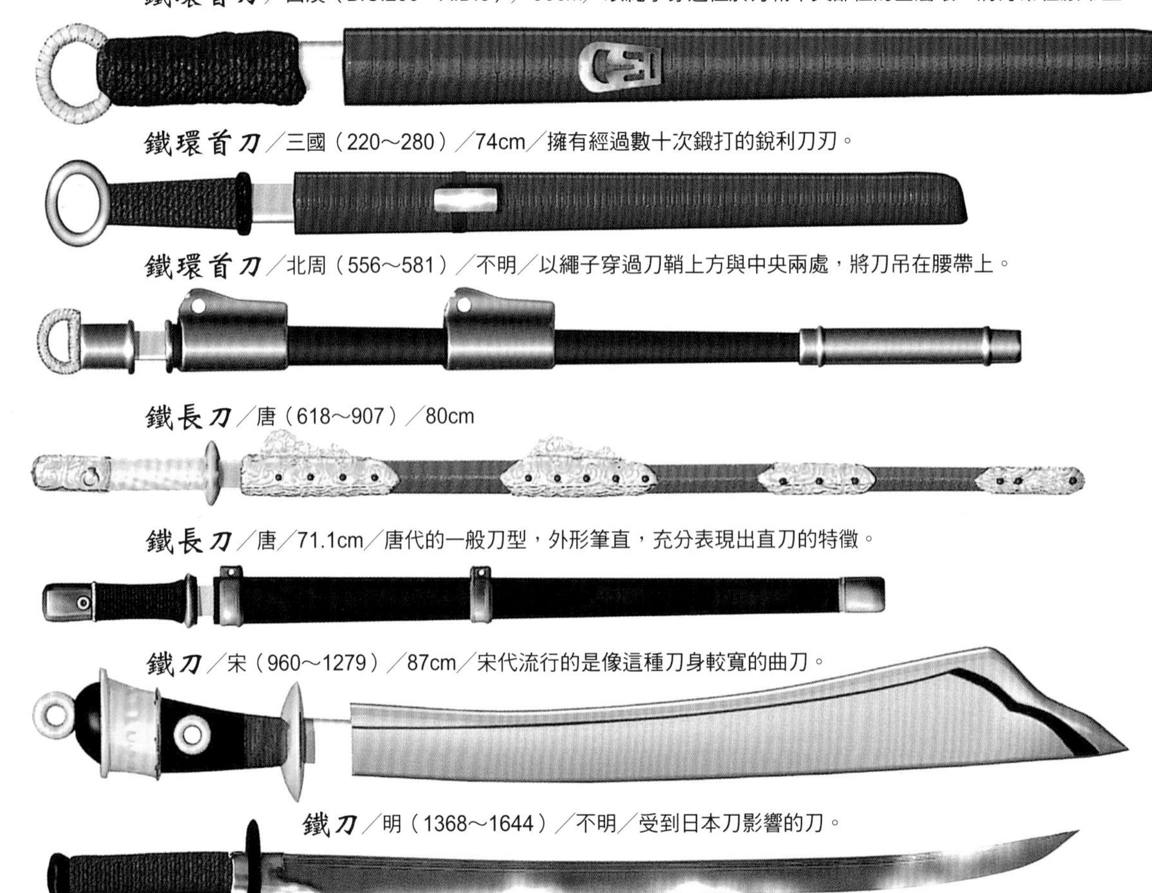

鐵環首刀／西漢（B.C.206～A.D.8）／90cm／以繩子穿過位於刀鞘中央部位的金屬環，將刀吊在腰帶上。

鐵環首刀／三國（220～280）／74cm／擁有經過數十次鍛打的銳利刀刃。

鐵環首刀／北周（556～581）／不明／以繩子穿過刀鞘上方與中央兩處，將刀吊在腰帶上。

鐵長刀／唐（618～907）／80cm

鐵長刀／唐／71.1cm／唐代的一般刀型，外形筆直，充分表現出直刀的特徵。

鐵刀／宋（960～1279）／87cm／宋代流行的是像這種刀身較寬的曲刀。

鐵刀／明（1368～1644）／不明／受到日本刀影響的刀。

武器是以出土物品資料為基礎繪製而成（參考資料《中國古代兵器圖集》）
名稱／時代（西元）／刀刃長度／特徵（以下皆同）

長柄刀

以偃月刀為首的代表性步兵武器
因為外形優美，最後遂成為將領的象徵

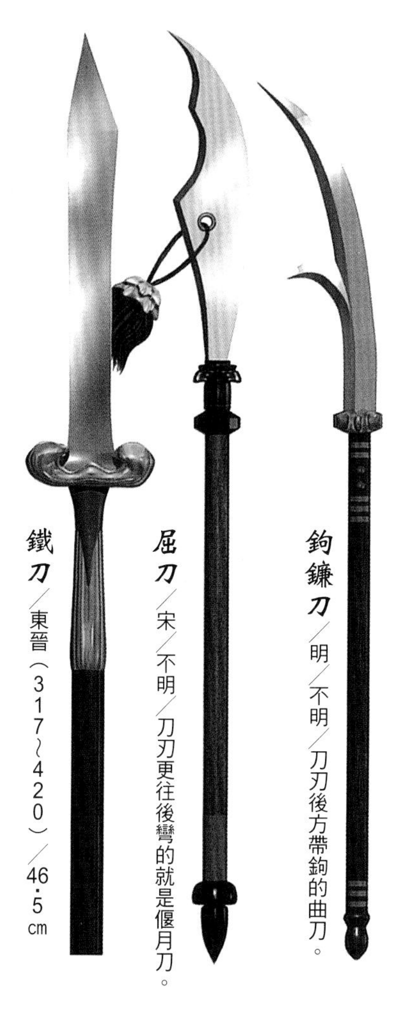

鐵刀／東晉（317～420）／46.5cm

屈刀／宋／不明／刀刃更往後彎的就是偃月刀。

鉤鐮刀／明／不明／刀刃後方帶鉤的曲刀。

⬇偃月刀（出自許昌市內關帝廟的壁畫）

長柄刀出現於新石器時代，最初是把中式菜刀形狀的石刃裝在柄的末端，到了商周時期則換用青銅製作相同造型的刀刃。之後，長柄刀曾隨著戈與戟的普及而從戰場上消失，不過到了東晉時代又改變形狀重新復活。進入唐朝之後，長柄兩刃的「陌刀」已經成為步兵的必備武器。宋朝以後，裝有大型曲刀的偃月刀開始流行，外形也加入了各式各樣的巧思。雖然到明清時期依然有繼續製造，不過此時它則變成將領與衛兵專用的武器。

廣義的槍一般是指在長柄末端裝有刺殺用刀刃的兵器，而狹義的槍則專指形狀是將槍頭與柄對接的部分塞進柄裡面去的武器，用來跟這部位呈中空狀且包覆住柄的矛作區別。青銅製的槍幾乎都屬於矛，而把短劍裝在長柄上的武器則稱為鈹，是特例的青銅槍。從南北朝時代到唐朝供騎兵專用的是擁有尖銳鐵刃、長約1丈8尺（約4公尺）的矛。到了宋朝，槍的種類越來越豐富，還有發展出供守城專用的槍。

槍

不靠橫掃採突刺。以單純的動作殺傷敵人，
供密集隊形的步兵集團所使用的刺殺兵器。

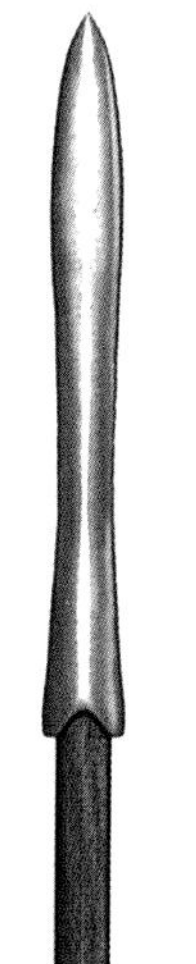

鐵矛／南北朝（439～589）／30cm

鐵矛／唐／16.5cm／以切口夾緊的方式固定於柄上。

鴉項槍／宋／不明／步兵一般用槍的其中一種。

P.6～P.11CG製作／伊藤大地

戟

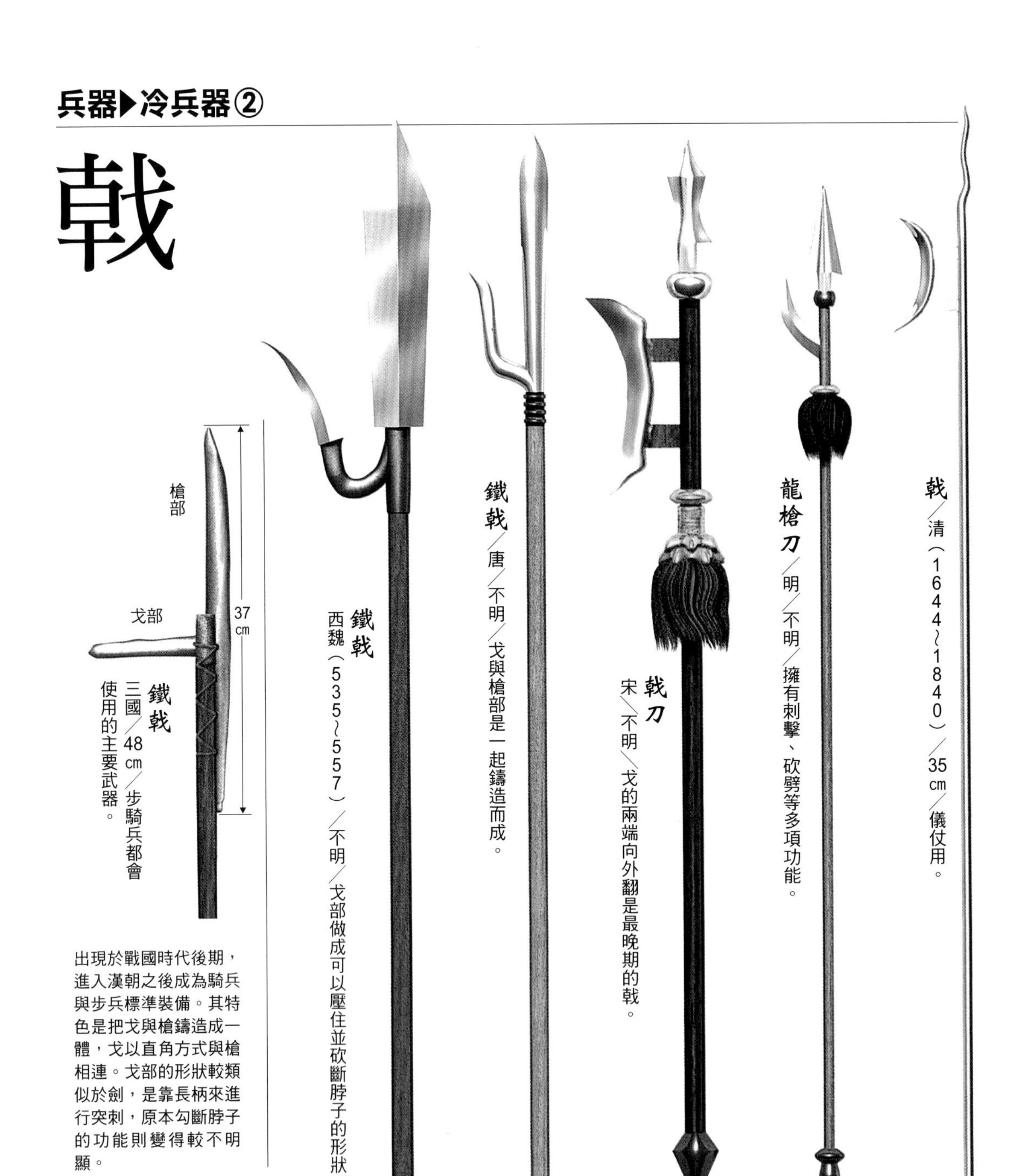

出現於戰國時代後期，進入漢朝之後成為騎兵與步兵標準裝備。其特色是把戈與槍鑄造成一體，戈以直角方式與槍相連。戈部的形狀較類似於劍，是靠長柄來進行突刺，原本勾斷脖子的功能則變得較不明顯。

從車戰中使用的主要兵器發展而來的步兵武器
它那特殊的外形同時具有薙刀與槍的功能

戟是將扣住脖子砍下腦袋用的戈與刺殺用的矛合為一體的長柄武器，它原本是用於車戰的主要武器，不過從戰國時代開始則發展成供步兵持用的多功能武器。漢朝流行的是把槍與戈連接成卜字形的鐵戟，而南北朝時代則演變成將戈部外翻，類似刺叉的形狀。進入唐朝之後，戟變成儀仗用的裝飾武器，不再於實戰中使用。至於，出現於宋朝擁有偃月形刀刃的特殊槍，則是戟的最後形態。

因為金屬冶煉技術的成熟得以出現的複雜外形 考量到攻守兼備機能而設計出的強力兵器

具有多數刀刃且備有數種功能的冷兵器，不論在古今東西都可看到，西洋的斧槍（halberd）與中國的戟都是箇中代表。而隨著金屬冶煉技術的成熟，外形更為誇張複雜的多刃武器也陸續出現。宋朝研發用來作為攻、守城用武器的槍，上面裝有看起來跟蜈蚣腳一樣的大量利刃；而明朝在與倭寇激戰中孕育而生的攻守兼備用槍，為了要能抵擋日本刀的刀刃，會裝有數根像耙子一樣突出去的穗先。

銅三果戟
戰國（B.C.403 ～B.C.221）／不明

春秋時代後期一時流行於南方的楚國與蔡國的多刃青銅戟。
戟是用以在雙方戰車錯身而過的瞬間砍下對手腦袋的武器，如果裝上很多把戈的話，除了可以在實戰中提高殺傷率之外，也十足具有威嚇效果。柄的長度約為3公尺左右。

弓箭

因為形狀便於攜行，所以取代弩而廣為普及，是步騎兵最常用的遠射兵器。

從戰國時代到漢朝都被應用於各種戰況中的弩，到了南北朝時期卻被弓箭所取代，漸漸不再廣為使用。其原因在於北朝的鮮卑族主要是靠騎射來打獵維生的民族，而騎在馬上朝後方放箭的安息式射箭法在游擊戰中也能發揮很好的效果。屬於北朝系的唐朝也較重弓箭，弩與床弩則被當成國防軍的主要兵器。在弓方面使用的是適合騎射的短型合成弓，箭則是依據用途而有多種鏃可選用。

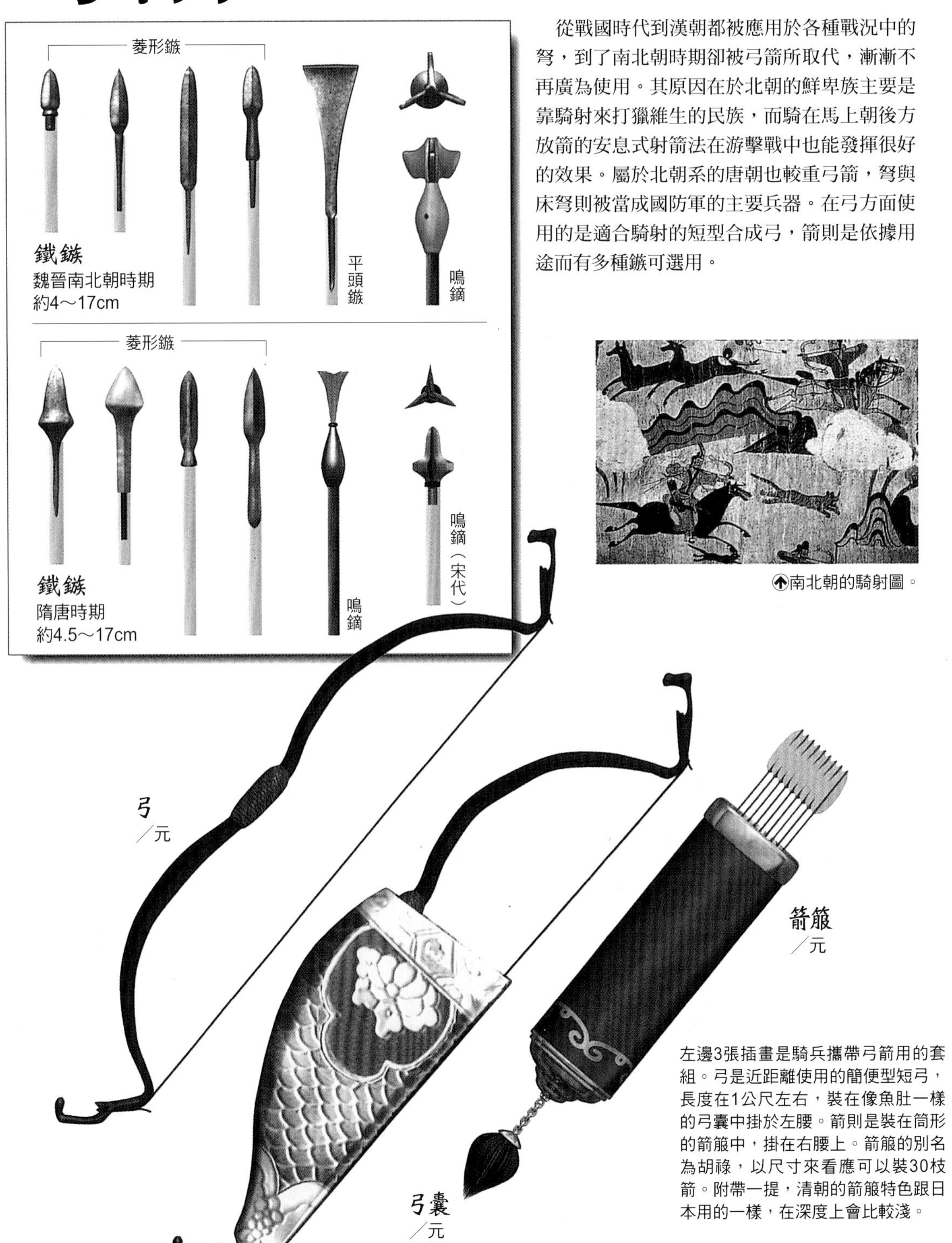

↑南北朝的騎射圖。

左邊3張插畫是騎兵攜帶弓箭用的套組。弓是近距離使用的簡便型短弓，長度在1公尺左右，裝在像魚肚一樣的弓囊中掛於左腰。箭則是裝在筒形的箭箙中，掛在右腰上。箭箙的別名為胡祿，以尺寸來看應可以裝30枝箭。附帶一提，清朝的箭箙特色跟日本用的一樣，在深度上會比較淺。

特殊武器

能夠在受侷限的戰鬥狀況中發揮威力，具有特殊機能的攻、守城用兵器。

在戰場上並不一定每次都是重複著單純的戰鬥。

舉例來說，在針對城池的攻防戰中，就會需要在城牆的垂直面上或是狹窄的地道內進行搏鬥。碰到這種狀況時，為了要讓戰鬥更為有利，自古以來就有打造出各種擁有特殊形狀與功能的武器。包括可以輕易擊碎堅固甲冑的大斧、適合用來擊退登城士兵的剉手斧與鐵鍊夾棒、在混戰中很好用的杵棒與狼牙棒、明朝的戚繼光為了對付倭寇而想出的狼筅、捕捉敵人用的飛撾等，每樣都是屬於特殊武器。

⬆使用狼筅的步兵（明）

狼筅
明／全體約4.67m
只有末端是鐵製的槍頭。

大斧
宋／不明／也稱為開山、靜燕、日華、無敵。

剉手斧
宋／不明／守城士兵用來對付攀上城牆的士兵。

飛撾
明／不明

杵棒
宋／各45cm／兩端粗大部分的突起尖刺可以對敵造成致命傷害。

狼牙棒
宋／約45cm／尖刺就算是打在鎧甲上面依然很有威力。

鐵鍊夾棒
宋／約40cm

飛撾的機械原理

⬇在長長的繩索兩端綁上狀似鷹爪的器械所構成的守城用武器。只要拉動繫在內部零件上的另外一條繩子就能牽動爪子，用以抓住敵人的衣服，相當精巧，可以用來抓住靠著梯子爬上城牆的敵兵並將之殺害。

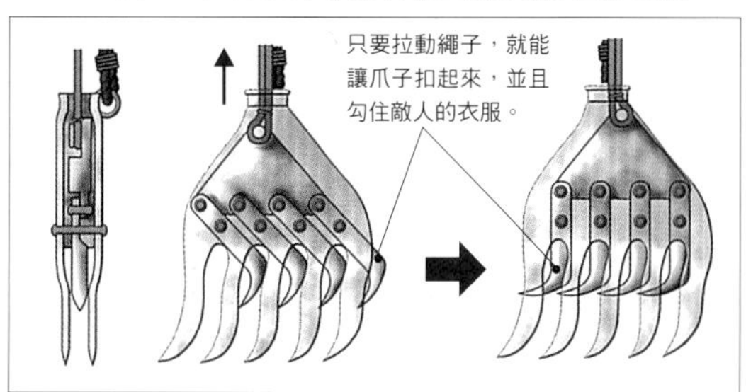

混合硝石、硫磺、木炭的黑色火藥，於唐朝的元和年間（西元806～820）發明，並在宋朝就被使用在軍事用途上。早期的火器並不具有太強的爆炸威力，主要只是靠火藥在敵陣中撒佈火焰與毒物而已。元朝發明出了以火藥噴射出鐵製散彈的筒形銅槍，令鎌倉武士傷透腦筋的震天雷等炸裂彈也有大量生產。到了明朝，除了有改良銅槍之外，可以發射實體彈的鐵炮也鑄造成功，且於戰場上大顯神威。當時西洋在火器方面的進步也開始覺醒，到了15世紀時已完全超越中國的技術了。明朝政府後來認可了西洋火器性能，在正德年間（西元1506～1521）進口了葡萄牙製的佛朗機槍，1618年進口荷蘭製的紅夷炮，並於國內大量製造。另外，明朝在製造火繩槍方面也有特別投注心力，將之廣為配備至軍隊中。清朝雖然在很早的時候就有採用火器，不過技術革新程度卻無法跟西洋並駕齊驅，使得鴉片戰爭最後落得慘敗的下場。

猛火油櫃
／宋

↖北宋早期研發出來的火焰噴射器，據說燃料是使用從原油蒸餾出來的汽油。在四方形的銅櫃中注有燃料，只要點著裝有火藥的火樓（點火裝置），並且往復抽動套筒內的活塞，就可以從銅櫃中逐次抽送出1.5公斤的燃料，藉此連續噴射出火焰。銅櫃內有點火的的壺，用以燒紅鐵錐（火箸狀的物體）當作火種。

槍

使用火藥發射散彈的火槍發明於元朝，目前所得知最古老的槍，是在元朝的至順3年（西元1332）鑄造而成。由於早期的槍在火藥的爆發力上相當有限，因此飛散出的彈丸並沒有太大殺傷力。不過它的爆炸聲對於震攝士兵與軍馬卻十足具有效果，可以達到讓敵人陷入混亂的目的。在明朝有發明出改良自元式銅槍的三眼槍，後來因為鳥槍的普及而消失，而鳥槍在之後則成為最普遍的兵器。

銅碗口槍
／元

➔開口像碗公一樣大的火槍。長35.3㎝，口徑10.5㎝，重6.94kg。是製造於元朝至順3年的最古老槍。槍尾有兩個穿孔，應該是可以穿過軸來調整發射角度。槍壁很薄，較大的開口構造會使燃燒的瓦斯容易漏出。

P12～P.15插畫／大塚洋一郎

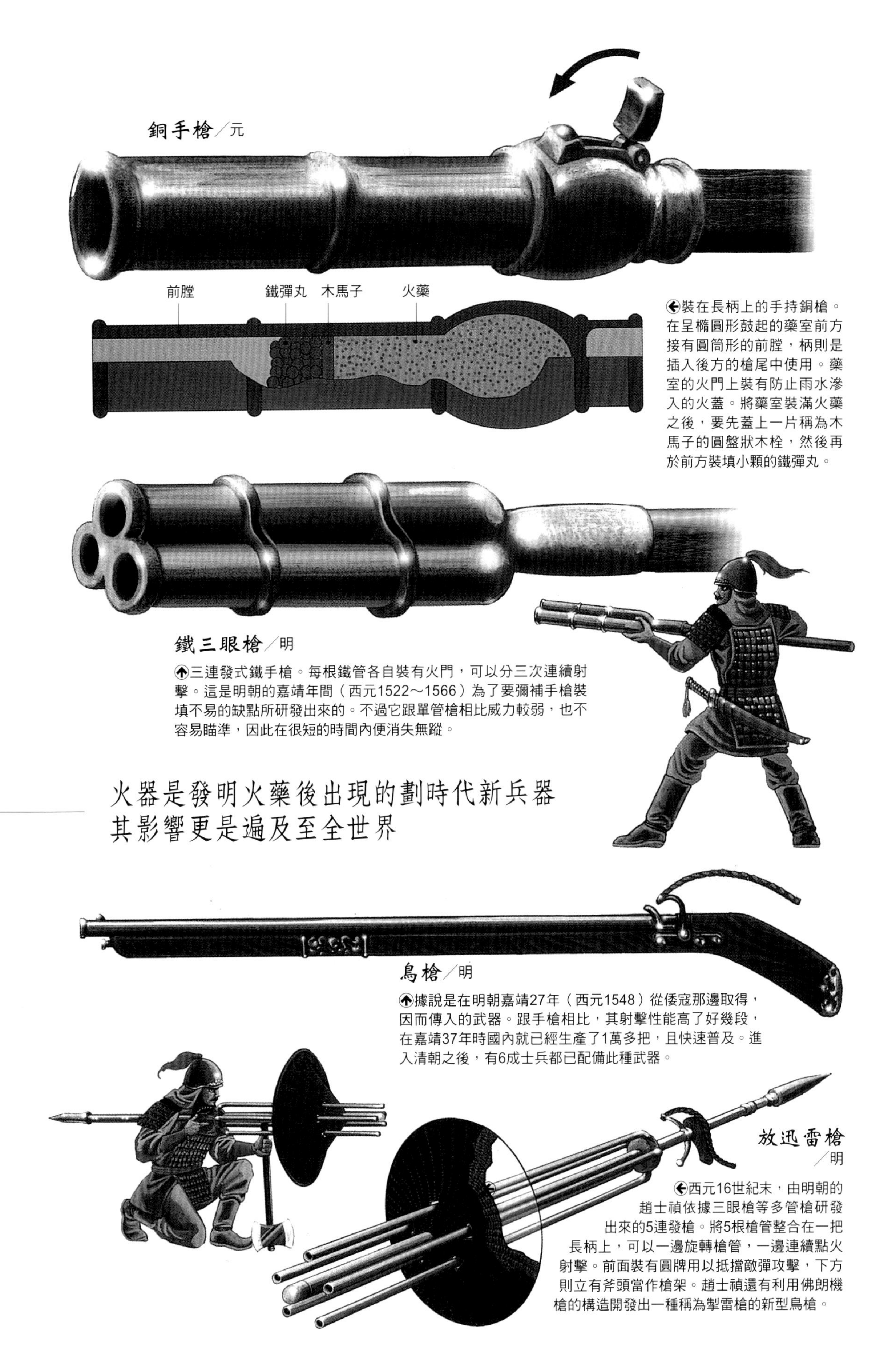

銅手槍／元

🡐裝在長柄上的手持銅槍。在呈橢圓形鼓起的藥室前方接有圓筒形的前膛，柄則是插入後方的槍尾中使用。藥室的火門上裝有防止雨水滲入的火蓋。將藥室裝滿火藥之後，要先蓋上一片稱為木馬子的圓盤狀木栓，然後再於前方裝填小顆的鐵彈丸。

鐵三眼槍／明

🡑三連發式鐵手槍。每根鐵管各自裝有火門，可以分三次連續射擊。這是明朝的嘉靖年間（西元1522～1566）為了要彌補手槍裝填不易的缺點所研發出來的。不過它跟單管槍相比威力較弱，也不容易瞄準，因此在很短的時間內便消失無蹤。

火器是發明火藥後出現的劃時代新兵器
其影響更是遍及至全世界

鳥槍／明

🡑據說是在明朝嘉靖27年（西元1548）從倭寇那邊取得，因而傳入的武器。跟手槍相比，其射擊性能高了好幾段，在嘉靖37年時國內就已經生產了1萬多把，且快速普及。進入清朝之後，有6成士兵都已配備此種武器。

放迅雷槍／明

🡐西元16世紀末，由明朝的趙士禎依據三眼槍等多管槍研發出來的5連發槍。將5根槍管整合在一把長柄上，可以一邊旋轉槍管，一邊連續點火射擊。前面裝有圓牌用以抵擋敵彈攻擊，下方則立有斧頭當作槍架。趙士禎還有利用佛朗機槍的構造開發出一種稱為掣雷槍的新型鳥槍。

⇐製造於明初洪武10年（西元1377）的大口徑鐵炮，裝有兩對搬運用的炮耳。由於滑道的直徑皆相同，因此燃燒瓦斯不易洩漏，威力得以增強。不過破裂的危險性卻也相對增加，所以炮管就會做成比較厚。以擁有炮耳的鐵炮來說，這是最古老的鐵炮。

⇑明末崇禎6年（西元1633）於國內製造的紅夷型鐵炮，特色是炮管的厚度會往炮尾方向逐漸增加。在中央部位裝有一對炮耳，可以當作軸心固定於炮架或炮車上，調節角度較為容易。由於炮管很長，能夠承受較大的爆發力，因此射程距離與命中精準度都比以往的型式高上許多。

炮

繼大口徑大炮之後接連開發出的各種火藥兵器，包括世界最早的子母彈火箭及手榴彈，威力都相當驚人。

大口徑槍出現於元朝中期且急速進化，到了元末就已出現重達300公斤的鐵炮了。明朝的軍器局每年可以生產1000餘門大炮，配備於各地要塞中擔任防守任務。不過國內生產的大炮在發射程序上比較繁瑣，命中精確度也不是很高，因此明朝中期有進口採用替換式藥室的葡萄牙製佛朗機槍，後期則購入荷蘭製的紅夷炮，使舊型大炮因此消失無蹤。除此之外，明朝也有發明出其它各式各樣的火器，並於實戰中使用。

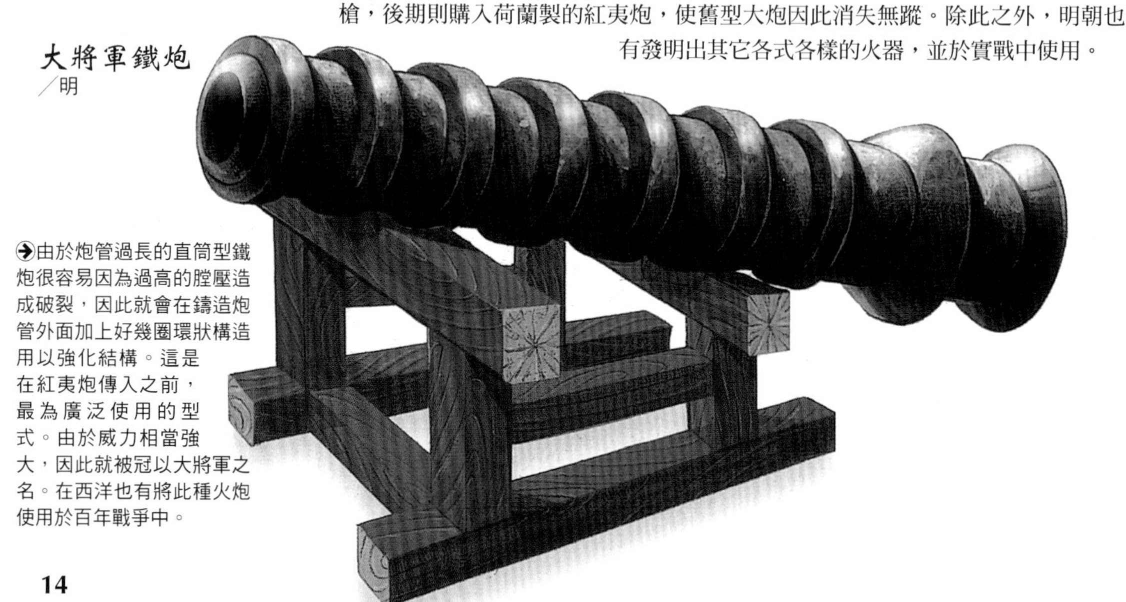

⇒由於炮管過長的直筒型鐵炮很容易因為過高的膛壓造成破裂，因此就會在鑄造炮管外面加上好幾圈環狀構造用以強化結構。這是在紅夷炮傳入之前，最為廣泛使用的型式。由於威力相當強大，因此就被冠以大將軍之名。在西洋也有將此種火炮使用於百年戰爭中。

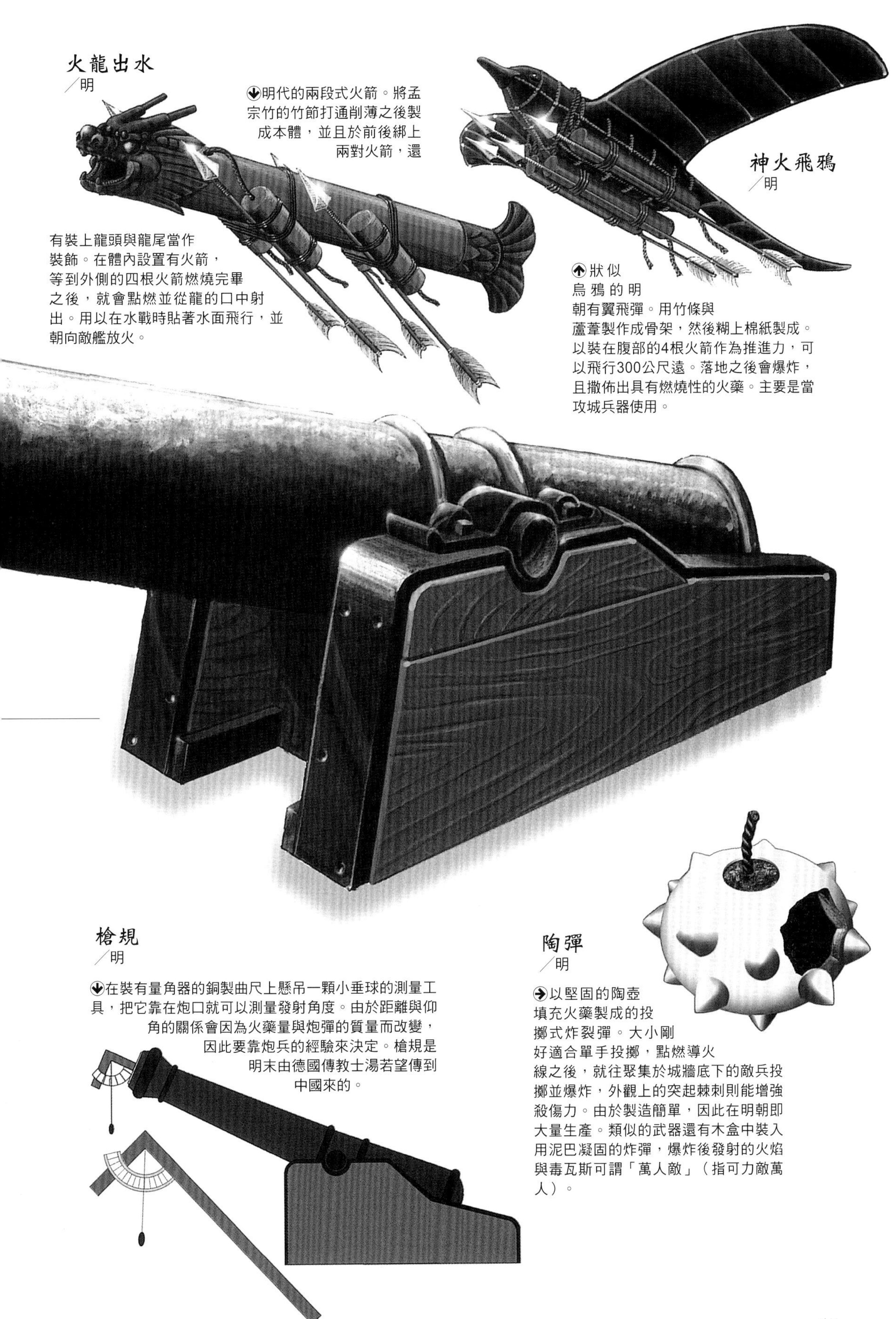

火龍出水

／明

⬇明代的兩段式火箭。將孟宗竹的竹節打通削薄之後製成本體，並且於前後綁上兩對火箭，還有裝上龍頭與龍尾當作裝飾。在體內設置有火箭，等到外側的四根火箭燃燒完畢之後，就會點燃並從龍的口中射出。用以在水戰時貼著水面飛行，並朝向敵艦放火。

神火飛鴉

／明

⬆狀似烏鴉的明朝有翼飛彈。用竹條與蘆葦製作成骨架，然後糊上棉紙製成。以裝在腹部的4根火箭作為推進力，可以飛行300公尺遠。落地之後會爆炸，且撒佈出具有燃燒性的火藥。主要是當攻城兵器使用。

槍規

／明

⬇在裝有量角器的銅製曲尺上懸吊一顆小垂球的測量工具，把它靠在炮口就可以測量發射角度。由於距離與仰角的關係會因為火藥量與炮彈的質量而改變，因此要靠炮兵的經驗來決定。槍規是明末由德國傳教士湯若望傳到中國來的。

陶彈

／明

➔以堅固的陶壺填充火藥製成的投擲式炸裂彈。大小剛好適合單手投擲，點燃導火線之後，就往聚集於城牆底下的敵兵投擲並爆炸，外觀上的突起棘刺則能增強殺傷力。由於製造簡單，因此在明朝即大量生產。類似的武器還有木盒中裝入用泥巴凝固的炸彈，爆炸後發射的火焰與毒瓦斯可謂「萬人敵」（指可力敵萬人）。

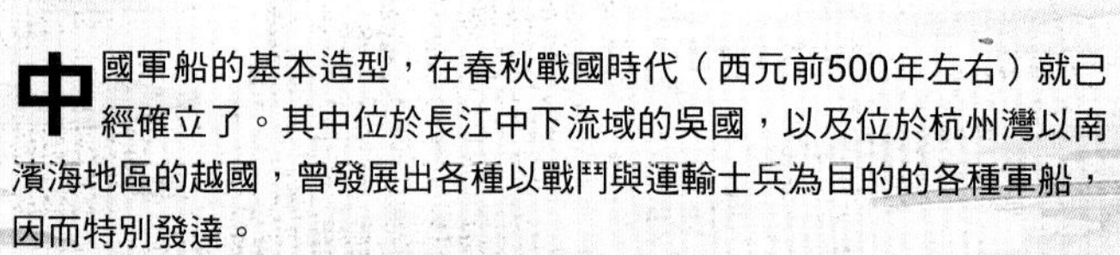

中國軍船的基本造型，在春秋戰國時代（西元前500年左右）就已經確立了。其中位於長江中下流域的吳國，以及位於杭州灣以南濱海地區的越國，曾發展出各種以戰鬥與運輸士兵為目的的各種軍船，因而特別發達。

以構造來說，不管是中國船還是日本和船，都不像西歐船隻使用龍骨與肋骨構造，而是使用厚板製成。中國船與為了擴大內部容積、只在外側使用厚板的日本和船不一樣，中國船在船隻內部有用隔板區隔出許多狹窄的隔艙，以發揮防水功能，在堅固程度上比較適合作為軍船。具有各式各樣不同裝備的軍船陸續研發，且大多會冠上「赤龍」、「白龍」、「火龍」之類的勇猛名稱，其中似乎還有製作出如：水中船、子母船等在實際運用上難度相當高的船隻。

插圖中的樓船、鬥艦等全都是明朝的軍船，如果豐臣秀吉當時真的對明朝發動侵略的話，脆弱的日本和船恐怕根本不是對手吧！

鬥艦 滿載剽悍的戰士，成為船團的核心。

樓船

擁有可以俯視敵人的3層高樓，
以及裝於舷側的艦載炮，
在作戰之前就能震攝敵軍的巨大軍船

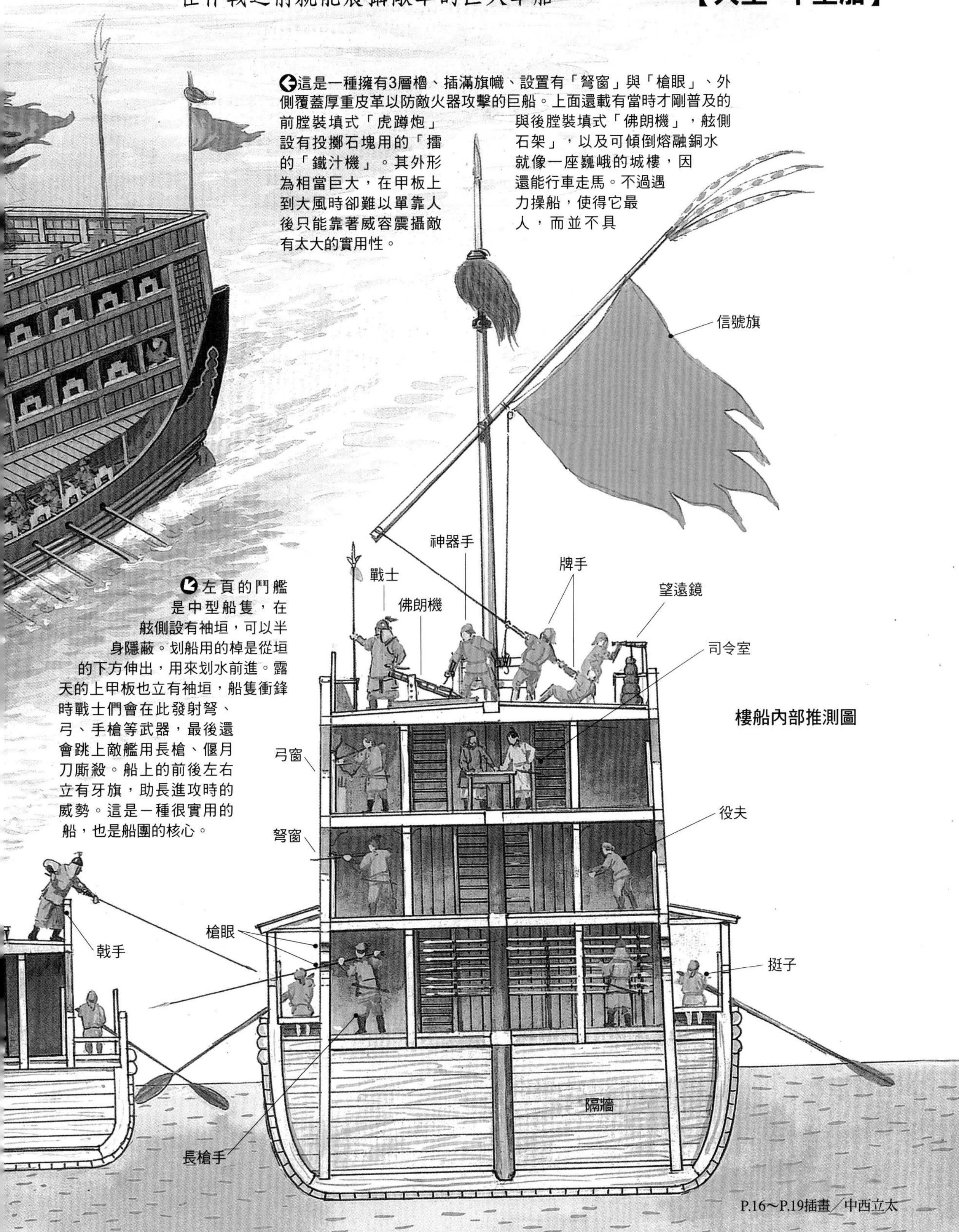

這是一種擁有3層櫓、插滿旗幟、設置有「弩窗」與「槍眼」、外側覆蓋厚重皮革以防敵火器攻擊的巨船。上面還載有當時才剛普及的前膛裝填式「虎蹲炮」與後膛裝填式「佛朗機」，舷側設有投擲石塊用的「擂石架」，以及可傾倒熔融銅水的「鐵汁機」。其外形就像一座巍峨的城樓，因為相當巨大，在甲板上還能行車走馬。不過遇到大風時卻難以單靠人力操船，使得它最後只能靠著威容震攝敵人，而並不具有太大的實用性。

左頁的鬥艦是中型船隻，在舷側設有袖垣，可以半身隱蔽。划船用的棹是從垣的下方伸出，用來划水前進。露天的上甲板也立有袖垣，船隻衝鋒時戰士們會在此發射弩、弓、手槍等武器，最後還會跳上敵艦用長槍、偃月刀廝殺。船上的前後左右立有牙旗，助長進攻時的威勢。這是一種很實用的船，也是船團的核心。

P.16～P.19插畫／中西立太

遊艇

擁有高度運動性能的最大型武器，
馳騁於戰場上勇猛殺敵的小型船。

這是一種舷側沒有袖垣的小型船，划船手列於左右兩舷。依據船型會各有大小，不過都是靠多艘採集團方式運用，依據指揮者所搭乘的船隻對全軍下達指令，變換陣形進行作戰。聽說其速度快如風。

車輪舸

靠旋轉車輪產生高推進力，
破浪前進與敵短兵相接的
高速突擊艇。

蒙衝
四面張滿牛皮，
構造堅固的高速船。
這是一種速度很快的中型船，整個船身都用牛皮包覆。在前後左右開有石火箭窗、槍眼等洞口，等到接近敵船之後就從這些洞口射擊、出槍，殺傷敵方的划船手和戰士。
走舸
搭載勇猛的戰士往敵方挺進，
操船性能優良的超高速船。
舵手
金鼓手
這是一種在舷側設有袖垣的中型船，不僅易於操船，且划船手很多，可以飛也似地往來於水上。挑選勇猛的士兵搭乘於其上，搖旌旗、響金鼓，衝鋒向敵船。
戰鬥指揮官
（小隊長）
操舵指示官
兩舷各裝有兩具車輪，靠船內的人力來轉動推進。車輪用來撥水的部分會沒入水中約1尺（30公分），使船速快如飛。接近敵船之後會打開兩舷側的窗口，並且射擊神砂神箭神火（裝有火藥的火箭），讓敵人心生恐懼，推開船板後可投擲火毬（鬼火手投彈）與釘子之類的東西，還能用鈎槍、手鈎等工具將敵船拉過來並衝上去。整艘船都有用生牛皮包覆起來。
戰士
弩窗
弩手
曲軸式的
轉把
應該是投擲用的槍
窗
窗
舵手
跳板（參考左頁插圖）
跳板

軍裝〈魏晉南北朝220～589年〉

曹操送給兒子曹植的鎧甲包括了黑光鎧、明光鎧、裲襠鎧、環鎖鎧、馬鎧等。黑光鎧與明光鎧上裝有會反射陽光的鐵板，裲襠鎧是重點保護腹、背的鎧甲，環鎖鎧也稱為鎖帷子，馬鎧是披在馬身上的鎧甲。這些在當時都是珍貴的高級品，不過到了南北朝時代則已經普及到一般士兵身上。其中裲襠鎧與馬鎧都是騎兵的標準裝備，因而大量製造。對於由遊牧民族統治的北方王朝來說，騎兵已成為軍隊的主力，因此騎兵用的鎧甲就會特別發達。

西魏重裝騎兵與步兵的戰鬥圖，描繪出輕裝步兵挺身對抗重裝騎兵的情景。為了將沒有穿著厚重甲冑的這個優點發揮至最大極限，步兵會採散開的方式進行戰鬥。

盾牌
鐵兜鍪
頭巾
戰袍
胸甲
搭後
下襬
弓或弩

輕裝步兵

相對於作為軍隊核心，配有堅固甲冑與馬鎧的多是騎兵，至於身處從屬地位的步兵就只能配發極為簡單的裝備。其中特別是弩箭手與弓箭手，他們僅穿戴戰袍與頭巾等裝備，並因此能憑藉機動力來與重裝騎兵對抗。在南朝的軍隊中，步兵所佔的比例較大，因此是軍隊主力，不過鎧甲的配發率卻很低，幾乎所有的士兵都只穿戰袍去跟北朝的重裝騎兵作戰。對於散開步兵以包圍騎兵的戰鬥型式來說，讓步兵著重裝其實並沒有太大的必要性。

重裝步兵

圖中的鎧甲是流行於南北朝時代的裲襠鎧。以肩膀與腰部的皮帶緊緊將甲片綴成的胸甲與背甲繫在身上，腰部則垂有短短的下襬。雙腳穿上很厚的褲子，沒有穿著膝裙。頭上雖然有戴鐵兜鍪（按：「鐵兜鍪」即「鐵冑」、「鐵頭盔」），不過肩部與頸部沒有穿著鎧甲，而是直接露出戰袍。以鎧甲的形式來說，這算是最為簡易的一種，但是士兵的四肢也因此能夠靈活伸展。刀是用兩根皮繩垂掛在左腰際，這種佩帶法從南北朝時代開始採用。

人與馬匹
都被厚重的鎧甲包覆，
重裝騎兵的破壞力與
輕裝步兵機動力，
在此時代激烈衝突。

騎兵

北朝的騎兵是人、馬都有用堅固鎧甲包裹的重裝騎兵。圖中士兵所穿著的明光鎧，在容易中箭的腹背之處有用厚實的皮革保護，胸部還有裝上像凸面鏡一樣的鐵板。為了不對騎乘時造成妨礙，下襬的長度會縮成比較短，膝裙反而會垂的比較長，用以保護雙腿。馬鎧是分成面簾（顏面）、雞項（頸部）、當胸（胸部）、馬身甲（腹部）、搭後（臀部）、寄生（士兵背後的掃帚狀物體）等零件，除了馬腳之外幾乎全部都被包住。不過其總重量超過40公斤，沉重的馬鎧會使馬的機動性明顯下降。

P.20～P.27插畫／伊藤展安

甲冑的變遷

下圖是說明甲冑隨著時代的變遷而擴大保護範圍的過程。從A到H的各部位分別表示A=身甲／B=下襬／C=披膊／D=膝裙／E=臂護／F=吊腿／H=冑／H+G=兜鍪。這不僅是要能保護身處危險環境的步兵，同時也要考量到動作上的輕便性。甲冑的變遷歷史，同時也是一連串摸索、實驗的歷史。（轉載自楊泓著／來村多加史翻譯的《中國古兵器論叢》）

騎兵

為了要恢復馬匹的機動力，流行於南北朝時代的馬鎧已不再使用，不過騎兵身上依然還是會穿著厚重的甲冑。明光鎧是一種形式更為洗練、胸前裝有圓護（圓形的板子）的大型堅固鎧甲。圓護之間有縱向的甲絆通過，並且在心窩之處與胸帶連結。這是為了確實固定明光鎧而發展出的新式著鎧法，出現於南北朝後期，是唐代甲冑的重要特徵。

為了能讓騎在馬上的士兵在對戰時保持身體穩定，鐙的構造會越改越牢靠。

軍裝
〈唐618～907年〉

騎兵重新恢復輕快性！
美麗的甲冑也反映出時代特色

唐太宗李世民是位有為的武將，在平定天下的戰鬥中，他嘗試了新的作戰方法。他捨棄使用會讓馬匹機動力減半的馬鎧，使騎兵得以恢復原本的輕快機敏特性。南北朝以來主宰戰場的重裝騎兵，到了唐朝，由輕裝騎兵取而代之。」（按：重裝騎兵並沒有從戰場上消失。宋、遼、金、西夏、元等依然有重裝騎兵。）。在甲冑方面，自北周時代開始成為主流的明光鎧變得相當盛行，成為騎兵與步兵的標準防具。甲冑的製作技術跟前朝相比，不僅緻密性有所增加，形式也變得相當多樣化。另外，在將軍的鎧甲上會加入很多裝飾，反映出當時華麗的時代特性。

張議潮統軍出行圖。畫中的騎馬士兵身上穿的是比較輕巧的裝備，可以讓身體動作更為靈活。這幅圖是敦煌石窟中所畫的「出行圖」中最為古老的圖畫之一。

武器類（各1）

・箭×30

・箭箙

・弓囊＋弓

・橫刀

衣服類（各1）

・**氈帽**（毛織物的帽子）

・**氈裝**（毛織物的服裝）

・**行纏**

※除此之外，還有米2斗、麥飯9斗

・**礪石**（研磨刀器的工具）

・**大觽**（用來解開甲冑上繩結用的角製撥子）等裝備。

（出自「唐李賢墓壁畫」）　*1斗=2公升

唐代步兵的攜行物品

左圖為唐代步兵（主要是輕裝步兵）的一般從軍攜帶物品。這些裝備會由部隊出借、供應，由士兵各自帶在身上。而如果是重裝步兵的話，就要再加上甲冑、大斧等沉重的武器裝備，其重量想必是相當驚人。（參考資料／《新唐書》卷50「兵志」）

重裝步兵

明光鎧到唐代時已經普及到步兵身上，而將軍的鎧甲又會做的特別華麗，應該是會被當成儀仗裝備使用。兜鍪的側面會往上翻，用來保護耳朵，胸部與腹部則用圓護擋住。腰上繫的皮帶會用兩個金屬扣固定，下面垂有保護重要部位的鶻尾及保護大腿的膝裙，在小腿上則捲有吊腿。這種甲冑的款式，在日本奈良時代的護法神像上也相當常見。除了明光鎧之外，還有一種唐代發展出來的步兵專用甲冑，其用長橢圓形的甲片綴成，下襬垂到腳踝的鎧甲。

輕裝步兵

北朝軍隊善於騎射；到了唐代，騎射則成為主要的戰法，在戰場上不但很常使用弓箭，且同時普及至步兵部隊，因而出現了攜帶弓箭用的專用器具。佩掛於士兵左腰際的魚腹形袋子是插弓用的裝具，稱為弓囊。垂掛在右腰的箭筒則是稱為箭箙，或是稱作胡祿。它的尺寸是可以收納30枝箭的標準型式。弓囊與箭箙的材質都是用皮革製成，而弓囊上還會以絢爛的花紋裝飾。

軍裝
〈元1271～1368年〉

騎兵軍團的進擊速度快如疾風！
重、輕裝步兵根本不堪一擊

甲冑的型式到了唐代已算是出現齊全，樣式則在宋代定型，且完成度變得更高。元軍的甲冑雖然同唐宋時代的技術製作，不過也有加入新的構想，展現出獨樹一格的樣式。元代甲冑的特徵包括高聳的鐵兜鍪、環鎖鎧、上面打滿鉚釘的戰袍等，這些特色一直延續到了清代，將官所穿著的甲冑還有上面飾以金銀的高級品。當元朝軍隊進攻日本時，鎌倉武士曾經從蒙古軍那裡搶到了甲冑當作戰利品，且當作寶物收藏，使得今日有辦法一窺當時的軍裝。

宋代甲冑的重量比較

下面的圖表是南宋紹興4年（西元1134）制定的甲冑與乾道4年（西元1168）王琪獻上的弩箭手、弓箭手、槍手的甲冑在甲片數與重量上的比較圖。以部位來講是甲身最重，以兵種來說是槍兵用盔甲最重。雖然隨著時代的演進，甲片因為越變越小，所以每一片的重量會比較輕，但由於使用的片數增多，反而會使得總重量增加。

（參考資料／《宋史・兵志》、《宋會要輯稿・輿服六》）

騎兵

炮彈形的頭盔上裝有目庇，盔頂還有一個半球形的裝飾物，臉頰到脖子用打滿鉚釘的織物圍起來蓋住。鎧甲的形式很單純，以一片平滑的胸甲加上用魚鱗甲綴成的長條狀披膊構成。為了要讓穿在腰上的膝裙不要妨礙到馬匹騎乘，前方的襟會像和服一樣向左右分開。馬匹並不會穿著鎧甲，而是只有配上最低限度的馬具，不過其中鞍與鐙則會特別講究，可說真不愧是騎馬民族。

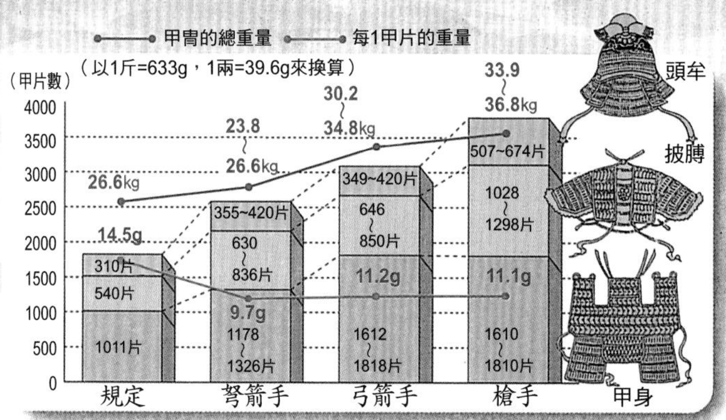

重裝步兵

頭盔跟騎兵一樣，大多都是呈炮彈形，有些在突出於前方的眉庇下面還會裝有保護眉心的鐵板。密集打上銅製鉚釘的戰袍是元代頗具特色的軍裝，這種長度及膝的戰袍不僅可以完整覆蓋住士兵的身體，也不會對動作造成妨礙，因此成為元軍的標準防具。拿在士兵左手上的盾牌稱作團牌，是出現於唐代的手持盾，會跟長柄兵器組合運用。

輕裝步兵

元代雖然有在戰場上使用火器，不過弓依舊是主要的遠射兵器。弓箭手會穿著輕裝戰袍在沙場上來回穿梭，擔任騎兵的掩護。士兵頭上戴著圍有一圈帽沿的軟質頭盔，這是流行於元代的戰鬥帽。纏在腳上的行纏是步兵專用的裝備，最適合用在行軍與各種作業上。至於那些操作火器與大型攻城兵器的工兵，應該也會穿著這樣的裝備。

➲描繪忽必烈的祖父成吉思汗統一蒙古之戰的油畫。蒙古人原本就是遊牧民族，因此擅長騎兵戰鬥，不僅是中國，就連歐洲都曾被他們席捲（出自中國軍事博物館所編的《中國軍事博物館》）。

軍裝〈明1368～1644年〉

由於火器的登場，使甲冑邁入最終型態。
各種士兵群都會將全身防護。

從戰國時代開始的鐵鎧歷史，隨著明王朝的滅亡而幾乎邁向終結。槍炮的發展與普及，使得甲冑失去功效，成為只會導致士兵行動遲緩的裝備。但為了要與火器對抗，甲冑直到最後都還在加強防禦性能，在它消失之前的最後一段時期，甲冑的製作技術已達到了巔峰水準。明代的甲冑不論是在編綴的緻密性，亦或是在形態的完成度上，都遠遠超越了前朝的水準，可說是中國甲冑史的集大成。

槍兵

明代的遠射兵器從弓弩轉變為火槍，使槍兵成為軍隊的主力。槍兵著用的鎧甲在表面蓋有棉布，而且還有打上鉚釘，內層則綴有甲片，防禦性能相當充足。這種型式的甲冑出現於元代，到了明清時代已經成為最普遍的鎧甲。槍兵因為必須抱著火槍，所以除了臉部與手腕之外全部都會被甲冑包覆，並在毫無防備的狀態之下於槍林彈雨的戰場中挺進。另外，槍兵是以右手持槍，左手拿著大型的藤牌（藤製的圓型盾）展開突擊。

重裝步兵

進化自唐代明光鎧的鎧甲。前胸與後背穿的是以細小甲片綴成的胸背甲，在腹部則裝有凸面鐵板來加強防禦。流行於明代的山字甲是把外形呈三方放射狀的甲片以毫無縫隙的方式緊密編綴而成，具有某種程度的衝擊吸收能力。保護肩膀與上臂的披膊是以外凸的龜甲形甲片綴成，這也是研發於明代的新型鎧甲。頭盔上裝有外翻的護耳，雖然型式類似於唐代，不過材質則變更為鋼鐵製。

騎兵

環鎖鎧（鎖子甲）從元代開始即被騎兵採用，這種鎧甲是把細鐵鍊縱橫交錯縫製成像布片一樣，此技術到了明代即告成熟。以堅硬鐵板製成的鎧甲雖然可以抵禦刃器，不過卻容易被弩箭及槍彈貫穿，而能夠吸收衝擊的環鎖鎧就是要彌補這個缺點。鋼鐵製的頭盔下部也垂有鎖鍊，用以保護頸部。穿在腰上的膝裙與長度直至腳踝的褲子也都是用鎖鍊綴成。有時候甚至連鞋子都會以鎖鏈製作，直到腳尖為止通通都是環鎖鎧。

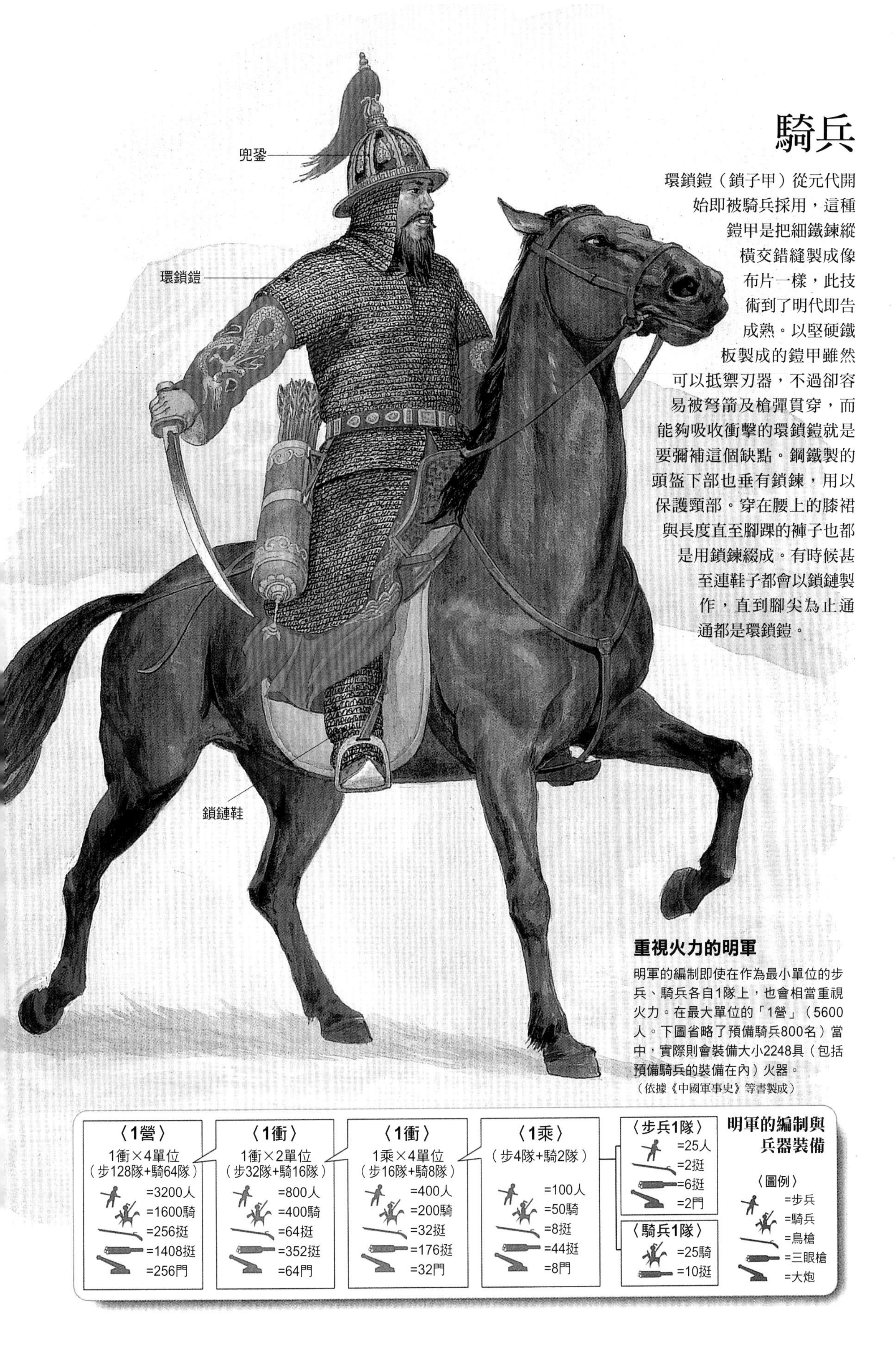

重視火力的明軍

明軍的編制即使在作為最小單位的步兵、騎兵各自1隊上，也會相當重視火力。在最大單位的「1營」（5600人。下圖省略了預備騎兵800名）當中，實際則會裝備大小2248具（包括預備騎兵的裝備在內）火器。

（依據《中國軍事史》等書製成）

明軍的編制與兵器裝備

〈1營〉	〈1衝〉	〈1衝〉	〈1乘〉
1衝×4單位（步128隊+騎64隊）	1衝×2單位（步32隊+騎16隊）	1乘×4單位（步16隊+騎8隊）	（步4隊+騎2隊）
步兵=3200人	步兵=800人	步兵=400人	步兵=100人
騎兵=1600騎	騎兵=400騎	騎兵=200騎	騎兵=50騎
鳥槍=256挺	鳥槍=64挺	鳥槍=32挺	鳥槍=8挺
三眼槍=1408挺	三眼槍=352挺	三眼槍=176挺	三眼槍=44挺
大炮=256門	大炮=64門	大炮=32門	大炮=8門

〈步兵1隊〉	〈騎兵1隊〉
步兵=25人	騎兵=25騎
鳥槍=2挺	三眼槍=10挺
三眼槍=6挺	
大炮=2門	

〈圖例〉
=步兵
=騎兵
=鳥槍
=三眼槍
=大炮

被兩重城牆完全保護的
唐代帝王權威

城[唐]
長安 春明門

雖然由劉邦所築的長安城在漢朝滅亡之後，還是有一些朝代將其修復維持，不過隋文帝楊堅則認為重新統一的王朝應該要建設新都，因此便捨棄了古老的長安城，在旁邊另建一座大興城。都城的面積達到84km2，規模可說是空前絕後。隋朝滅亡進入唐朝之後，大興城改名為長安。太宗李世民在城內的東北角增設大明宮，到了高宗永徽5年（西元654）時又動員了4萬民眾，將郭城與城門大幅改建，唐朝的長安城自此便大功告成。

插圖／黑澤達矢

唐長安城的郭城周長為36.7公里，城牆全部都是以黃土版築加固製成。城牆在底座部位厚度一般為9～12公尺，城門附近則是厚達20m，不過高度卻只有5m左右，並不算高聳。在城牆的外圈挖有一道寬9公尺的護城河，這跟歷代的城濠相比，規模實在差上了許多。唐朝長安城的設計雖然以都城來說算是相當完善，不過防衛能力卻不是很高。城池設計主要著重在保護皇室的安全，整體來說欠缺固守防衛的意圖。開元14年（西元726），玄宗在東城內側相隔23公尺的距離處又構築了另一道城牆，並於兩道城牆之間鋪設從大明宮通往興慶宮的甬道。到了開元20年時，更擴張至南端的芙蓉園，這在史書中記載為「夾城」。玄宗為了要在城內安全移動而構築的夾城，可說是種如實反映長安城特質的設施。在靠近興慶宮的春明門，夾城寬度會縮減至10公尺，並且設有登上城門用的坡道。以構造上來說，可讓城門下方無法看到正在跨越城門的皇帝隊列。

城 [宋]

桂州 靜江府城

林立的奇岩怪石與圍繞於城外的大河是為擊退攻城之敵的天然險阻設施

連接長江與廣東西江的靈渠是秦始皇為了要統治南越地區而開鑿的運河，而控制靈渠其中一頭的桂林自古以來就是交通要衝，相當受到重視。靜江府城是構築於桂林的宋朝城堡，名稱來自於唐朝的靜江軍節度使。它是以唐朝的桂州城作為基礎，經過數次增建而日漸擴展成一座大城，到了宋末，甚至還升級為阻止蒙古南侵的軍事據點。南宋咸淳8年（西元1272），為了要紀念城郭竣工，在城北的鸚鵡山南崖刻製了一幅「靜江府城圖」，具體為該城當時的樣貌留下圖面記錄，成為傳承宋朝城郭構造的貴重資料。

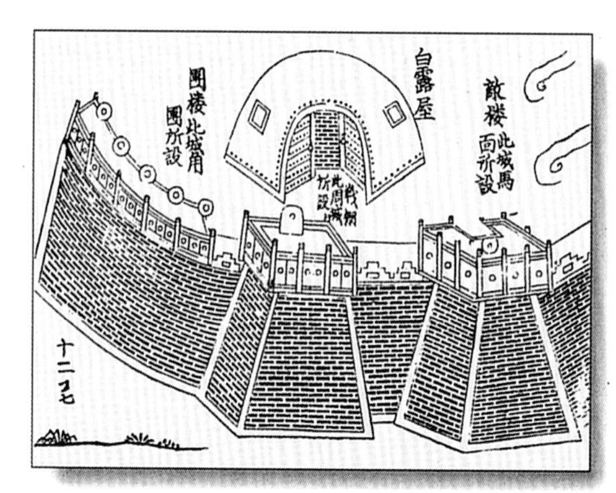

城牆的角落與轉折點是守城的死角，原因是城牆上的空間在這些地方會縮減，進而對士兵的行動形成阻礙，導致遠射與投擲的方向被分散，而使守備的扇形範圍因此產生空隙。團樓（右圖❶）就是為了要解決這個缺點而發明出來的設施，它將城牆的角落改成圓形，藉以消彌死角，並於上面設置戰棚。戰棚是一種突出於城牆外側的棚狀房間，可以從地板上的孔洞投下石塊等物體，用以擊退位於城牆下方的敵人。靜江府城幾乎在所有的轉折點上都設置有團樓。

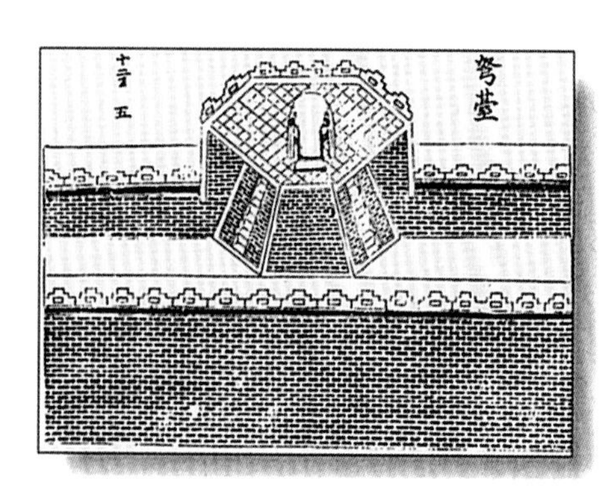

在城牆外側以特定間隔距離設置的方形平台，是為了對聚集在城牆下的敵軍進行攻擊的設施，稱作馬面。蓋於其上的建築物稱為敵樓，而靜江府城圖則將之註記為「硬樓」（右圖❷）。另外還有一種平台也是屬於馬面的其中之一，專門用於設置床弩，稱作弩台。床弩一種是用多把強弓組合而成的大型弩，可用來威嚇佈陣於城外的敵軍。而靜江府城的硬樓，確定同時也具有弩台的功能。

包圍住城門的半圓形或方形小城稱作甕城（右圖❸），在宋朝之後大多數的城池都具有這種構造。靜江府城在主要城門上都設置有四方形甕城，另外在架設通往門外的橋樑內外也會建有弧形的城牆，防守相當嚴密。設置於護城河外側的半圓形城牆稱為月城（右圖❹），這在宋朝也已經普及。在靜江府城圖與《武經總要》中，可看到沿著護城河內側會建構有一圈城垣，這是稱為羊馬城（右圖❺），北京市的紫禁城（故宮）至今依然仍還有留存下來。

宋朝（南宋）版圖

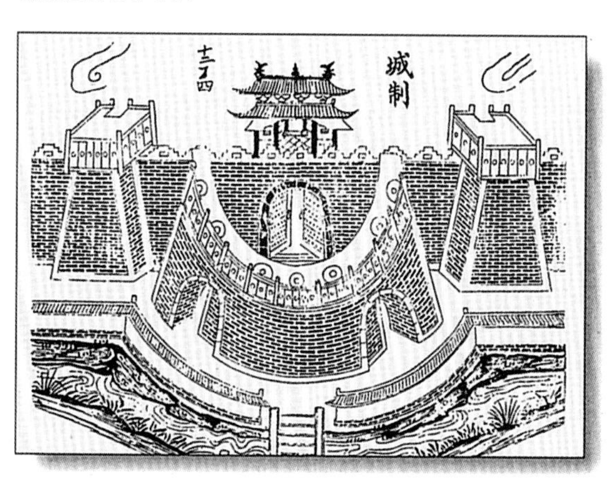

插圖／收錄於《武經總要》

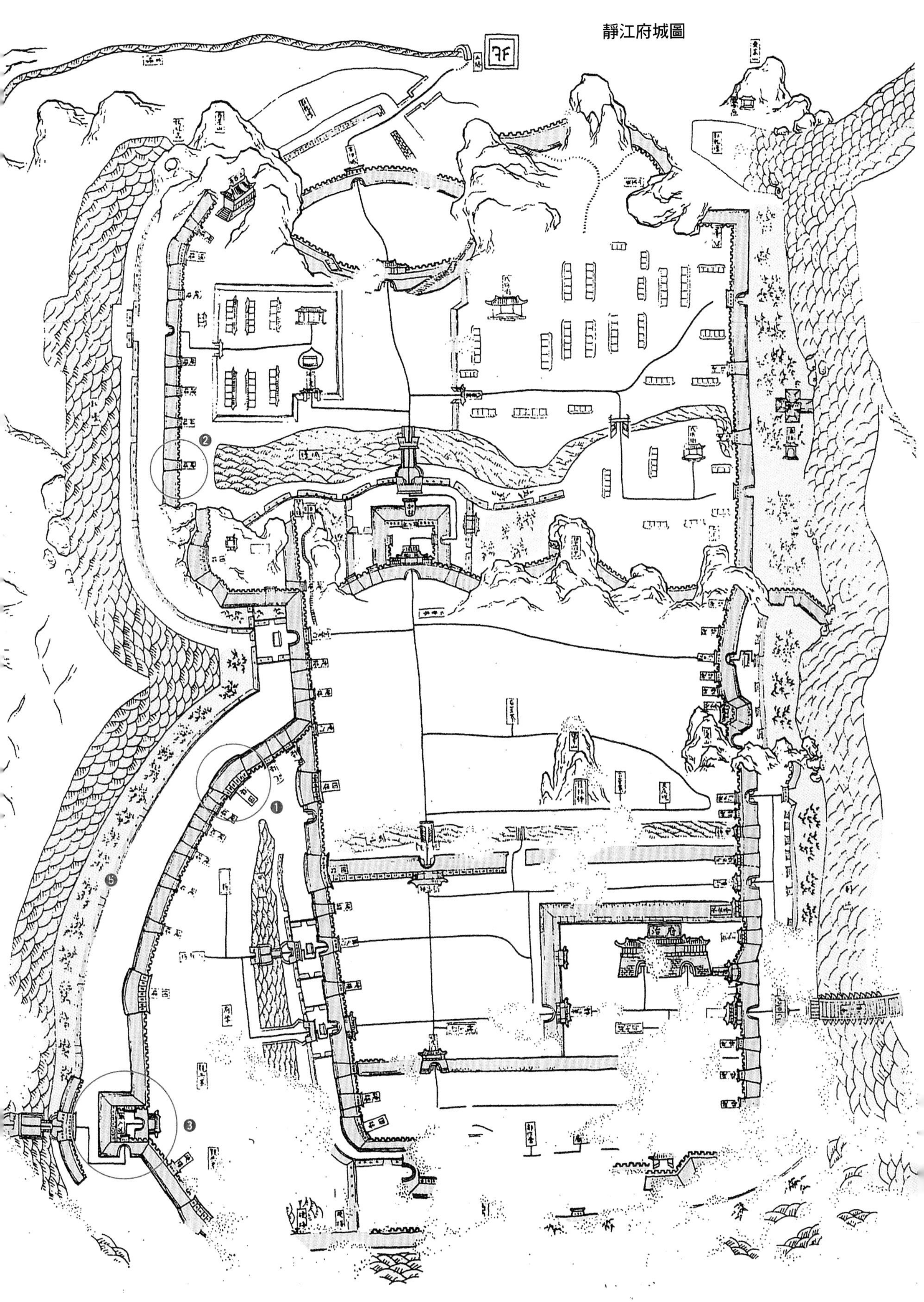

靜江府城圖

現在的紫禁城

城［元］

大都 和義門

元世祖忽必烈開始在北京建設新都，是至元4年（西元1267）的事情，之後過了18年的歲月，都城才總算大功告成。這座城池就是馬可波羅所盛讚的元朝大都。大都規模為周長28.6公里，城郭形狀是南北方向稍長的方形，城內的街道皆筆直延伸，有如棋盤格般整齊交錯。宮城設置於南半部近乎中央的位置，其北面有一座稱為積水潭的湖泊，並有水路通往城外，成為與南方連結的運河，用以將全國的物資集中至都城。這是採用從宋朝的開封城開始啟用的商業都市理念，在平原上建設「水都」。大都是一座與君臨世界的蒙古帝國最為相稱、擁有壯大規模的都城。

就連以榮華著稱的元朝大都，也在經過100年的歷史之後被攻陷。為了對抗興起於元末的激烈農民叛亂，至正18年（西元1358）在所有的城門上都構築了甕城，用以強化守備。大都的城牆雖然在明朝建設北京城的時候大部分都遭到拆除，不過開於西城牆中央的和義門甕城則有被北京城西直門外的箭樓（突出於甕城的樓閣）所延用，被包圍在基座中保留了下來。甕城的門在左右兩側是以厚實的磚牆加固，長9.92公尺，寬4.62公尺的門道上有著拱形的頂部構造。這跟以往使用木質梁柱支撐的門道相比，比較具有抗火災能力。城門高度為22公尺，上面建有以磚砌牆壁圍成的門樓，並附設通往城牆的邊間與石階。特別值得一提的是，在其室內的地板下方設有磚砌的蓄水槽，從水槽會連接出一條水道通往門道。水道在門扉上方設有開口，推測應該是用來撲滅城門火災用的防火設施。

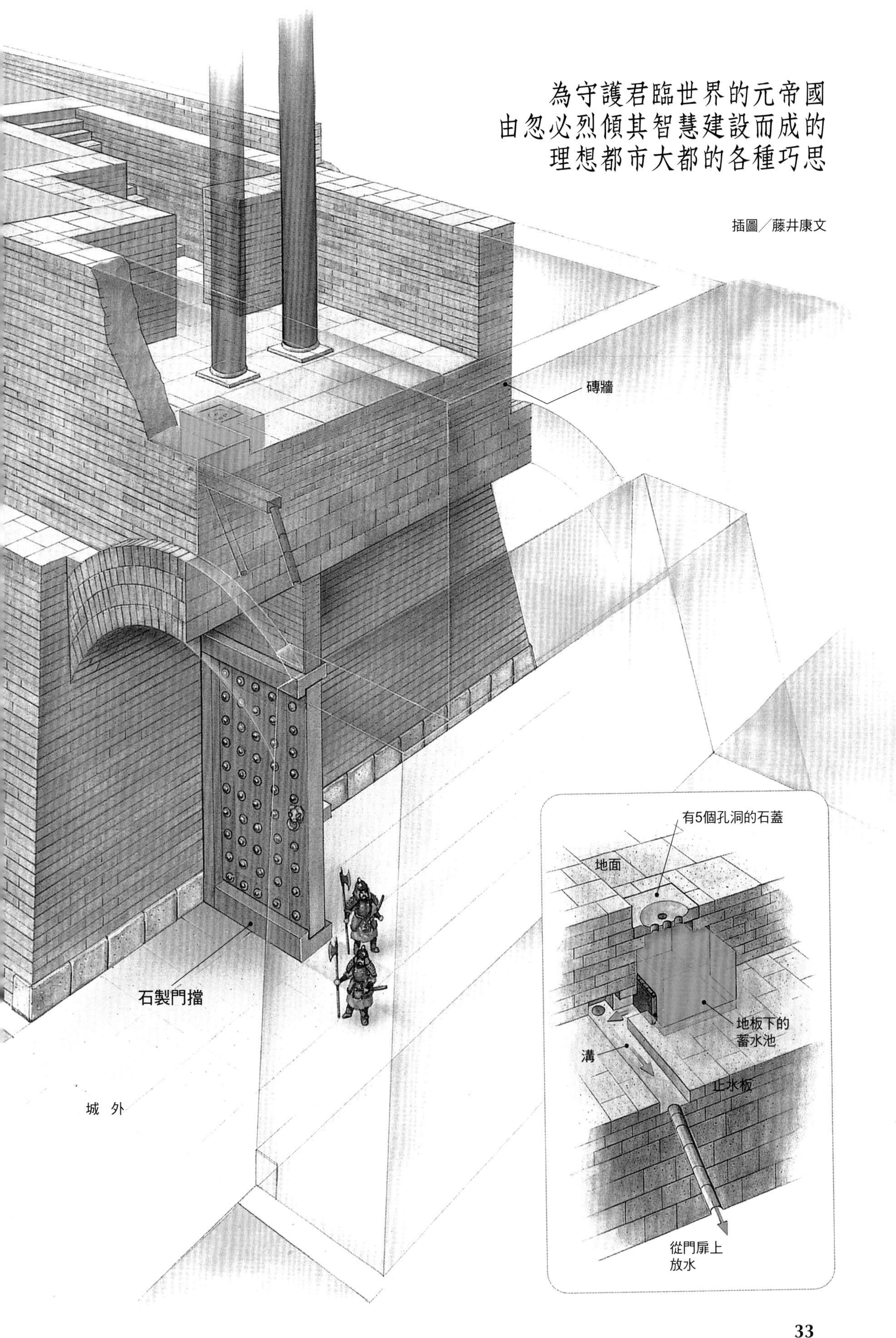
為守護君臨世界的元帝國
由忽必烈傾其智慧建設而成的
理想都市大都的各種巧思
插圖╱藤井康文
磚牆
石製門擋
城外
有5個孔洞的石蓋
地面
地板下的
蓄水池
溝
止水板
從門扉上
放水

城［明］

登洲　蓬萊水城

蓬萊水城北臨渤海，規模為東西寬400公尺，南北長900公尺。基本上，城郭的平面形狀是呈長方形，不過因為北半部有利用丹崖山等天然地形作為屏障，因此城牆走向會帶有一點弧線。作為全城核心的小海，是將流經南面的河川出海口碰到丹崖山而形成的潟湖浚渫之後建構而成的，在開口處設置有磚造水門。為了讓渤海的波浪不要進入小海，在水門外建有防波堤，內部則構築平浪台，在小海的中央部位也橫跨有分水堰。靠著這些設施，停泊於小海南半部的船舶與平地上的建築物幾乎都不用擔心會受到大浪的影響。城池的防衛相當穩固，特別是在北面；因為預想會遭到倭寇的直接侵襲，因此利用緊鄰渤海的丹崖山斷崖來防守，在水門附近也建有炮台，用以加強防禦。另外，在清朝還於水門上設置閘門，可以管制船隻進出。丹崖山上有著蓬萊閣等各式的樓閣廟宇，為城池增添許多點綴。

插畫／香川元太郎

具有宛如浮於水上的優美造型
驚人的大型海洋軍事基地構造

北虜南倭的災禍，對明朝政府來說是個嚴峻的考驗。其中又以在海上神出鬼沒，針對毫無防備的沿岸地區進行奇襲的倭寇最為惱人。現存於山東省蓬萊縣海邊的水城，是在明初洪武9年（西元1376）為了強化渤海灣要衝登州之防衛而構築的完善海洋基地。在水城中配置有水師並具備大量戰艦。船團的守備範圍可及山東半島北岸的全部海域，可有效防止倭寇來襲。在利用突出於渤海的丹崖山，以包住港灣的形式構築而成的水城中，具有各式各樣阻絕倭寇入侵的設施。

城［明］

南京聚寶門

號稱中國史上最堅固牢靠的「鐵壁」之城

由明太祖朱元璋建構的應天府，通稱為南京城，號稱是中國史上最堅固的城池。城牆周長為33公里，沿著長江東岸丘陵與低濕地建造，此城集結了從宋朝開始急速發展的磚石構築技術精華，不僅工期費時21年，費用也斥資鉅款。它所使用的硬質磚塊是特別燒製而成，敲起來會有金屬聲，全城用上的磚塊數量高達3億5千萬塊，簡直就可說是銅牆鐵壁。城門具備有堅強防禦，其中作為正門的聚寶門內設有規模極大的甕城，能夠徹底阻止敵軍入侵。為建設南京城而發展出的築城技術，在之後則孕育了萬里長城。

南京聚寶門的位置圖。

←城門洞的剖面圖與懸門。這種守城設施在聚寶門上除了圖中所指之處外，還有設置於與通往城外的各甕城相連的城門洞中。根據右頁的剖面圖，包括城外的懸門在內，一共設置有4處，可以看出其防禦之牢固。懸門又稱為千斤閘，設置於門上的收納空間內，可以靠著吊掛門扉的鎖鏈裝置來上下移動。

插圖／板垣真誠

南京城的13座城門中，又以聚寶、三山、通濟這三座南面的城門防守最為堅牢，而其中只有聚寶門留存下來，現在稱作中華門。構築於城門內側的甕城具有多層構造，平面圖是呈且字形。大小為東西90公尺，南北130公尺，規模可說是現存甕城中最大的一座。它構築於與城牆相連的兩層磚石基座上，在台城上建有門樓，台的各層則開有隧道狀的房間，這些房間是士兵的寢室與收納兵器的地方，稱為藏兵洞。在上層有7間，下層的中央部位有6間，左右則各有7間，總共27間，據說可以容納3000人。城門總共有4座，各門都在外側設有鐵板城門，內側則裝上懸門。懸門又稱為千斤閘，是一種吊掛在上下貫通門洞頂部的窄穴中的沉重擋板。甕城上方的寬廣通道與斜坡是特別設置，好讓戰時騎兵奔上城牆應戰。

聚寶門的平面圖與剖面圖。黃色部分為第1層，藍色部分為第2層，綠色部分則為第3層的地板部分。另外，紅色部分則代表懸門的所在之處（在第2層的平面圖中省略掉最靠城外的懸門）。

萬里長城 ①

變遷

在春秋時代中期，楚國在其領土的北邊建築了一道長達數百公里，稱為方城的城牆，而列國見狀也起而效尤，開始在國境建構長城。到了秦始皇時代，更投入30萬軍民建設西起甘肅、東至遼東萬里長城，用來防備匈奴與東胡入侵。在漢朝時還有把這座長城擴大，藉此跟匈奴對抗，不過之後的朝代則沒有再繼續積極把守長城。

到了宋朝之後，由於國土陸續被女真族與蒙古人蹂躪，因此漢民族又重新開始重視邊境防衛，明朝遂以國家力量重新構築起堅固的長城。這座東起鴨綠江、西至嘉峪關，全長約7300公里的長城，可說是將整個中國本身變成了一座城塞。

（照片全部出自河北美術出版社的《萬里長城》）

➲長城的樣貌正可說是宛若一條「龍」。

嘉峪關。位於明朝長城最西端的要塞，至今依然巍峨聳立。

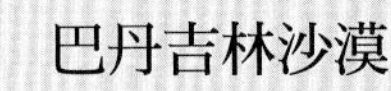

➊玉門關。對抗匈奴的西方據點，也是絲路的入口。

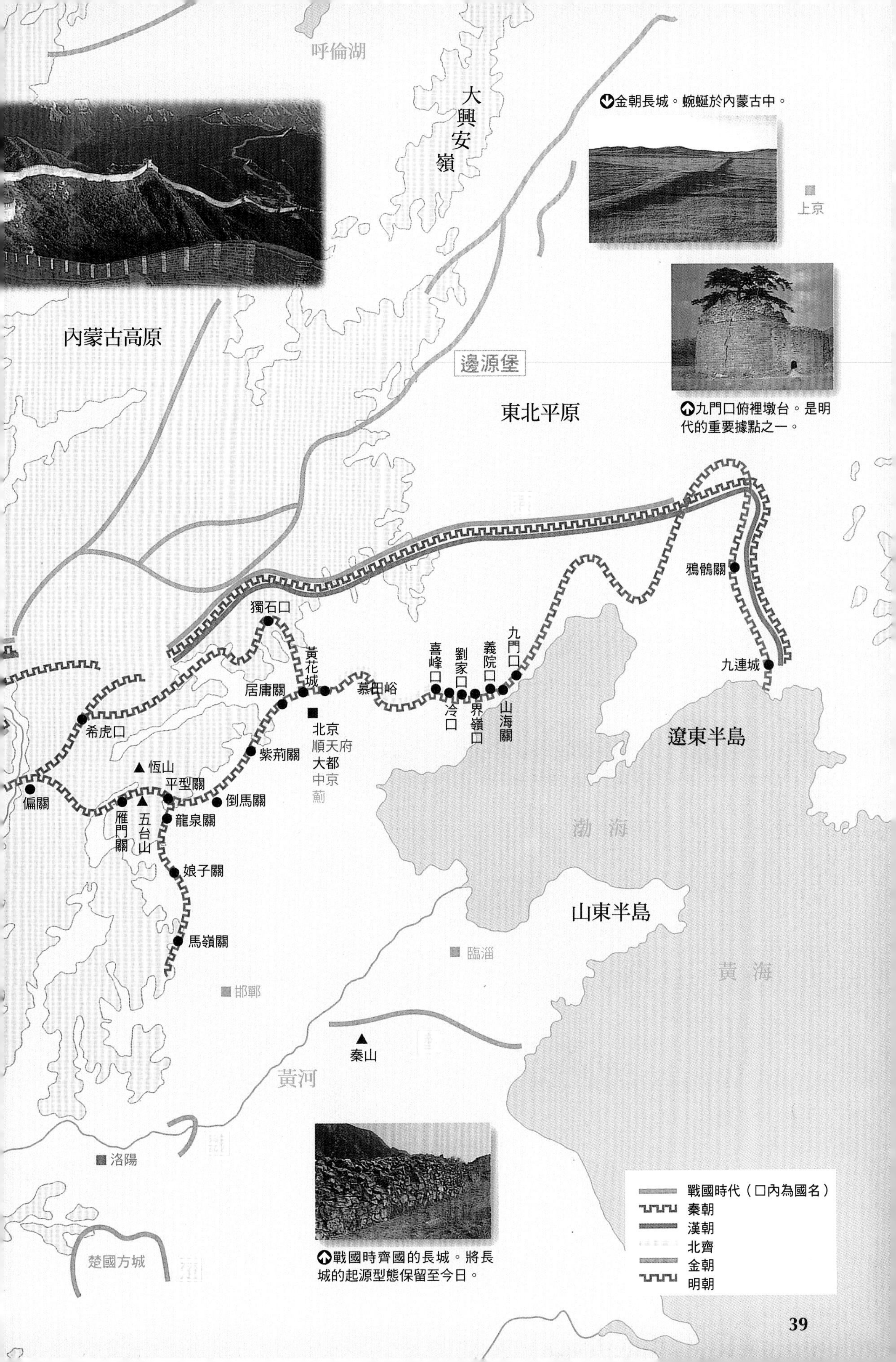

金朝長城。蜿蜒於內蒙古中。

九門口俯裡墩台。是明代的重要據點之一。

戰國時齊國的長城。將長城的起源型態保留至今日。

萬里長城 ②

空心敵台

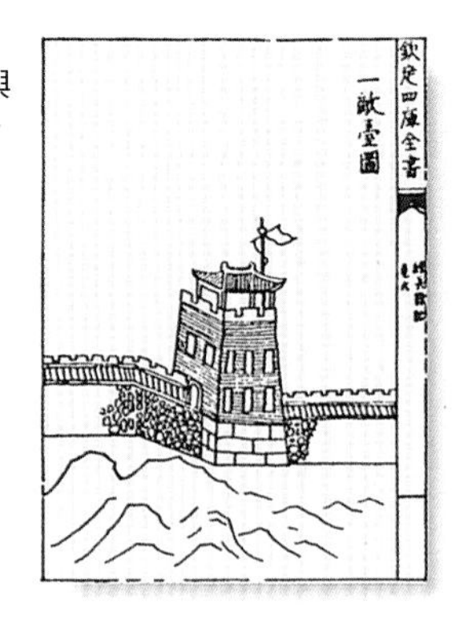

➔構築於敵台上的望樓與用磚石砌成的下部構造。（出自《練兵實紀》）

長城的建築方法會因地理條件而有所差異。在甘肅省與陝西省等沙漠地帶中，是以版築與日曬煉瓦來築城，而在山西省與河北省的山岳地帶則使用石頭當作建材。在北京的八達嶺可看到的是屬於典型明朝長城，以切削過的石塊當作基座，在上面堆砌磚頭，是磚石並用的城牆。構築於要地的敵台常駐有士兵，在戰時會成為守城的重要據點。在長城之外設置有烽火台，可以盡早察覺威脅國境的敵軍動向，並將情報傳達至城內。在塞內的要衝會建造支援敵台守備的堡城，街道的交叉點上則會設置關城。

靠著國境守備兵常駐於此
讓綿延的防衛線具備靈活機能
是萬里長城的重要據點

設置於長城要地的敵台，除了是防衛設施，同時也是供士兵日常起居的營舍。由於長城大部分都是綿延於杳無人煙的山上，因此負責日常警備的士兵們就必須要有個能夠安全休息的設施。敵台原本只是一種突出於城牆上的平台，不過從明朝開始則有建構一種裡面設置有房間的「空心敵台」，這可說是一種為了能讓長城守備持久化而產生的設計。由於磚城的構築技術日益進步，使得較薄的壁面也能維持一定的強度，這也是促使空心敵台出現的原因之一。敵台的高度接近城牆的兩倍，分為上下兩層。上層有露天的平台，在中央建有監視外敵入侵的木造望樓。下層則是用磚砌成的房間，在小小的空間中塞有士兵的臥鋪、各式各樣的生活用具，以及守城兵器等物件。開於四面的窗戶並不只是單純的採光設施，同時也具有能向敵人放箭與開火射擊的槍眼功能。

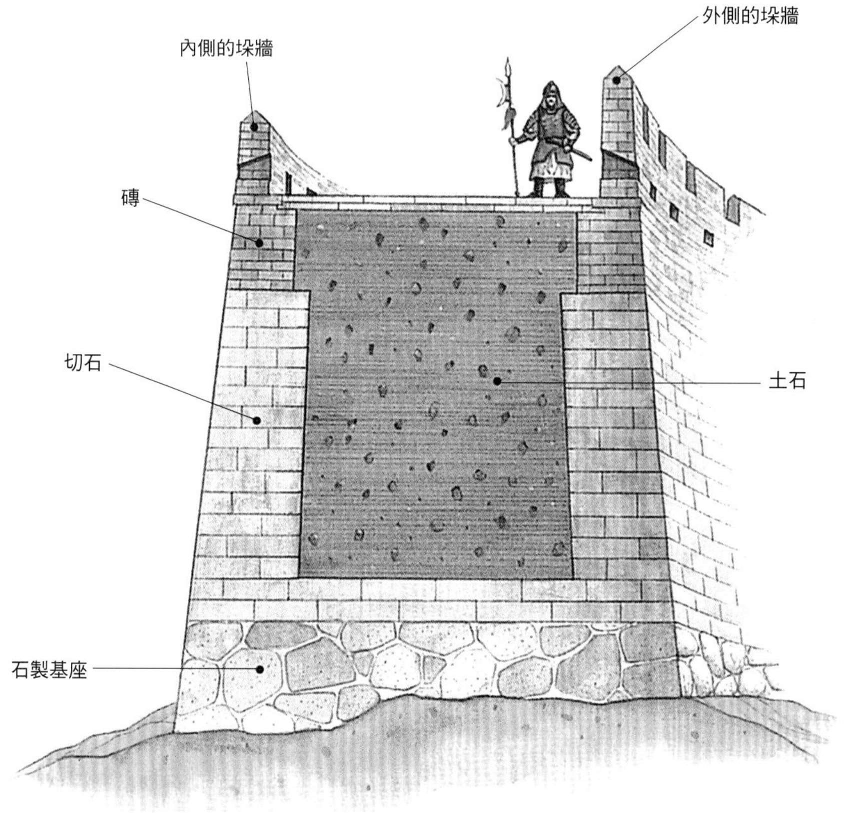

東3號敵台
望樓支柱
採光窗（兼具
槍眼功能）
射箭與放槍
的槍眼
內側女墻沒有
鋸齒狀構造
房間的出入口
外設有樓梯
城 外
供士兵起居用
的房間
以石頭切割出
的樓梯
插圖／藤井康文

高掛於東城門樓上的「天下第一關」匾額。

邊墻子烽火台

插圖／藤井康文

威遠城

潮河

這幅插畫中所繪製的長城從最遠端的山上綿延到最前端的渤海，距離大約是7公里。在中間的地方設置關門，門樓上掛有寫著「天下第一關」的匾額。門內築有山海關城，門外則設置了甕城與包圍在其外側的東羅城，將關門層層圍住。山海關城在南北兩側都隔著河流建有翼城，看起來就像是保護關城的兩隻手臂，鞏固著城池左右。在河上架有像城牆一樣的橋樑，水門還設置了鐵製閘門。長城到了海邊則設有一座守護海岸的寧海城，從該處向海中突出的城牆，被稱為長城這條巨龍的「老龍頭」。老龍頭上設有炮台，末端延伸進入海中。由於它是將石頭沉在海底當作地基，因此又稱為入海石城，可以防止敵軍兵馬沿著海岸入侵。當然，在戰時也會有戰艦航行於海面，將防衛線擴大至海上。

南翼長城

圍城

敵台

濱海城牆

渤海灣

萬里長城 ③

備有新型大炮的「天下第一」堅城 盤據中國大陸的「龍」由此起頭 山海關

山海關是設置於明朝經營東北大動脈的渤海沿岸與連結遼西走廊長城之處的要塞。明朝政府在全國設置了五個都督府（軍事統帥機關），其下則有329衛（駐軍基地）。而山海關也是其中一衛，不過因為地處要衝，因此駐紮在此的士兵要比其他地方多上一倍。其人口為3萬人，由1100餘名士兵擔任日常警戒。在關城與長城的各處都配有新型大炮，朝向塞外戒備著。明朝滅亡的1644年時，遺臣吳三桂在山海關城被李自成所率領的農民軍包圍，最後他接受了駐屯在附近的清軍救援。進入清朝之後，山海關依舊維持著堅穩牢固的面貌，作為一個重要的軍事要塞。

武經總要‧武備志

網羅各種兵器、作戰
驚人的兵器全書

中國的兵書包括現存、佚失在內，數量據說高達1500餘種，而其中大部分的內容都是偏向於軍事理論。這是因為具備完美思想的《孫子》兵法首開先河成為後世的兵學典範，因此使得整體著作傾向皆以戰略為優先。而實用面的兵書相對之下地位就變得比較低，發展也一直處於停滯狀態。不過在進入宋朝之後，因為火器在戰場上出現，使得戰術產生了變革。另外，在與擁有強大軍事力量的遊牧民族接觸之下，因為受到刺激而使兵學研究吹起一股新風，讓重新檢視兵書存在意義的趨勢越來越強。除此之外，宋朝同時也在各式各樣的分別進行具有體系的研究，並積極編篡百科全書。在這樣的風潮之下孕育而生的，就是《武經總要》。

北宋仁宗慶曆4年（西元1044）時，為了要製作軍事教練用的課本，曾公亮與丁度奉旨編篡出了《武經總要》，是為一部前集20卷、後集20卷的大作。它除了將過去的兵書集大成，還加入了新的軍事情報，內容包括軍事組織、制度、訓練、行軍、宿營、佈陣、作戰，甚至攻城、守城法與武器裝備等，全部都有詳細描述。最重要的是裡面還附有插圖，這除了可幫助理解之外，許多地方對於復原古代兵器來說也是很重要的參考資料。

另外，明末（17世紀中葉）時，軍事著作家茅元儀耗費了15年歲月寫成了《武備志》240卷，這不僅是一部超越《武經總要》的軍事巨著，而且裡面同樣也充滿了珍貴的插圖。圖中還有加入在戰場上開始多有使用的火器，可說是反映出時代性，相當有趣。兩書都是研究中國兵器時必備的著作。

神行破陣猛火刀牌（收錄於《武備志》）。下半部的36個孔洞裡面塞有裝滿火藥的筒子，等到敵人接近時就會噴射火焰。

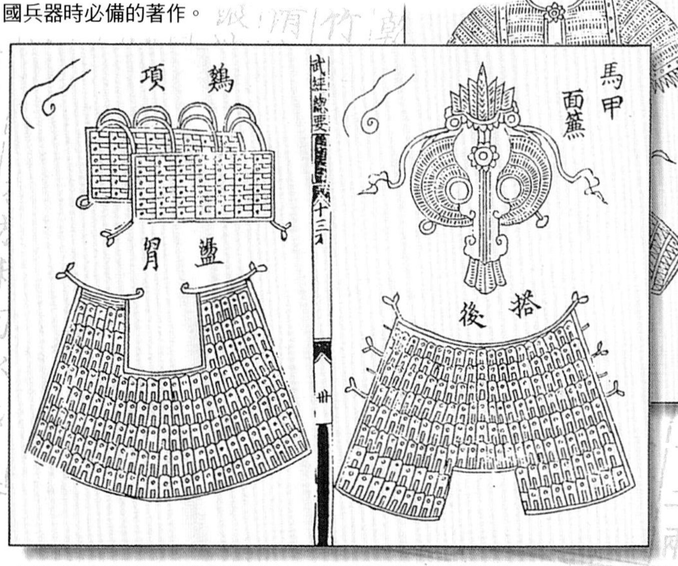

（下）馬甲（收錄於《武經總要》），宋朝重裝騎兵用馬的裝甲。（右上）連強弩都無法射穿的步人甲（收錄於同書中）。（底圖）《武經總要》文字的一部分。

【陣法與戰法的變遷】

戰陣

重裝甲騎兵時代的陣法與戰法
輕騎兵時代的陣法與戰法
火器時代的陣法與戰法
水軍的陣法與戰法

監修／村山吉廣
文／島村 亨

陣法與戰法的變遷

戰鬥的方法會依據戰場的地勢與裝備之進步而產生很大的變化。
在本章當中，要把中國軍事史區分成3個時代以及水軍部分，
並詳細解說各個時代的陣戰特徵。

重裝甲騎兵時代的陣法與戰法

為了要打贏輕騎兵而出現了「鐵騎」
這支部隊不論兵、馬都施以重裝備，能運用突擊力馳騁於戰場
不過卻只有以貴族為核心的社會構造有辦法維持

■重裝甲騎兵的誕生與編制

在孫子中有寫道：「無邀正正之旗，無擊堂堂之陣」，其中「正正之旗」、「堂堂之陣」都是代表軍隊的隊列整齊劃一，部隊配置相當有秩序的意思。孫子認為在戰場上應該避免跟採取適切陣形的敵人交戰，因此中國自古以來一直在研究陣法，春秋戰國時代，兵家們完成了很多種陣形，就像「孫吳六十四陣」所表達的那樣，陣法可說是相當多彩多姿。不過這其中大多數都只有名稱與大致上的形狀流傳下來而已，各兵種的具體配置並沒有詳細記載。就連三國時代蜀國諸葛亮著名的「八陣」也一樣，只有留下由後世兵家繪製出的各種想像圖而已，這種傾向一直到唐代都沒有改變。

伴隨支撐軍隊的社會變化與技術的進步，在中國戰場上扮演主角的兵種想當然爾也會不斷改變。舉例來說，以3人搭乘的游擊戰用「戰車」為核心的中國古代軍隊陣法，自然就不會直接流傳至後世，最多也只有其「精神」會傳承下來。

基於這樣的原因，在此先不談古代的突擊部隊「戰車」，改為探討「重裝甲騎兵」的變遷過程。

中國的騎兵史，是由戰國七雄之一的趙國採行「胡服騎射」所開啟的。當時趙國決定採用威脅自己的北方三胡與匈奴等騎馬民族所使用的裝備及戰術，身穿較厚的短衣與皮靴等裝備，戰鬥則是以騎在馬上用弓進行攻擊後就撤退的擾亂戰術為主，屬於輕騎兵的裝備與戰術。

秦漢時代，特別是在西漢時期漢軍與匈奴的作戰中，雙方都是以大規模騎兵集團在長城以北的廣大沙漠與草原上施展。這種現象表示了漢朝軍隊的主要兵種不得不要從步兵轉變為騎兵，而實際上在成功擊敗匈奴的戰役中，大多都是只靠騎兵所構成的部隊打下的，率領步兵5千人卻吃了敗仗的李陵，可說是最佳佐證。

騎兵可以發揮高度機動性與強烈突擊能力，如果想要掌握戰場主導權，且針對敵方空虛之處加以攻擊，就一定得用上騎兵才行。再加上與匈奴的作戰幾乎都屬於大規模對戰或殲滅戰，這必須要能迅速進行長距離前進與後退才行，而能夠勝任此種作戰的兵種則非騎兵莫屬。包括長距離襲擊、迂迴、包圍、奇襲、誘擊與伏擊等戰法，對於騎兵來說，都是毫無疑問的看家本領。反過來說，騎兵只有在攻城戰與據點防衛戰等特殊狀況下，才會顯得無用武之地。

漢代時就已經有輕騎兵、重騎兵這兩種類別存在，裝備與匈奴騎兵幾乎相同。防具只以盾牌為主的是輕騎兵；身穿鎧甲、手持長柄武器進行近身戰鬥的則是重騎兵。部隊的主體是輕騎兵，所以就算是重武裝騎兵，跟魏晉南北朝的重裝甲騎兵比起來，著用裝備依然算是相當不足。特別是在馬匹方面，並沒有施以充分的防護。

西漢騎兵部隊的詳細編制並沒有流傳下來，不過可得知基本單位是以30騎構成的「屯」，以及湊上3～4個之後集合成100騎左右的「曲」。數曲會組成「部」，並由校尉指揮。這個「部」集合至1～2萬騎後就會編成1軍。

將這時代陣法流傳下來的，是從陝西省西漢漢文帝時期墳墓中出土的騎兵俑所得知。這些騎兵桶是

➲東漢時代的馬俑群，整齊表現出依然有戰車與騎兵混合編組的「突擊部隊」。「重裝騎兵」在此時尚未成熟，經過三國、魏晉時代之後，其突擊能力才被加以特化，形成與輕騎兵截然不同的部隊，凸顯出其存在感。

以前後左右10～11騎的數量組成1個方陣，而這個方陣應就「曲」的基本隊形。將這種方陣加以排列，就能構成以「部」或「軍」為單位的橫隊或直隊，想必也可以組合出「雁行」或「錐形」等陣形。

騎兵在漢代成為了主要軍種，隨著時代的演進，其裝備也越來越充足。以布或皮革構成的「胡服」被青銅與鐵製鎧甲所取代，最後連馬匹也都開始穿上稱為「具裝」的馬鎧。在主戰兵器方面，除了像馬戟那種棒狀突刺兵器之外，隨著製鋼技術的進步，供騎兵用的優秀長刀也開始生產。

在五胡十六國時代，騎兵的重裝備可說幾乎宣告完成。加上在5世紀之後鐙開始普及，讓重裝備騎乘得以獲得較佳的穩定性，使來自馬上的攻擊力有飛躍性增強。綜上所述，在人與馬同時施以裝甲的重裝甲騎兵，即出現於中國的戰場上。重裝甲騎兵在歷史上被稱為「甲騎」或是「鐵騎」，為中國戰場帶來了很大的變化。

騎兵的任務可大致區分為索敵（輕瓢）、突擊（奔衝、突衝）、奇襲（奇伏）、擾亂（游奕、威却）、追擊（踵軍）。重裝甲騎兵則在這些任務中，將戰場突擊能力（衝擊行動）加以特化的騎兵。重裝甲騎兵各自都具有充分防護能力，形成集團之後則能形成強大的突擊能力，從正面突擊無裝甲的輕騎兵與步兵，可以發揮出相當大的威力。重裝甲騎兵從南北朝一直到隋朝，都在戰場上扮演了決定性的角色。

之所以將這種重裝甲騎兵大量編入軍隊，並讓其成為軍隊的核心戰力，主要是受到當時的社會制度變化影響所致。

西晉採用的是將宗族分封為各地之王的「宗王出鎮制」，同時也承認在地豪族的統治，依此確立了東漢以來的貴族社會制度。這樣即表示，中國已經變成一個由超過5百位封建領主所割據的國家，同時意謂著各貴族皆擁有獨自的兵力。

每個貴族各自擁有大量私民，其私民武裝化之後則是被稱為「部曲」的私兵，而部曲私兵的裝備就是把人、馬都完全用裝甲覆蓋起來。

這些都使得重裝甲騎兵日益成長。所謂重裝甲騎兵時代的各王朝軍隊，就是這些部曲私兵的集合體。這又跟在三國時代作為魏國軍事力量移入華北的遊牧民族氐族軍事制度相結合。

永嘉之亂以後，趁著西晉混亂之時大舉入侵華北意圖造反的匈奴、鮮卑等騎馬民族的騎兵，也有受到這些部曲私兵的影響。他們在進入中原之前，仍保持以傳統輕騎兵為主體的軍事制度，不過在進入中原之後，也開始仿效漢人望族的私兵，改為採用重裝甲騎兵的裝備。

其中最為著名的就是滅掉西晉的匈奴貴族劉曜的親衛部隊「親御郎」。在《晉書》的劉曜載記中，寫到：「召公卿已下子弟有勇幹者為親禦郎，被甲乘鎧馬，動止自隨，以充折沖之任。」。可見北中國的新統治者們，也都競相讓騎兵重裝化。

至於重裝甲騎兵的編制，大業7年（西元611）隋煬帝侵略高句麗時所用的制度可說是最好的例子。根據《隋書》禮儀志，隋軍把騎兵100騎設為1隊，10隊則構成「團」，團是由副將指揮。1「軍」是以騎兵4團和步兵80隊的8團所編成，由主將與副將各1名指揮。附帶一提，挺進高句麗的隋軍在陸路部隊有左右各12軍、再加上煬帝親率的6軍，共有30軍的兵力。

騎兵的主力是重裝甲騎兵，而步兵與騎兵的比例則是2比1。除了漢朝的某個時期之外，中國的統一王朝在騎兵比例並沒有特別高。而隋朝的特色比較接近貴族的聯合政權，所以這段時間可說是重裝甲騎兵的鼎盛時期。之後在隋朝崩毀的階段，社會制度與用兵思想又再度產生變化，使重裝甲騎兵逐漸凋零。

■重裝甲騎兵時代的陣法

綜觀東晉至隋朝的戰例，可以得知在主要的戰役中都有密集投入重裝甲騎兵，不過該時代的陣法卻很少流傳至今，不僅沒有留下陣圖、連從每場戰爭獲得的資訊都只有鳳毛麟角。

重裝甲騎兵因為採用重裝備，因此突擊力道很強，不過這樣對馬匹的負擔也相對較大，進而使得突擊動作比較緩慢。這點跟輕騎兵較具機動性與彈性，使隊形變換較為容易相比，重裝甲騎兵在一開始佈陣時，就必須直接組成可以直接進行突擊的隊形。但這時若排成較深的縱隊，會容易使攻擊正面變窄，因此一定會採用橫隊。

時代繼續往下走，在北宋許洞的《虎鈴經》陣圖中，可以找到重裝甲騎兵時代陣法一點蛛絲馬跡。根據書中記載的陣形，步兵會排成3層橫隊，接著在步兵部隊的前面與側面會配置「衝騎」。所謂的「衝騎」指重裝甲騎兵，推測這樣的陣圖之所以沒有把騎兵部隊並列在一起，應是想要藉此發揮其突擊能力，或者也可以說它是西洋步騎混合陣形的中國版。

◆戰法——讓重裝甲騎兵先上

重裝甲騎兵在戰場上的主要任務，首先即是打垮敵方的重裝甲騎兵。在華北戰場上，敵我雙方皆擁有重裝甲騎兵的軍隊曾不斷進行衝突。在輕騎兵先行以游擊、互相射箭的方式將敵軍受限住之後，接著就換成重裝甲騎兵相互拚鬥。

雙方的重裝甲騎兵都會排成橫隊，然後並列前進衝向敵方的騎兵陣列。這個橫隊與敵軍接觸過一輪之後，就會散開變成單騎戰鬥。因此，重裝甲騎兵之間的戰鬥最後就會以單純的白刃戰收場。在騎兵戰中取勝的一方，就能游刃有餘的對毫無防備的對手步兵陣進行優勢戰鬥。

在對敵陣進行攻擊時，主要是希望能以密集隊形前進，然後針對敵陣的某一點集中攻擊，讓敵軍的隊列可以因此潰散。換句話說，重裝甲騎兵所扮演的角色就有如攻城鎚一樣，等到敵陣出現破口，步兵與輕騎兵就會往那裡衝去。

◆戰術運用的發展——部隊的分進與合擊

在北朝時代，軍隊編制是以騎兵作為主體，因此在戰術上會活用騎兵的機動力，在前進時先將部隊分散至寬廣範圍中、再於決戰地集結的外線作戰，以及各個擊破分散敵軍的內線作戰兩種。前者以拓跋珪在建立北魏時的各場戰役當實例，後者則有西魏宇文泰擊敗東魏軍的例子。

拓跋珪集結了鮮卑系的拓跋部，編成以騎兵為主

➲五胡十六國時代的重騎兵像，沉重的馬鎧令人印象深刻。

重霞陣圖

左校騎兵以奇候強
前校
衝騎
揚英
挑戰
前校
中校
後校
右校騎兵以奇候強
備以應權

體的軍隊，並入侵至華北大平原深處。在與後燕的戰鬥中，他們先從平城退到很遠的西邊去，讓後燕軍隊因此向東撤退。接著，再讓騎兵集團組成幾支縱隊分別進行長距離搜尋，等找到撤退中的後燕軍隊後，再讓各支部隊集結將敵軍一舉殲滅。此後的北方統一戰爭中，他也常使用這種戰法，且成功的結束戰局。

等北魏分裂成東、西魏之後，雙方依然使用騎兵當作軍隊主力，且不斷進行戰鬥。曾是北魏主力的鮮卑系騎兵被東魏的高歡暗中繼承，並恃其優勢兵力積極向西魏大舉進軍。西魏的宇文泰雖然身處劣勢，不過仍然採用外線作戰將高歡軍各個擊破，徹底粉碎高歡的意圖。

◆對陣地與據點的攻擊

接著，就讓我們來看看重裝甲騎兵如何進行據點攻擊。

【強行突破】意圖在中原擴大勢力的大小王朝，常會在各個重要的戰略要地、具有堅固防守的城市碰到釘子。為了要對付這些城市，最初都會使用包圍與強攻這兩種戰法。其中最常採用的是強攻法，意指先搜尋、斬殺地區上的百姓，然後把屍體堆到跟城牆一樣高後，再伺機讓騎兵衝進去。

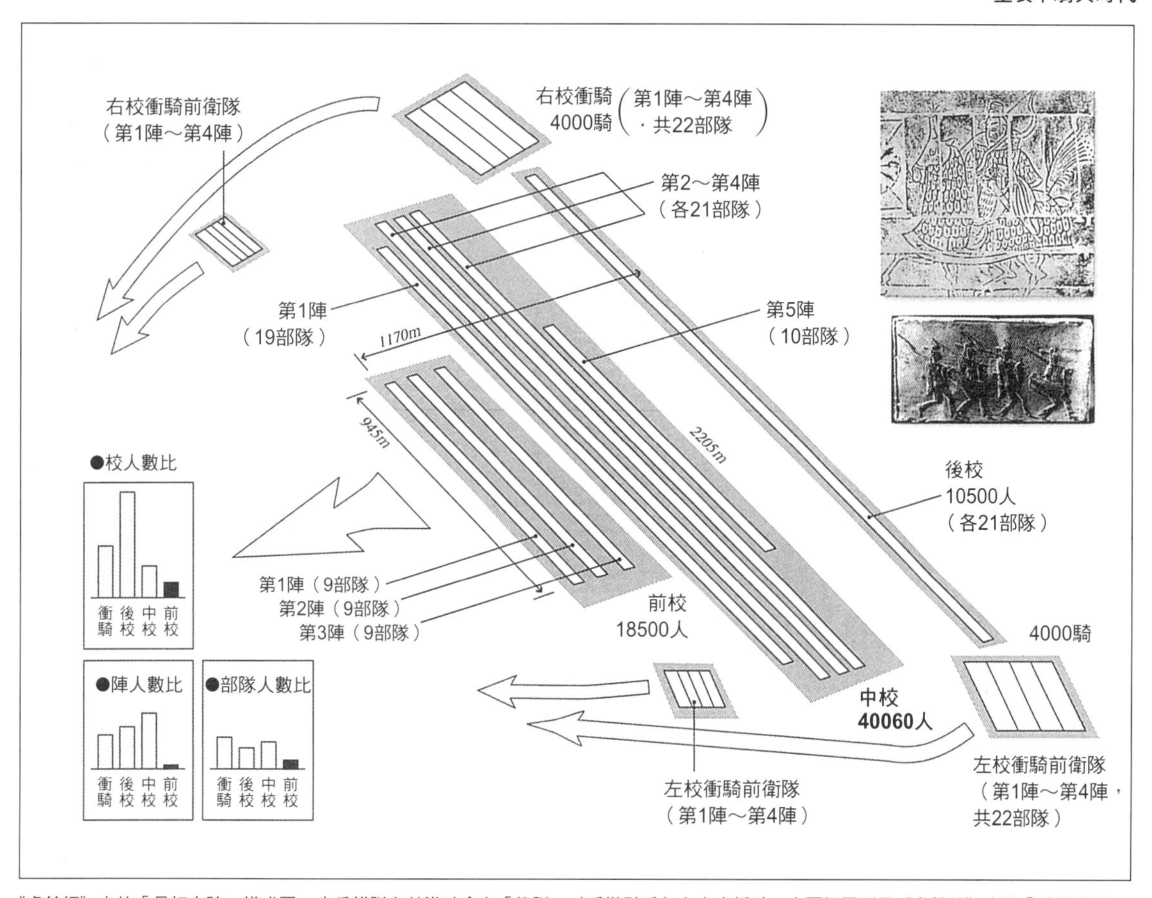

《虎鈴經》中的「長虹之陣」模式圖。步兵橫隊在前進時會有「衝隊」（重裝騎兵）在左右援助。左頁插圖則是《虎鈴經》中的「重霞陣圖」。

【面壓制】滅掉西晉的匈奴系王朝劉漢，選擇避開堅固的城牆，利用騎兵的機動力在華北的大地上縱橫奔襲，採用壓制面以孤立點的戰略，藉此破壞西晉的經濟基礎，讓它註定步向滅亡。

【壓迫據點】統一北方的拓跋魏採用了崔浩的計謀，決定迂迴通過堅固的陣地，並且深入侵襲南朝。他們長驅直入江淮地區，對南朝政權形成壓迫。換句話說，這是一種選擇無視較小的零散據點，而一鼓作氣直搗黃龍的作戰。這種戰法雖然可充分發揮騎兵機動力的優點，不過卻無法建立起補給線，導致作戰難以持久。

◆重裝甲騎兵的特殊戰法

在廉台之戰（西元352）前燕將軍慕容恪即採用了將重裝甲騎兵用鐵鍊串連起來組成方陣的戰法。

率領鮮卑騎兵的慕容恪所要面對的敵人，是建立冉魏的冉閔所擁有的步兵部隊。由於他們都是善於對付騎兵的老手，因此以騎兵為主體的慕容恪部隊原本對於步兵的優勢皆無法施展，屢次吃下了敗戰。因此慕容恪特別挑選鮮卑騎兵當中善於使弓的士兵5千騎作為中軍，在廉台地區組成方陣。此時，他把鎧馬用鍊子繫在一起，讓方陣在部隊前進時絕對不會散掉。騎兵部隊因此完全喪失騎兵應有的機動力，轉而變成讓鐵甲覆蓋的人、馬形成銅牆鐵壁以迎戰冉閔軍。

冉閔採用與一般游擊戰相同的正面突擊法，欲使方陣崩潰，不過卻無法突破。即使人、馬遭到砍傷，慕容恪中軍部隊陣形仍舊沒有潰散。最後，停滯於方陣之前的冉閔部隊被埋伏於左右的慕容恪騎兵部隊包圍殲滅。

這即是一種僅利用重裝甲騎兵的裝甲防禦力之戰術。

南朝的重裝甲騎兵對策

另一方面，一直被北方騎兵蹂躪的南朝在面對騎兵時又是如何呢？

南朝的國勢較弱、軍備也較差，特別是他們一直無法設立能與北朝對抗的大規模騎兵部隊。因此，南朝的戰略基本上完全都是著重在領土防衛上。

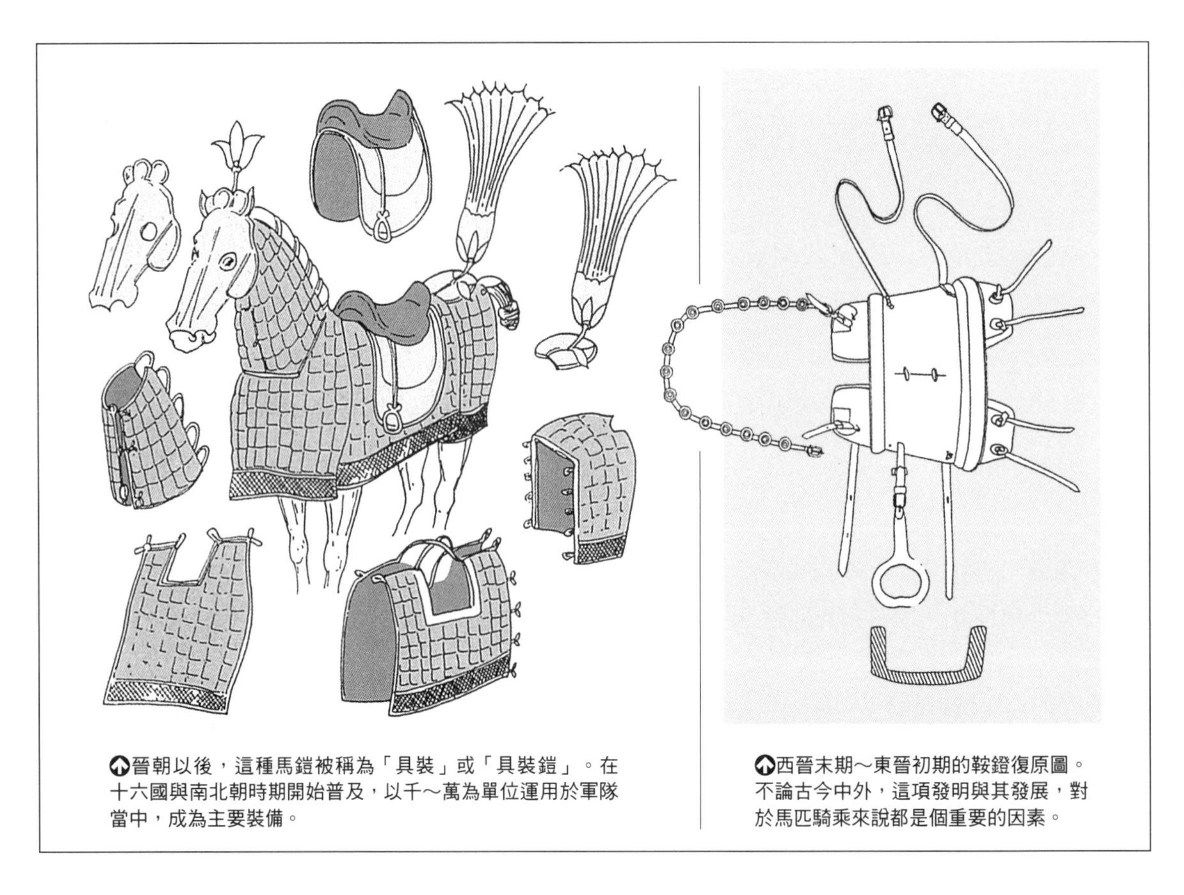

晉朝以後，這種馬鎧被稱為「具裝」或「具裝鎧」。在十六國與南北朝時期開始普及，以千～萬為單位運用於軍隊當中，成為主要裝備。

西晉末期～東晉初期的鞍鐙復原圖。不論古今中外，這項發明與其發展，對於馬匹騎乘來說都是個重要的因素。

自東晉以來，南朝一直都是藉著江准之水防衛固守，如果形勢稍微有利的話，就渡過准水、泗水推進至黃河沿線，以阻止北朝軍隊南下。如果形勢不利，就在據點集結士兵囤積糧食，進行長期圍城作戰。

因為北方出身的騎兵多難以忍受南方高溫、多濕的夏季，所以在對付重裝甲騎兵時特別會利用這個招術。在中國南方地區，重裝甲騎兵幾乎只侷限在冬季活動。南朝被圍城的部隊只要能撐到春天來臨，北方的騎兵就會自行散去。

話雖如此，南朝還是有托軍事天才之福，舉兵進行了幾次北伐。這時就必須拿出對付重裝甲騎兵的策略才行。舉例來說，可以東晉劉裕滅南燕時的臨朐之戰來做說明。

劉裕在面對具有優勢的南燕騎兵集團時，將「車」4千乘配置在部隊左右來應付。這裡指的「車」跟戰國時代的戰車不一樣，比較類似於西漢衛青用在對匈奴戰役中的武綱車。這種車裝有能抵擋弓箭的蓋子，也能構成阻礙騎兵突擊用的障礙物。領導南燕的慕容超雖然派出1萬鐵騎進行夾擊，不過劉裕部隊卻沒有潰退，反而攻陷了防禦度減弱的臨朐城使南燕敗北。

這場戰役可說是個巧妙封住騎兵突擊能力的例子。

捲土重來的輕騎兵時代與之後的重裝甲騎兵

在隋末的大亂中，以穿戴過多裝備的重裝甲騎兵為核心的隋朝軍隊，被具有優勢機動力與運用彈性的叛軍擊垮。在唐朝統一中原的戰爭中，騎兵的敏捷性對於唐軍的獲勝作出了很大的貢獻，其輕快、越野能力所展現出的重要性已超越了裝甲防護力與突擊能力。在戰亂中，輕騎兵使仍靠著重裝甲騎兵的貴族社會為之動搖，進而讓部曲私兵制度崩壞。至此，輕騎兵又再度成為騎兵戰力的核心，活躍於歷史舞台上，當然陣形與戰法也隨著輕騎兵時代而產生變化。

重裝甲騎兵雖在之後仍佔有騎兵軍力的一角，不過在宋、明朝時，已不再擔任軍隊的主力了。反之，繼承這種裝備、且在戰法上加以變化的，則是意圖逐鹿中原的周遭各民族。包括興起於北邊的遼、西邊的西夏，皆擁有重裝甲的騎兵部隊。至於，滅遼之後南下而來的金，其騎兵部隊的裝甲防禦力更是相當高，幾乎已到達無人不曉的傳說境

➔西魏的重裝騎兵與步兵部隊戰鬥圖。

界！

興起於中國東北地區的金，是由女真族建立的王朝，其軍隊的核心就是重裝甲騎兵。金的鐵騎不論人員、馬匹，除了眼睛之外全都有鎧甲包覆，聽說甚至還會穿著兩層鎧甲。

這些中原周圍的民族所採用的戰術則如下所述。

遼：遼以騎兵500～700騎組成1隊，依序讓每隊往敵陣發動突擊。以隊為單位反覆進行突擊，直到敵陣產生動搖為止。一旦敵陣崩解，就讓全軍展開攻擊以取得最後勝利。如果敵陣牢而不破，則利用騎兵的機動力迅速撤退，以待來日再戰。

西夏：西夏前軍以重裝甲騎兵構成，於全軍正面向敵陣突擊時。一旦敵陣瓦解，就讓輕騎兵與步兵接替。由於西夏的騎兵會把身體固定在馬鞍上，因此即使在馬上陣亡，還是能吸引敵人的注意力。

金：金以50騎為一隊，前排20騎為手持突擊兵器的重裝甲騎兵，後排30騎則是裝備弓箭的輕騎兵。與敵軍交手時，首先會尋找其陣形上的弱點，然後針對該處將兵力集中匯集。輕騎兵以弓箭齊射，重裝甲騎兵則向該處突擊以求單點擊破。等敵陣潰散後，就轉而進行總攻擊。

金朝曾採用過一種著名的「拐子馬」重裝甲騎兵戰術。所謂「拐子馬」是以三騎重裝甲兵騎用皮帶，繫成一橫排所構成。戰鬥時，在拐子馬的後面會有步兵手持「拒馬」跟隨，當拐子馬前進時，步兵也會連同拒馬一起推進，使拐子馬無法向後退。這種以三騎為一伍的重裝甲騎兵戰列，是種能確實讓敵陣崩解的戰術。

若是讓拐子馬去進行突擊，衝擊力也能隨之增加，不過其機動力卻非常低落。在戰場上而言，拐子馬幾乎就等同於沒有車的「戰車 」一樣。在戰術運用上，它則既能保持騎兵在面對各種地形上的應變能力，也能發揮戰車的壓制能力。

依據戰史，可得知拐子馬是配置在步兵部隊的兩翼來運用的。當然，它應該也會被擺在前鋒，從正面對敵陣進行壓制。

這種依靠拐子馬的突擊，在一開始曾讓宋軍毫無招架之力，不斷地吃下敗仗。不過拐子馬卻有著3匹馬中只要其中1匹受傷，就會整個陷入動彈不得的弱點。南宋的岳飛與劉錡則專門鎖定馬腳攻擊，並用大斧砍倒馬匹，最後終於大破拐子馬。

以上是針對重裝騎兵的介紹，最後要來簡單敘述一下「騎兵」的概要。

戰車在秦漢時代被騎兵取代，而騎兵則因為魏晉的貴族社會嗜好、技術等級進步等因素邁向了重裝甲化。在隋唐的革命中，又將這種傾向畫下休止符。到了最後演變成只著用簡潔裝備的輕騎兵，讓能夠發揮騎兵原本機動力的時代終於到來。

進入明朝之後，火器裝備開始成為主力兵器，使得騎兵慢慢開始退出戰爭舞台，不過滿族的重騎兵卻又壓倒了尚未發達的火器，讓騎兵死灰復燃。這另一方面也意味著中國已經邁上了必須要等到與西方展開充滿痛苦的交流之後，軍隊才會再度演進的道路。

輕騎兵時代的陣法與戰法

重騎兵的突擊力在與外族交戰時曾重新檢討
機動力較佳的輕騎兵因此又再度受到重視
接著以唐朝為核心來探討其真實樣貌

北方騎馬民族之圖，其為中原的戰法帶來莫大影響。

輕騎兵時代再度來臨

控制住隋末大亂的唐朝，他們所採用的戰術並非為騎兵在決戰場上的衝擊力，而是講求大範圍越野力、速度活用的迂迴戰法與奇襲戰法，徹底執行追擊戰。

這表示依靠重騎兵裝甲防禦力與突擊力的戰場決戰方針自此開始凋落，輕騎兵又將再度活躍。因此，軍隊核心地位從重騎兵移至輕騎兵手上。至此，在唐初的一連串戰鬥中，能巧妙運用輕騎兵的戰術因而陸續出現。

軍制編成——騎兵佔全軍的3分之1

在唐朝杜佑的《通典》中，引用「衛公李靖兵法」，紀錄了唐代的軍制編成與陣法、戰鬥方法。「衛公李靖兵法」據說是在面對東突厥、吐谷渾等騎馬民族時靠著騎兵果敢戰鬥，並立下累累戰功的衛國會李靖的著作。在此書中，可以得知輕騎兵時代的陣法與戰法。

唐軍出征時，1名大將大約會率領2萬名士兵。而這2萬名士兵會再分成7個「軍」，分別由作為主帥部隊的中軍，以及前、後、左、右4軍（或由右廂軍與左廂軍各2軍編成4軍），另外還要加上左虞侯軍與右虞候軍。這樣的部隊總稱為「七軍」，在這七軍之中，有明確規範出行軍或戰鬥時的配置與任務。在大將出征時所率領的2萬人當中，戰鬥兵力有1萬4千人，騎兵有4千騎，約佔全體的3分之1左右。就比例來說，雖然跟以重騎兵為中心的隋朝沒有差太多，不過以整個中國歷史來看，這種編制在騎兵比例上可說是非常高。據說李靖在進攻東突厥時，他親自率領的騎兵戰力是精挑細選的輕騎兵3千騎。從這個數量來看，由李靖直接指揮的兵力所擁有的騎兵數，真的和這種編制一樣多。

值得留意的一點是，這種部隊的整體主要是以輕快性、遠距離攻擊能力上所構成。跳蕩兵是用來當作對敵軍突擊的部隊，奇兵則是作為預備兵力的步兵（應有跟騎兵混合編組），這兩種部隊都是採用輕裝備，各自為2千9百人，佔總兵力的4成。另外還有加上雖然發射速度較慢，但是攻擊距離較長的弩手2千人、弓手2千2百人，約佔3分之1。他們可從遠距離阻止敵軍的攻擊，強化本身軍隊戰力。

陣法——以活用機動力為基礎

◆「隊」的戰鬥隊形

在重騎兵時代裡，騎兵會組成獨立的部隊正面或兩翼戰列，浩浩蕩蕩地進行突擊。

不過李靖則是把突擊能力較差的輕騎兵配置於步兵部隊的兩側，而不讓他們形成戰鬥正面。這是為了要能活用其輕快的機動力，將之以最有效的方式投入戰場所致。因此，步兵的「隊」就會排成近似楔狀的隊形向前邁進，以取代重騎兵的衝擊力。

輕騎兵的時代，也可以看作是火器時代前的步兵

唐軍出征時的大將所轄七軍編制表

兵種／軍別		士兵					輜重兵	合計
		弩手	弓手	馬軍	跳蕩	奇兵		
中軍	隊數	8	8	20	10	10	24	80
	人數	400	400	1,000	500	500	1,200	4,000
前、後 左、右 各軍	隊數	每軍：5 四軍共：（20）	6 （24）	10 （40）	8 （32）	8 （32）	15 （60）	52 （208）
	人數	每軍：250 四軍共：（1,000）	300 （1,200）	500 （2,000）	400 （1,600）	400 （1,600）	750 （3,000）	2,600 （10,400）
左、右 兩虞侯君	隊數	每軍：6 四軍共：（12）	6 （12）	10 （20）	8 （16）	8 （16）	18 （36）	56 （112）
	人數	每軍：300 四軍共：（600）	300 （1,200）	500 （1,000）	400 （800）	400 （800）	900 （1,800）	2,800 （5,600）
七軍總計	隊數	40	44	80	58	58	120	400
	人數	2,000	2,200	4,000	2,900	2,900	6,900	20,000

復興時代。原本中國的軍隊就是以步兵為主體，但這卻無法抵擋古代遊牧民輕快的騎兵機動力，而且在重騎兵時代中，步兵面對重騎兵的突擊更是顯得不堪一擊。不過等到輕騎兵時代再度來臨之後，可藉此讓步兵維持穩定的防禦陣形。

步兵是以50人編成1隊，作為運用上的基本單位。1隊會在前後20步（30公尺）的空間中組成五列橫隊。隊長立於最前方引領部隊，在他身後則立有旗手，跟在旗手的是傔旗，是軍旗的護旗兵。

其他士兵會在傔旗後方以左右均等擴散的方式排成5列。第1列有7人，第2列為8人，第3列有9人，第4列是10人，第5列則有11人。跟在最後面的是處斬脫離隊列士兵的副隊長，他會持陌刀（長刀）監視著士兵。

這種楔狀隊形在中國稱為「錐形陣」。此類隊形基本上是用來向前突破敵陣用，不過以小隊單位採用則比較少見，而這就是唐軍的基本攻擊隊形。

◆各軍的戰鬥隊形

7個軍各自將戰鬥隊形集結完畢，在此要以總兵力4千人的中軍為例來加以探討。

中軍的戰鬥正面為200步至300步（大約300～450公尺），最前面首先是由弓弩部隊展開成雁行陣。他們也是以50人為1隊，進入近身戰鬥後就會向後退，並且重新配置於後方的3層佈陣中。

基本隊形為3層的步兵陣。最前列有3隊步兵形成1個「大隊」。大隊就像三足鼎立一般堅固，組成較大的楔狀陣形，而中軍便是由5個大隊構成1線。位於大隊最前方的隊伍會特別稱為「戰鋒隊」，後面兩隊稱作「戰隊」。

第2列就像是要補滿出現於各大隊之間的空隙一般，以11個「駐隊」配置成一橫列。各隊會維持20步正面，縱深則為5列步兵，屬於薄長形的橫隊。在駐隊左右兩邊各有騎兵10隊，以下馬狀態配置。最後面則會有作為預備隊用的10個「奇兵」隊。

其它6軍會參照這樣的結構，編制成較小規模的相同隊形，並張開各自的戰鬥正面。

◆各軍的基本戰鬥模式（戰法）

按照以上方法佈陣完畢的軍隊，會如以下這般進行戰鬥。

首先，在敵兵到達距離150步（約220公尺）的位置後，弩手會開始放箭。每位弩手會準備50枝箭，不過當然不會在一輪箭戰中就射光。

等到敵兵進入60步（約90公尺）的位置時，就換弓手開始放箭。弩手、弓手在敵兵進入20步（30公尺）距離時會停止射擊且退至後方。弓手主要會重新配置於駐隊的行列中，弩手則會丟棄弩改持刀或棍棒跟在戰鋒隊後方參戰。

接著，戰鋒隊、戰隊（大隊）會向前挺進展開對戰。等到第1列的大隊顯露出疲態，位於駐隊兩側的騎兵與駐隊後方的奇兵就會向前與大隊人員替換，而此時大隊則會退至駐隊後方整隊休息。

待騎兵、奇兵體力透支後，再度換大隊往前進，取代騎兵、奇兵進行戰鬥。

駐隊會以弓箭為正面戰鬥提供支援，應也會透過第一線的空隙與敵軍交戰，但是在戰鬥中絕對不會改換位置。他們會在部隊陣列中保持固定位置，以

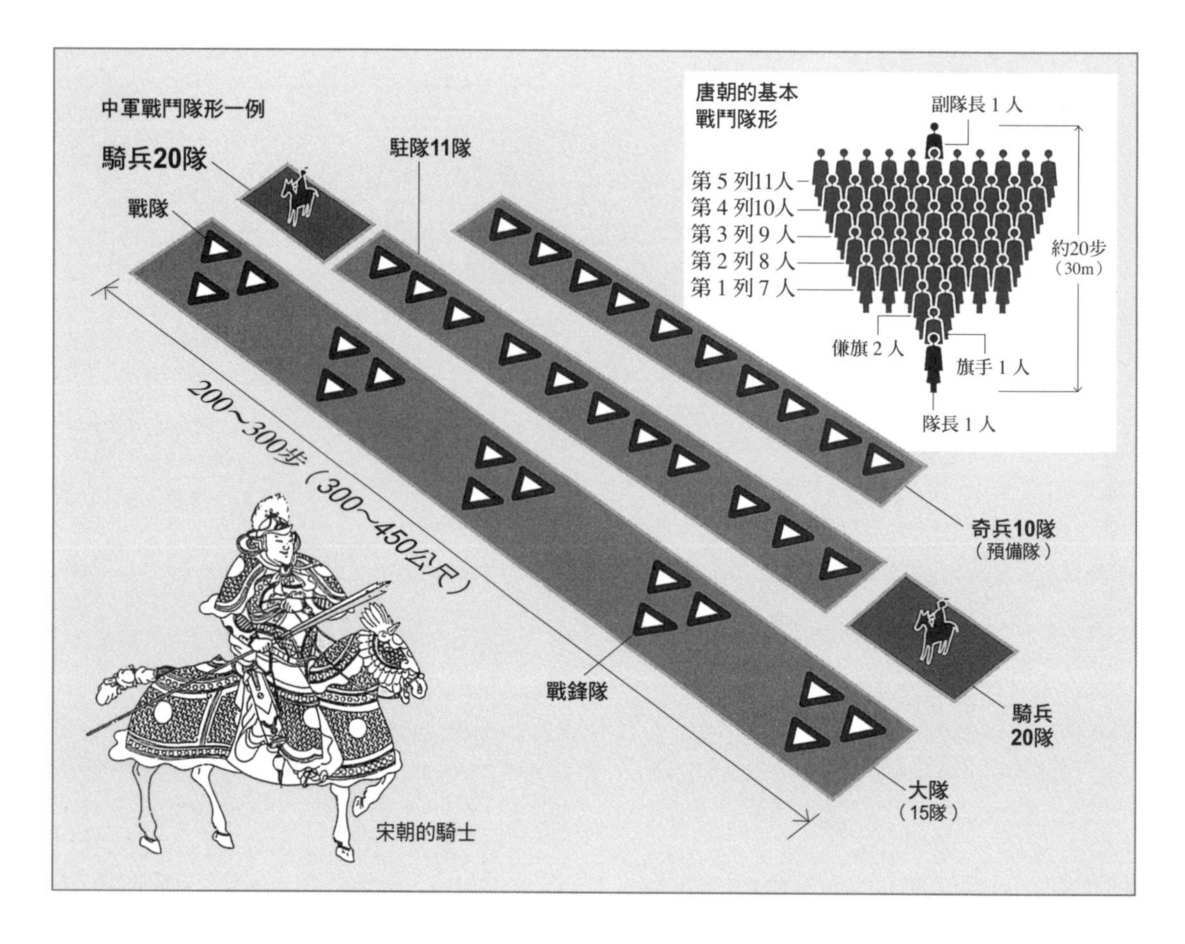

遂行確保後方受傷部隊重新整編與休息空間的任務。在向著敵陣前進攻擊時，每隔50步就會停下來重整陣形。

以上就是對戰時的基本戰法，藉著投入騎兵與奇兵，可以保持彈性應變。這是屬於一種以3層步兵橫陣中的第2層陣列作為主軸，讓士兵得以循環輪替上陣的戰法。

■大將所轄七軍的戰法

以上是各隊、各軍的陣法，接著就來看看七軍所用的陣法吧！

◆七軍構成的橫隊

就七軍而言，如果能確保擁有充分的戰場，就會採取橫隊佈陣。這種橫隊佈陣是以各軍方陣採橫向並列的方式所構成，其戰鬥正面寬達1700步（約2600公尺）。《通典》中所引用的描述為「有賊，將出戰布陣，先從右虞候軍引出，即次右軍，即次前軍，即次中軍，即次後軍，即次左軍，即次左虞候軍」。這是按照行軍時的序列，直接將方陣往橫向散開的陣形。

◆圓陣 「六花陣」

為了要防禦來自四面八方的攻擊，還可以排成圓陣。

《通典》中引用的句子寫道：「諸逢平原廣澤，無險可恃，即作方營。（中略）中軍在中央，六軍總管在四畔，象六齣花。」，這就是李靖陣法中最具特色的「六花陣」。由於部隊分成7個軍，因此會把6軍配置成圓形，圍住中軍形成全方位防禦。雖然各軍依然是組成方陣，不過整體看起來則會像構成圓陣。

此外，各軍還會再分成3個「營」級單位，而保護中軍的6軍有時也會另外組成更小型的方陣。

這種六花陣還有以下幾種變化。

1. 六花方陣：
   6軍配置成前後2陣、左右1陣，形成完整方陣。
2. 六花圓陣：
   6軍沿著圓周組成方陣，形成完整圓陣。
3. 雁行陣（曲陣）：
   讓7軍排成雁行（前後配置成階梯狀的八字或是倒八字）。

若直接引用橫隊作為佈陣時的序列，那麼當排成

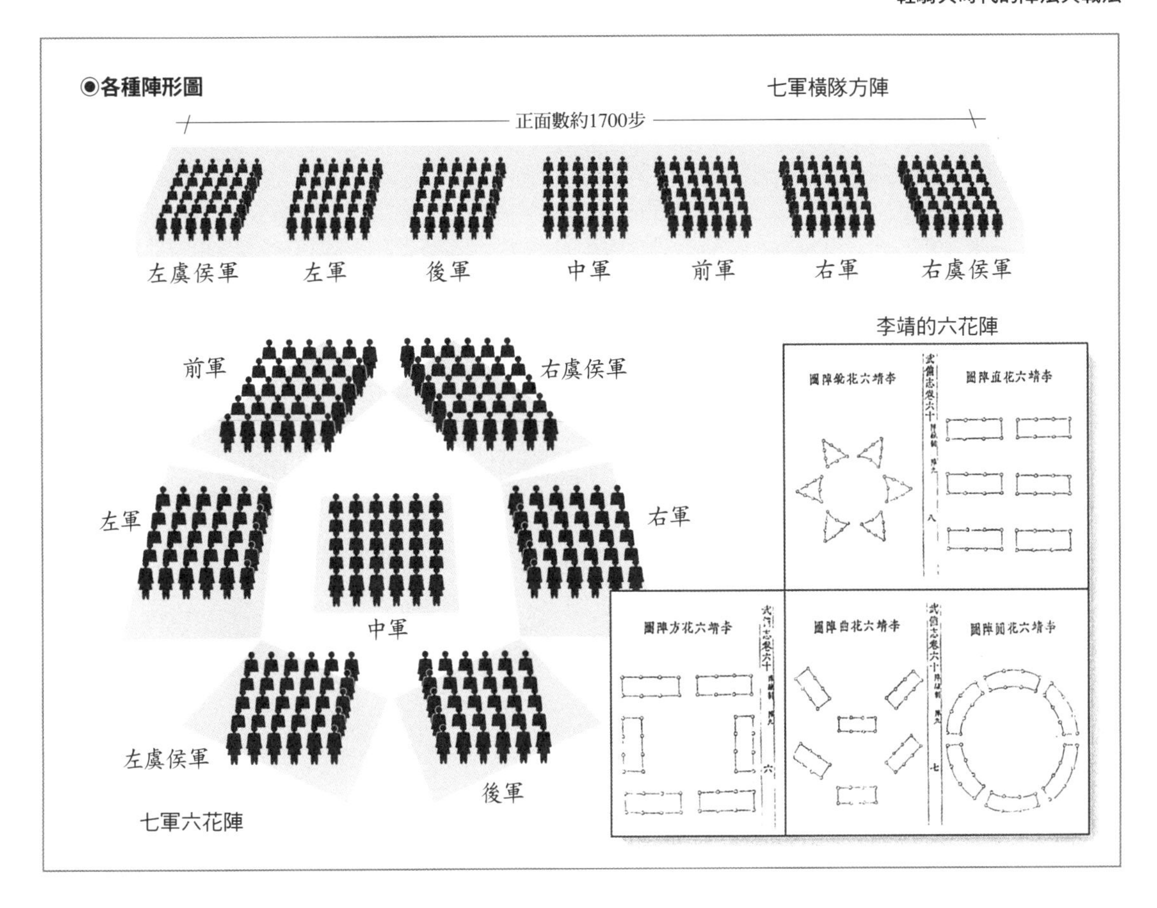

一列雁行陣時，就應該會如上圖般配置。

《武備志》中所記載的「李靖六花曲陣圖」是把組成方陣的6軍配置為2段倒八字，顯示出具有縱深的防禦用雁行陣。這應是在中軍處於預備狀態時所採取的陣形。

◆豎陣（直陣）

在《通典》的引用中，有提到：「諸賊徒恃險固，阻山布陣，不得橫列，兵士分立，宜為豎陣。其陣法：弩手、弓手與戰鋒隊相間引前，兩駐隊兩邊相翊。（中略）聞鼓聲發，諸軍弩手、弓手及戰鋒隊，各令人捉馬，一時籠槍，大叫齊入。」

這說明了在險阻地形中，軍隊無法以橫隊應戰時，就要列成縱隊（豎陣）來對付敵軍。在《武備志》的「六花圓陣圖」中，也有畫出以軍為單位形成的直陣，這是以組成方陣的6軍排列成2列3層所構成的陣形。

■行軍與宿營

◆行軍

七軍的行軍序列，是讓全軍跟隨右虞侯軍，按照右軍、前軍、中軍、後軍、左軍、左虞侯軍的順序來行軍。各軍會區分騎兵與步兵隊列，並由騎兵帶頭，而騎兵與步兵之間會取1、2里（1里為500～560m）的間隔距離。

在向高地前進時，會從騎兵派出4、5騎前往高地眺望，負責警戒四周。這些先行出發的偵察軍會等自軍的步兵通過之後從高地撤收，而跟隨在後方的各軍也會自行派遣騎兵進行相同的警戒。以這點來說，各軍的獨立性很強。

右虞侯軍通常都是擔任全軍的先鋒部隊，負責偵察、道路修理、架橋、確保渡口等事前任務。相對的，左虞侯軍則是擔任後衛任務，負責收容落後者與回收放棄的裝備器材。在背向敵軍行軍時，這個順序就會反過來，改由右虞侯軍殿後。

◆統行法

各軍在通過狹窄道路時，會讓戰鋒隊打前鋒，依照右戰隊、左戰隊、右駐隊、左駐隊的順序前進。如果道路較寬，可以讓「隊」平行排列的話，就會採用一種稱為「統行法」的行軍形態。

所謂的「統行法」，就是把各「統」的戰鋒隊置於前方，後面接上並列的左右兩戰隊，接著則是並列的左右兩駐隊。如果道路夠寬的話，就能讓5個

●雁行陣概略圖

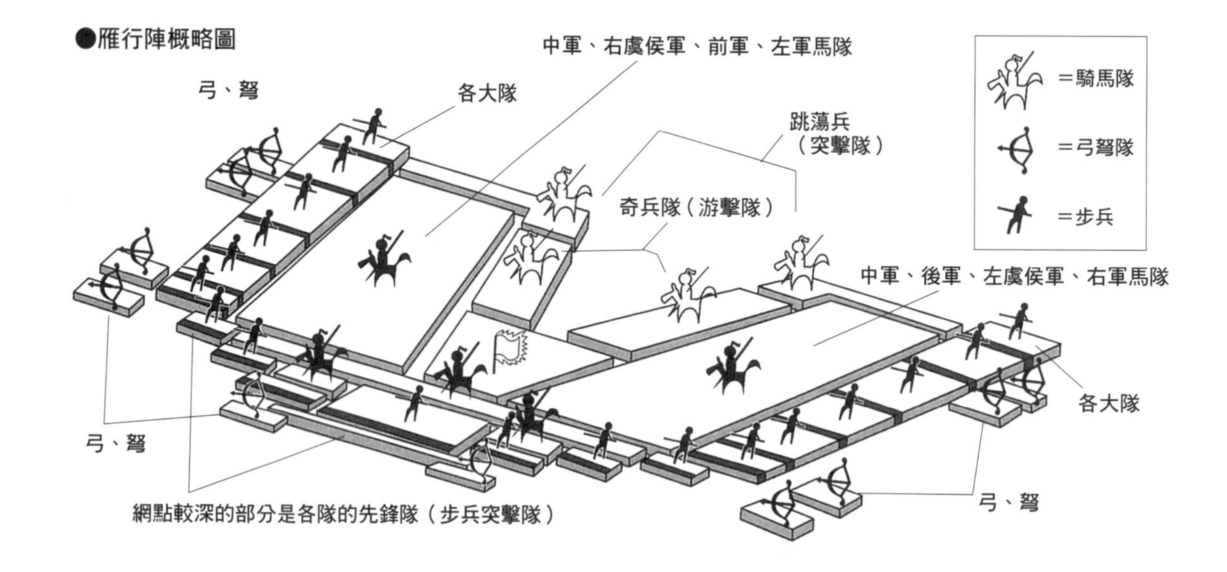

部隊平行前進。

「統」由6隊300人所構成。第1隊是戰鋒隊，第2、第3是戰隊，第4、第5為駐隊，第6隊則是輜重隊。這是把「大隊」加上2個駐隊與輜重隊之後編制而成的，應是軍隊內生活上的基本單位，各軍在行進時則會依據人數編成若干「統」。

在《通典》中則有引用：「諸軍討伐，例有數營，發引逢賊，首尾難救。行引之時，須先為方陣。」

唐軍在行軍時的警戒，除有左右虞侯軍擔任的前衛、後衛之外，各軍通常也會派出騎兵在前方1、2里處行進負責偵察與警戒，另外還有兩人一組的騎兵會擔任側面警戒。負責警戒的騎兵各自保持5里的間隔距離，也會前往較高的地方巡邏。

前後騎兵的巡邏點與主力部隊之間必須要能相互目視，並使用旗幟等信號進行連繫。

◆宿營

古云「營陣同制」，軍隊在宿營時也會基於游擊戰時的「陣」來進行部隊配置。如此一來，即使遭受敵人攻擊，也能直接進行有效防禦。一般來說，會讓部隊配列成圓形構成環狀的防禦陣式，這跟之前提到的圓陣是一樣的。

就中國的野營來講，早期會讓戰車與輜重車以環狀方式配置於營的外圈，形成「車城」防禦。隨著時代演進，這圈防禦又會加上木柵、土壘、壕溝等障礙物，建構出類似羅馬軍隊那種堅固的宿營地。

◆月營

在《通典》的引用中提到了：「諸地帶半險，須作月營：其營單列，面平背險，兩翅向險，如月初生。」（請參照次頁插圖）。

月營是一種利用河川或峭壁等阻礙通行的天然屏障紮營法。

◆宿營時的警戒

宿營時的警戒通常會設在幕舍外20步（30公尺）之處，戰鬥時則會列於戰陣的既定位置上。在營陣前100步（150公尺 ）外，白天會派遣偵察軍立於高處擔任衛哨，夜間則以兩人一更的方式（把夜晚分成五等份，一更約2小時）換班，用聽覺的方式進行警戒，稱為「聽子」。

在離營所3～5里處，會設置稱為「外鋪」的哨點。在此會備有旗子和大鼓，在遭到敵人襲擊之前會發出警報。而為了在敵軍來襲時能從敵人背後對其攻擊，還會在距離營所10里之處讓騎兵來回巡邏以備戰況危急之時。

如果前方遭受敵軍攻擊，其被攻擊的營就會打響大鼓，其它營也會以大鼓傳遞警報。對於正遭到攻擊的營，會由擔任主帥的大將親自率領中軍士兵前往救援，而其它各營（軍）若沒有命令，是絕對不能獨自行動的。

輕騎兵的單獨運用

以上就是會戰中步、騎一體的陣法與戰法。

唐朝的戰術思想發展中最為獨特的一點，就是會靠騎兵進行長距離急襲與徹底追擊戰。同時也很重視在戰場上的迂迴夾擊。以唐朝至五代的戰例來看，可以發現騎兵（輕騎兵）都會被集中運用在急

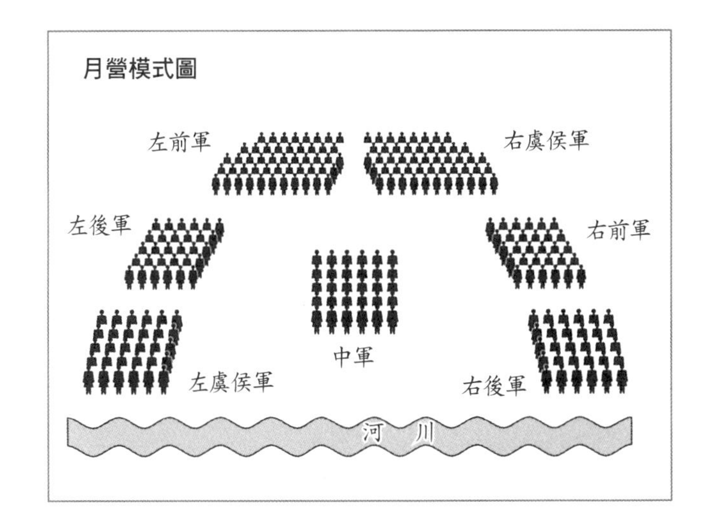

魏晉時代的駐軍圖。在中心的周圍有許多士兵保護著帳篷，手持戟與盾並排站立。

襲、追擊、夾擊上。

以下便就個別戰鬥來檢證實例。

◆輕騎兵的長距離急襲戰法

從長距離進行急襲是屬於奇襲的一種。這是針對因敵我距離所產生的輕忽，對毫無迎戰準備的敵人進行打擊。

貞觀4年（西元630），李靖率領純騎兵3千名對定襄進行夜襲，大破突厥軍。接著他又挑選出1萬騎，同樣以長距離疾驅的方式對突厥發動攻擊，這時因為馬匹的行進速度與濃霧的幫助，使奇襲獲得空前成功。

像這種能出乎敵軍意料之外，取得勝利的長距離急襲戰法，從唐朝至五代一直都有持續被應用在戰場上。

這種戰術並非只有純粹使用騎兵，有時也會加上步兵或水軍來輔助。

◆追擊戰

軍隊的損傷會因為在分出勝負之後，繼續進行的追擊戰而產生更嚴重的擴大，一直到第一次世界大戰為止，追擊戰的主角一直都是輕騎兵。不過這並不只是單純前去追逐逃走的敵軍，而是採用以騎兵的部隊來截斷敵人的逃跑路線，使敵軍無法重建或再度集結的方法。

其中最為著名的例子就是唐太宗李世民在「淺水原之戰」後展開的追擊戰。在淺水原之戰中，李世民大破敵軍10萬餘人，不過留在戰場上的敵軍屍體卻只有數千具，如果讓他們順利撤退的話，敵人就有辦法再度重建部隊。於是，李世民便率領輕騎兵2千騎，迂迴追過了逃跑中的敵人，一口氣衝向敵軍大本營所在的城池。最後，因為他們在城池前面佈陣的關係使敵軍敗兵無法進入城內。

◆迂迴夾擊

這是讓步兵與騎兵組合在一起，利用他們各自的優勢，進而得以發揮出綜合戰鬥能力的戰法。在步兵組成陣形從正面與敵軍交戰的這段期間，騎兵部隊會迂迴至戰場背面衝刺且進行夾擊。

在安史之亂中，郭子儀奪回長安與洛陽的兩場戰役，便是以步兵為主力與敵軍正面交戰，再派遣回紇騎兵繞到敵軍側背方進行攻擊，最後取得了勝利。由於輕騎兵可以採取完全脫離戰場的迂迴路徑，因此在這幾場作戰中能發揮出奇襲效果，使敵軍潰滅。

◆切斷補給線

因為騎兵可以靠著機動力打了就跑，因此也會採用對延伸於敵軍背後的補給線，進行游擊侵襲的戰法。

把這種戰法運用最為徹底的例子，就是史思明對鄴城包圍軍所進行的作戰。

在包含郭子儀在內的九節度使部隊，對安慶緒所藏身的鄴城進行包圍攻擊時，史思明讓部將各自紮營於距離鄴城50里之處，並且進駐自各營精挑細選出的騎兵500騎。

這些騎兵在包圍軍的背後地區進行掠奪，還對輜重部隊進行襲擊。唐軍的補給線因而被切斷，導致糧食不足、士氣一蹶不振，史思明所率領的主力軍便趁此機會將之擊破。

火器時代的陣法與戰法

雖然中國很早即有在戰爭中使用火藥，
不過有加入火器編組的戰法卻要到明朝才出現。

■火器的登場

中國從很早以前就開始在戰場上使用廣義的火器，也就是有用到火藥的兵器。特別是在元朝，根據日本鎌倉武士在面對侵日元軍時的苦戰紀錄，可得知元軍也會在游擊戰中使用火器。在當時描寫與元軍戰鬥的繪卷中，可看到畫有一種會在空中炸裂開來的炸彈。這應該是屬於手榴彈或是火箭的一種，而在元朝的時候就已有以火藥將彈體發射出去，現今我們稱為「炮」火器存在了。不過，在中國充分利用這種火器構成的陣法與戰法，要等到16世紀中葉才出現。

■由戚繼光發明與改良的小隊戰術

明朝的戚繼光（西元1528-87）在嘉靖34年（西元1555）時被派遣至荒廢的浙江去對抗倭寇。他在該地自行募集新兵並加以訓練，建構出一支稱為戚家軍的精銳部隊。當時有倭寇作亂的中國南方沿岸與水路沿線的內陸，都是屬於草木茂密的地區，並有連接河川與沼澤的水路縱橫交錯。因此，在這種地區就不適合運用大部隊或進行機動戰。而戚繼光則重新研究適合這種地域的步兵戰術，並想出了結合火器運用的小隊編組與陣形。

◆戚家軍的編制

戚家軍的小隊是由12人組成，稱作「隊」。雖然「隊」是由伍長率領的「伍」所構成，但「隊」不論在行軍、戰鬥時都是戚家軍的基本單位。

小隊中有隊長1名、長牌手（牌就是盾牌）1名、藤牌手1名、狼筅手2名、長槍手4名、短兵手2名、火兵（炊事員）1名。

其中短兵手的裝備有用到火箭。這種火箭類似於現在的沖天炮，在紙製的筒子中塞入火藥，然後裝至箭身上的筒狀發射機內。點燃導火線之後，箭就會靠著火藥燃燒產生的推進力來飛行，而短兵各自會裝備6枝這種火箭。不過以小隊為單位使用的火器就只有火箭而已，還沒有配備到「鳥槍」（前裝式火繩槍）之類的裝備。

這種「隊」在戰鬥時所構成的陣形，有「三才陣」與「鴛鴦陣」兩種。這些陣形皆有與倭寇的貼身近戰中使用。

◆鴛鴦陣

「鴛鴦」在中國是種有名的鳥類，象徵著形影不離的男女。這種陣形就如其名，是由2塊盾牌構成正面的兩列縱隊。

首先，要以最適合抵擋弓箭的長型大盾「長牌」，以及較為輕巧的「藤牌」擋下來自正面的攻擊。如果敵兵已接近至盾牌處，就要由第2層士兵使用以竹枝去掉葉子之後加上槍頭製成的「狼筅」驅逐，用狼筅揮掃、敲擊敵兵的身體，使對手的戰鬥力逐漸減弱，最後再讓第3、4層的士兵刺出長槍。

操作火箭的短兵會配置在第5層，對接近而來的敵兵射擊火箭，靠著這樣的攻擊來妨礙敵軍組織性的前進。另外，「短兵」應也會持用一種符合其名的武器—鎲鈀。鎲鈀是一種尖端分成三股大叉的槍，裝在中央柄上的是刺殺用槍頭，左右分枝則會加上棘刺，適合用來毆打。短兵在火箭射完之後就會拿起鎲鈀，與長槍一起與接近的敵兵搏鬥。

◆三才陣

所謂的「三才」，指的是天、地、人。這種陣法是由隊長、長牌手、藤牌手3名形成正面，在左右則有狼筅兵、長槍手展開成橫隊。

這種橫隊的戰鬥方法如以下所述。首先要以火箭打亂敵軍隊伍，接著要靠隊長左右兩側的狼筅手阻擋攻過來的敵兵，另外還要靠由盾牌保護的長槍手進行攻擊。因為這樣的模式很像人被夾在天地之間一樣，因此稱為「三才陣」。在這種陣形中，短兵會配置於後方進行掩護。

另外還有一種稱為「小三才」的橫隊，這是一種

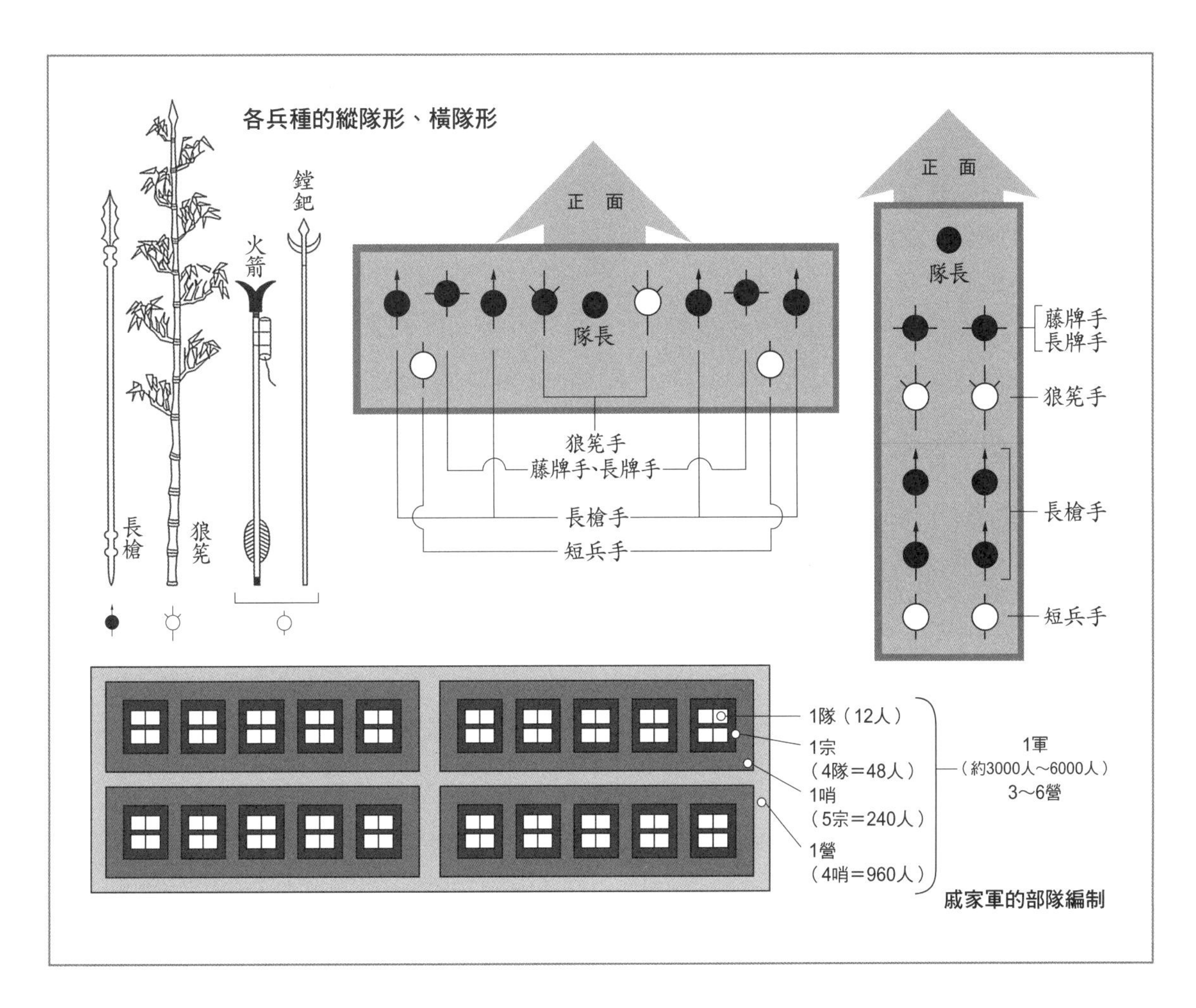

以兩列橫隊、前後5人所構成的隊形。

戚繼光讓出身農民的士兵徹底練熟了鴛鴦陣與三才陣，構成一支對倭寇作戰的最強軍團。在此時，每個「哨」（約250人）會配備3把火槍，比「哨」規模更大的編組中則會配備鳥槍。而鳥槍基本上是分發給護衛兵，數量並沒有一定。

在部隊編組上，4個「隊」會形成「宗」，5宗為「哨」，4哨為「營」，3～6個營則成「軍」。由於1隊是以12人編組而成，因此1營約由1千人構成，戚家軍的規模則是從3千人到最多6千人。

◆小隊火力的強化

在對抗倭寇戰役中成形的小隊戰，也有直接套用在北方的邊境防衛上。不過由於裝備的更新，便出現了名符其實的「火器時代」小隊。原本在南方只處於輔助功能的「槍」，變成每「隊」都會配備，另外還有一種稱為「長柄快槍」，在棍棒末端裝上火藥發射式火槍的武器也配發至部隊中。

在北方，兩名伍長會裝備鳥槍，各「隊」因此得以擁有兩挺命中精準度較高的火器。由於長柄快槍在把末端的彈體發射出去之後，就會直接轉變為長棍用於近身戰，因此是由兩名長槍兵持用。

在戰鬥時依然會擺出鴛鴦陣或三才陣，因為有配備火器，所以基本配置會以鴛鴦陣構成的多層構造，在發射完火器之後，各隊會對齊腳步展開突擊。

北方的隊伍編制，在第1層是藤牌手與長牌手，第2層則配置有狼筅手，到這裡都跟對倭寇戰時相同。而第3層配置的是鏜鈀手，對接近而來的敵兵——特別是針對敵方騎兵——進行毆打、突刺。第4層的鳥槍手在發射完鳥槍之後，會改持雙手持用的長刀與敵搏鬥，第5層的長柄快槍手在快槍發射完後，會拿著變成打擊用武器的長柄快槍攻擊敵兵。

◆小隊編組在騎兵上的應用

於南方的步兵戰鬥中成型的小隊編組，在北方也有被用在騎兵的裝備與編組上。「隊」依然是12人；隊長1名、伍長2名持用鳥槍與雙手長刀，2名快槍手則使用與「長柄快槍」一樣，由火器與

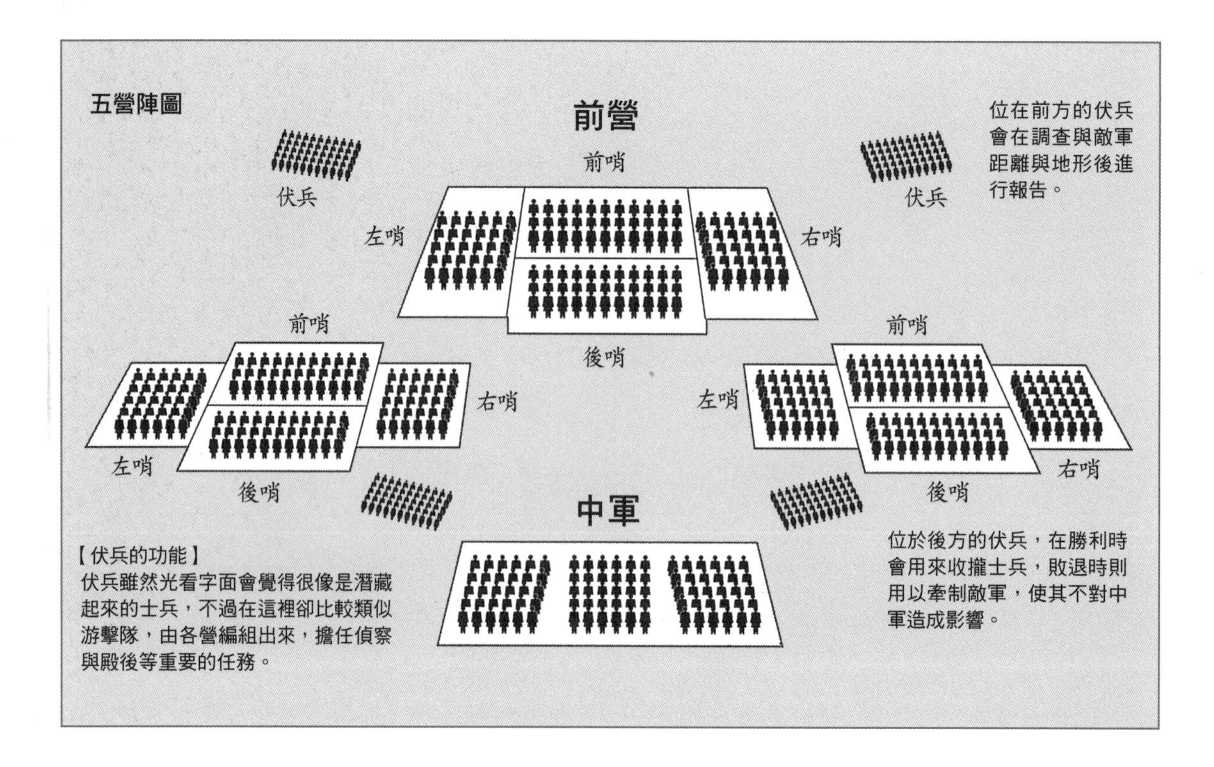

棍棒組合而成的「快槍」。2名鏜鈀手除了會以鏜鈀進行近身戰鬥外，還裝備有遠距離戰鬥用的火箭。刀棍手2名會以弓弩進行遠距離戰鬥，並在近距離改持棍棒與刀劍作戰，屬於傳統騎兵。2名「大棒手」同樣也是靠著傳統裝備，以弓制遠，長形棍「大棒」制近。另外再加上1名火兵（炊事人員），總共有12人。

在火器時代有著飛躍性提升的，就是對遠距離的攻擊能力。雖然在前面都是以步兵為主來探討，不過在採用火器之後效果最為顯著的，卻是在傳統上就能進行「打帶跑戰法」與追擊戰的騎兵部隊。

■前「車營」時代的陣法與戰法

火器時代最具特色的陣法就是後來出現的「車營」，而其它陣法是則非常單純。

戚繼光在南方採用的陣法，有包括由5個「營」展開成方形，進行全方位防禦用的「方陣」，以及向左右散開，用於正面戰鬥的「五營陣」。

◆方陣

方陣可分成由全軍組成單一正方形的形式，以及由各「營」組成方陣，以主要指揮直屬部隊的中軍作為中心，將各「營」方陣配置於其前後左右的這兩種。由於後者各「營」的獨立性較高，因此也會在行軍時用來當作集合各「營」時的陣形。

各「營」是由4個「哨」所構成。前方與左右的3哨會形成一面牆，「後哨」與鳥槍部隊則對其進行掩護。由於在南方的戰鬥中，火器並不十分充足，因此會改成以下配置。每個「營」各自的方陣是由4「哨」構成四面，鳥槍兵則處於中心位置進行掩護射擊。

◆五營陣

這是把方陣左右的「營」往橫向展開的陣形，不過後營有一半會當作伏兵，剩下的則是進行陣地防禦。雖然這很像張開雙翼的大鳥陣形「鶴翼」，但必須注意的是，戚繼光的陣形是以「隊」作為基礎，使各級部隊在運用上非常具有彈性。在全體形成一個包圍戰用隊形的同時，各「營」也會將前哨置於正面，左右哨配置為厚實的側面，就算是在營級單位，也會將部隊排列成可以包住敵人的形式。

◆伏兵攻擊

在伏兵中，也有使用到裝備鳥槍的部隊。

鳥槍兵會以巧妙的配置避開相互射線，採行可以從3個方向壓制敵人的戰法。藉此只透過少數精銳便讓敵陣陷入混亂，如此一來，只要準備足夠的精兵，就能將敵軍壓制。

■車營的登場

在中國，只要裝有車輪的戰鬥用武具全部都稱作「戰車」，或簡稱為「車」。除了從古代一直到魏晉南北朝，靠著機動性發揮戰場壓制能力的四馬牽引「戰車」之外，還有一種當作移動防壁的「車」。

在西漢武帝時代，前去攻擊匈奴的大將軍衛青，在荒漠原野中讓大軍紮營之際，會以一種稱為武剛車（在車體上裝有頂蓬）組成圓陣構成行營，以防備匈奴突如其來的襲擊。

時過境遷，有研發出在行軍時也能運用的防壁專用「車」。而對火器時代的「車」帶來影響的，則是晉軍將領馬隆。馬隆在西域的戰鬥中，製作出只在其中一個側面與背面裝有壁面的車，稱為「偏箱車」，因此靠這種「偏箱車」組成方陣來阻擋敵軍襲擊的新戰法，也就跟著發展了出來。

出現於明朝的「車」，是這種「偏箱車」的改良版。相對於偏箱車只在車體背面裝有稱為「鹿角」的簡易「拒馬器」，明朝的「車」則會裝有兩門野戰炮 「佛朗機」，這可說是連結古代戰車與現代坦克的「戰車」。而以這種戰車組成的「車營」防止敵軍攻擊的，就是「車營戰法」。

◆「車兵」的編組

配置於「車」的士兵稱為「車兵」。明朝戚繼光的車兵編制是以1輛車為單位，稱作「宗」。「宗」是由20名士兵構成，以稱為「車正」的隊長指揮，靠著操作火炮與火槍等武器進行攻擊。

一輛車上配置有朝向同一側面的兩門佛朗機。每一門佛朗機的操作需要3名士兵（操作佛朗機時，分別需要搬運「子炮」（藥室）、火炮裝填、子炮裝藥人員各1名），另外還配備有4挺鳥槍與火箭用以防止敵軍靠近。

車兵的部隊單位是以4個「宗」組成「局」，4「局」為「司」，4「司」為「部」，不管是哪一級的規模，在編組上都剛好可以組成正方形的方陣。最大的部隊單位是由兩個「部」組成的「營」，備有128輛車（佛朗機256門）。

◆車營戰法的作戰

車營本身只能進行基本防禦戰鬥，不過如果跟步兵、騎兵協同運用的話，就能發展出創下戰果的戰法。在面對來自北方的騎馬民族敵人襲擊時，車兵會盡速組成方形陣，然後讓騎兵進入方陣中。先讓車兵靠著火力粉碎敵方騎兵，而步兵則會準備好拒馬器，將其並排在以車形成的壁面前方，阻止敵方騎兵接近。接著，對於太過靠近的騎兵，就要用長柄武器從拒馬器的空隙間進行攻擊。等到敵軍放棄攻擊轉為撤退時，車營就會打開一處放出騎兵，前去進行追擊。

藉此，靠著三種兵科相互協同的車營戰法理論就得以成立。

⬆西元1619年薩爾滸之戰時的明軍「戰車」。

孫承宗的「車營」—步騎車混編

戚繼光死後40年，在明朝的天啟年間，北方出現了新的脅威，也就是女真族建立的「後金」。率領明兵對後金進行防衛戰的是孫承宗，在他的指揮之下，裝備火器部隊編組獲得改良與強化。

◆部隊編組

孫承宗將步兵、騎兵、車兵三者編組成一個部隊單位。因此，作為基礎的部隊規模也同時變得比較大。在對倭寇作戰中，戚繼光除了創設車兵外，也把他們跟步兵部隊、騎兵部隊並列在一起運用。相對於此，孫承宗的部隊則是將步兵、車兵、騎兵重新混合編組成稱為「車營」的部隊單位，改頭換面成一種能夠以優勢火器在北方曠野上對付精強騎馬民族的編制。

◆「乘」的編組

由步、騎、車三種兵科組合成的最小單位稱為「乘」，這是部隊運用的基本單位。1「乘」是由4隊步兵與2隊騎兵構成。1隊各有25名士兵，1乘便有150人。

1隊步兵會配備有搭載佛朗機的車輛，使步兵與車兵的小隊一體化。雖然「乘」這個部隊單位在西元前的戰車部隊中也有使用，但在這裡性質上卻是截然不同。

步騎合成車營的編組

單位		營	衝	衡	乘
指揮官		主將 騎將 步將	衝總 （千總）	衡總 （把總）	乘總 （百總）
所轄單位		4沖	2衝	4乘	6隊 （步4隊 騎2隊）
所轄兵力	步兵	3200人	800人	400人	100人
	騎兵	1600騎	400騎	200騎	50騎
裝備火器	槍類	1664梃	416梃	208梃	52梃
	炮	256門	64門	32門	8門

除了此表之外，另外還有預備隊的騎兵800騎（32隊，槍類320梃），因此整個營的兵力就有騎兵2400騎，步兵3200人，總共5600人。

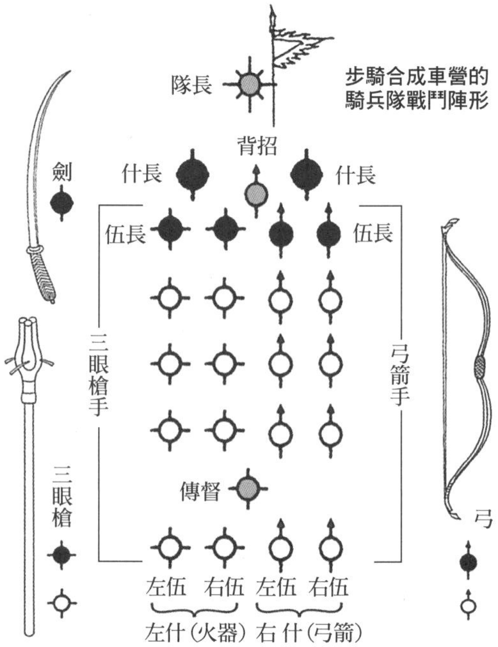

步騎合成車營的騎兵隊戰鬥陣形

◆步兵的戰鬥陣形

在步兵1隊中配有2門佛朗機、2梃鳥槍、6梃三眼槍，另外還有槍炮類發射完畢之後使用的火弩與火箭，呈現出全火器時代的小隊樣貌。而這樣的小隊會排列成縱長形的直陣，是為步兵「隊」的基本隊形。在直陣中，2門佛朗機與鳥槍會擺在最前面，後方則有「三眼槍」等其它火器依序進行攻擊。靠著這樣具壓倒的火器集中運用，才有辦法抵擋滿族騎兵。所謂的「三眼槍」，是在柄的末端裝有開著3個槍口的火器。它可以依序發射3次，射完之後還能像「快槍」一樣當作長柄武器用於近身戰中。因此當敵人靠近時，他們也會加入戰鬥。

◆騎兵的戰鬥陣形

至於騎兵部隊的火器，每隊會擁有10梃三眼槍。

騎兵主要會分成三眼槍手與弓箭手，由配備火器的右什與配備弓的左什組成兩列縱隊。靠著射速與命中率較佳的弓箭，可以在三眼槍手進行完火器攻擊之後，依然讓小隊保持遠距離戰鬥能力。

讓步兵、騎兵同時向直陣的左右兩邊展開，就能組成橫陣或銳陣（三角陣形）。

◆預備部隊編組

在戰爭當中，預備軍具有相當的重要性，孫承宗除了步騎合混編「車營」部隊之外，還備有直屬於司令部的預備軍「前鋒營」和「後勁營」。他們都是騎兵部隊，裝備與車營部隊中的騎兵相同，兵力約為3千騎。其中有支稱為「畸旅」的部隊，有5局500人。這支部隊備有旌旗鼓鐘，是擔任輜重部隊護衛的司令部部隊，而其中的1局則是重火器部隊，配備有32門「大滅虜炮」，光是這一營便擁有100門以上的大小火炮。

在戰鬥主力方面，以部隊單位來說為「車營」，不過主要以騎兵構成的「前鋒營」與「後勁營」也會活用其機動力，讓各車營在戰鬥中可以充分進行靈活的統合協調。這種編組具有強大的火力支援，除了機動戰之外，也有辦法進行攻城戰。

■孫承宗的「車營方陣」

「車營方陣」是以一個「車營」部隊組成的方形陣。這跟戚繼光用車組成的方陣有點類似，各「乘」會構成一整片壁面，並且讓步騎發揚火力擊退敵軍。在這強大的壁面背後，會配置稱為「權勇」的8百名騎兵。這是屬於預備部隊，把「前鋒營」、「後勁營」的角色分別由個別的「車營」擔任。在方陣的一部分對敵進行集中攻擊之時，會由這支「權勇」部隊提供增援，但若從構成方陣的其它地方抽調出兵力則是嚴格禁止的。

◆曲陣

雖然「車營」的基本陣形是方形陣，不過為了要配合地形的起伏曲折，也會組成稱為「曲陣」的橫隊。

◆直陣、銳陣

在行軍時，會配合當時的狀況組成直陣或銳陣來

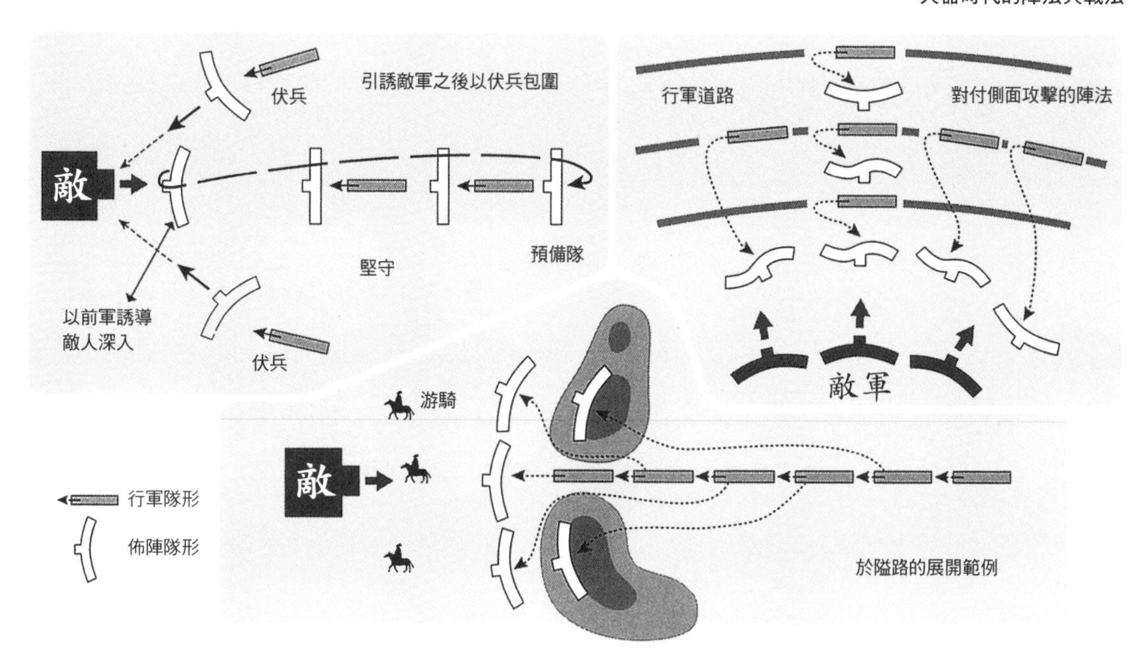

行軍。

車營的戰法

◆行軍中的遭遇戰

雖然「車營」是一個可以遂行獨立作戰的部隊單位，不過孫承宗則將12個「車營」搭配「前鋒營」、「後勁營」，以及一支稱為「火營」的炮兵部隊組成一個軍隊後出擊。

行軍時要派出許多稱為「探騎」的偵察軍進行大範圍索敵，發現敵蹤之後則派出「游騎」去牽制敵軍行動。

靠著「游騎」爭取得來的時間，車營就能在適切的場所佈陣，以面對來襲的敵人。

這種行軍時的戰鬥模式，跟戚繼光的「車營」完全不同。孫承宗會讓位於敵軍攻擊正面的「車營」來擋住敵方，並讓其它「車營」進行包圍敵軍的運動，使車營戰法發展為更具攻擊性。

「車營」行軍時的戰鬥模式如以下所述。

◆靠騎兵進行誘引，伏兵進行包圍攻擊

讓預備隊（騎兵）把敵軍引誘至組好陣形的「車營」前方。在敵軍攻擊正面「車營」時，埋伏於左右的「車營」就會將敵人包圍。

◆狹路中的戰鬥

當敵軍衝著步隊前方或後方而來時，要堅持住戰鬥正面車營的防禦，讓其它「車營」向左右展開衝向敵軍側面。

◆敵軍衝著側面而來時的戰鬥

如在行軍時側面被突襲的話，就要直接把行軍用的直陣轉變為橫陣接敵。

對於軍隊來說，在行軍時若側背遭受攻擊是相當具有致命性的，不過以「車」的火力與防禦力來說，卻有辦法應付敵軍的突襲。

以上不管是哪一種，主要都是靠著「車」的強大防禦能力擋住敵軍攻擊，好讓沒有遭受敵軍攻擊的「車營」能夠進行包圍運動。

◆攻城戰

車營在攻城戰當中也能發揮威力。在敵方城池之前以車組成陣式，便能防止敵軍突然出城或增援，維持住穩定的包圍陣地。如此一來，要進行長期包圍戰也會變得比較容易。

在強攻之時，則要有效活用比敵方更具優勢的火炮。以構築土堆、搭建樓台的方式，讓火炮可以用來掃蕩城牆上的敵兵。

拿下敵方城牆之後，要把炮吊至城牆上，繼續對城內與內城的城牆進行炮擊。

由於中國的城牆都非常厚實，因此要用炮擊破壞相當困難。所以在攻取被後金佔據的城池時，就是採用了這種方法。

水軍的陣法與戰法

從櫂船到帆船，至火炮的登場——確實有在進化。
但是在很長的期間內，水戰模式都是沿襲自陸上戰鬥，屬於「克難」的發展。

艦船的發展與戰術變化

中國的水軍大多都只能稱之為「河川海軍」，水上戰鬥大多只是在大河或湖面進行。宋朝以後，由於造船技術有飛躍性進步，使得擁有外海航行能力的船舶得以大量建造，因此正規的戰鬥就開始擴及到海洋上。當然，這並不代表要在茫茫大海上打仗，而是以沿岸地區與島嶼來作為主要戰場。除了在明朝永樂年間由宦官提督鄭和所進行的大規模航海下西洋，以及元朝忽必烈出兵亞洲各地之外，中國的水軍基本上都還只是在中國沿岸活動。

以水上戰鬥來說，依船艦變化可以分為櫂船時代與帆船時代，若以戰術變化則可分成火炮出現前後兩個階段。

櫂船是靠著一至數人搖動櫂或櫓來航行的船隻，擁有一定的規模，在河川戰鬥中發揮著相當大的力量。不過若是船隻較大，不直接參與戰鬥的划船手數量需求就會大增，因此在仰賴人力的這點上，便有著不適合長時間運用的這個缺點。

櫂船在春秋時代已建造出大小不同的各種戰艦，在南北朝時代，相對於北方重裝甲騎兵的發達，南朝則在櫂船的發展方面有所進步。

到了宋朝，有大量建造出以人力推動車輪型櫂—也就是外輪的「車船」，且投入於水上戰鬥中。「車船」於戰場上登場的最古老記錄，為唐德宗在位期間（西元780～804），由李皐所製作。其戰艦被描述為「挾二輪蹈之，翔風鼓浪，疾若掛帆席」。車船經過不斷改良之後，便可在水上戰鬥中發揮出相當的威力。

到了宋朝，出現了把外輪數量增多，並改裝設於船體內部的「飛虎戰艦」，據說最大等級的艦隻擁有外輪23～24具。不過到了宋末，船隻則又改回外輪與櫂併用的形式，純粹車船陸續失去了蹤影。

帆船有著在運作上可以節省人員的優勢，而且負荷程度也較佳。不過它跟櫂船不一樣，其最大的缺點是在行動上會受到水流、風的有無而左右。帆船在水上戰鬥中大展身手，是由在宋朝登場「沙船」所開始的。

沙船是一種適合在河川或沿岸航行的低吃水平底船，擁有優秀的船帆航行能力，就算碰到逆風也能以斜切的方式前進。另外，有一種具備龍骨、外海航行能力優良的「福船」也跟著出現，使帆船在元朝之後成為水軍的主要船艦。

讓原本以近身戰為主的水上戰鬥樣貌改變的，即是火炮的出現。在這之前，火藥的效果就已被重視，且於宋朝的水上戰鬥中運用。不過，一直要到我們稱之為一般火器的火炮被搬上船之後，水戰的主體才真的轉移成炮火戰鬥。

火炮成為船艦的正規裝備是在明朝的時候。後述的明朝水軍戰法，完全就是火器時代的流程。

附帶一提，從櫂船轉變至帆船的這個過程，在西洋則是跟火炮大量裝載上艦船有著不可分離的關係。雖然跟西洋帆船相比，中國船艦的火炮一直都比較弱，不過就火器時代的明朝出現以帆船為主體的水軍這點來說，從現象面來看是與西洋相同的。

以船構築成水上城塞

水軍陣法最具特色的一點，就在於它是把陸戰用陣形直接複製到水上作戰。因為執掌水軍指揮的並不是專精於水戰的將官，而是在陸上立有顯赫戰功的眾將軍。在中國，雖然很早以前就已有「水軍」，不過卻沒有專精於水戰的將帥們。因此，在戰史上可以看見因為沒有充分利用帆船優勢而導致敗北的對戰。

最早在水上戰鬥中採用陣法的，是春秋時代的伍子胥。他在亡命吳國之後，將北方諸侯所使用的車戰用陣法直接套用至吳國水軍當中，把大小各種船隻模擬為士兵與車輛來進行佈陣。當時，吳國擁有「大翼」與「小翼」等大小不同的櫂船，在伍子胥的指導之下，組成了整齊的陣形，形成一支艦隊。這支艦隊在與位於長江更上游的楚國水軍交戰之後取得了勝利。

雖然具體的陣形已經失傳，不過以「魚麗」、「錐形」等陣形來執行突破，及靠著「鶴翼」展開包圍等動作，應該都與陸上陣形有著相同的效果。

附帶一提，吳國靠海同時也是最早實施從海上進行登陸作戰的國家。根據《春秋左氏傳》哀公10年（西元前485）的記載，吳國曾派遣軍船搭載士兵，渡海至齊國登陸且對戰。

雖然記載關於水上陣形的資料相當稀少，不過在明末編纂的《武備志》中，則有登載供船艦全方位防禦用的「方陣」插圖。此圖是以「諸家水軍營圖」為題。「營」雖然是部隊紮營用的隊形，不過就跟「營陣同制」所表達的一樣，「營」也是依據戰備用的「陣」形建構出來的。

這種方陣是由以下所述的方式排列：

首先，要讓麾下的大型船艦舳艫相接，構成像城牆般的四個面後，各船下錨將船隻位置固定。如果在海上的話，就會用一種稱為「木矴」的浮錨維持住船艦位置。

在四個面的中央會開設「門」，配置一艘處於可以馬上移動狀態的大型船艦當作門扉，在這些大型船的方陣中央，配有旗艦與快速船。

在戰鬥時，要靠四面大型船上的裝備與士兵抵擋敵軍攻擊。快速船上則搭乘熟諳水性的士兵，對敵軍集中攻擊的側面進行掩護。另外，他們也會從門向外出擊，對敵軍進行側背攻擊與追擊。這幅水營圖，可說是將陸上營陣直接套用在水戰上的最典型範例。

水上戰鬥一直到火器飛躍性發達為止，都是在接近敵船之後由每艘艦艇各自接舷進行對戰，最後大都以混戰收場。從這種像是在水上構築城牆的陣法，可看出兵家的思考方式即使是在水上戰鬥中，也想維持著跟陸戰一樣的秩序。

這種水營的極端形態，把船艦密集地用鐵鍊連接起來的「連環計」，就是「赤壁之戰」中曹操所採用的陣法。而在決定南宋滅亡的「崖山之戰」中，聽說南宋軍也用過這種陣法。

因為「連環」的關係，每艘艦艇的機動力全部受到限制，但卻可讓不擅於水兵的陸兵取得穩定的平台，專心攻擊，這是此種陣法的有效之處。不過，採用這種陣法的水軍卻找不到打勝仗的例子。或許因為這畢竟是種被動的陣法，戰術的選擇權終究是落在攻擊方的手上。

水戰用兵裝與攻擊法的推移

水上戰鬥的目的在於破壞敵方船隻，或是派兵登船制壓。當然，隨著時代的推移，有各式各樣水上戰鬥用的船艦與裝備陸續登場，而戰法也會因此隨著產生變化。

描繪水軍宿營之圖。大將船被層層包圍在中央。

水面上的戰鬥，是從士兵搭民間船舶所開始的，到了春秋時代，水上戰鬥專用的船艦與船具才陸續推出。

在《墨子》中有提到，公輸般曾發明一種稱為「鈎強」的器具，且配備於楚國的水軍中。這是一種裝有鉤爪的棒狀器具，可以把敵船勾近或推遠，藉此掌握接舷戰鬥的主導權。

至此，中國春秋時代的長江流域中，水軍的裝備與人員在形式上已經形成了一個獨立軍種。以下，就要來探討水軍的戰法。

基本戰法—接舷之後的近身戰

關於水軍的攻擊方法，基本上在遠距離會使用飛行工具，接舷之後則改行近身戰。而根據船艦上裝備的大型兵裝，則讓戰鬥出現各種不同的變化。

搭載於船艦上的遠距離裝備，包括了大型弩與投石器。弩是要靠數人甚至上百人操作捲揚機才能拉動弦的強弩，可以讓跟槍一般的弩箭飛至200～300公尺外。投石器是以人力拉動數十根麻繩，利用槓桿原理把石彈或火球投射至100公尺遠之處。

在近距離戰鬥中可以發揮威力的兵器之一則是「拍竿（撞竿）」。「拍竿」是種近似於巨大棍棒的兵器，棒子的末端裝有石頭等物體，利用其重量砸向敵船，以破壞其船體或船具。這種武器在東晉稱作「桔槔」，南朝梁的徐世譜則有製作出一種稱為「拍艦」的戰鬥艦。從此之後，「拍竿」就成為了大型櫂船的主要裝備。

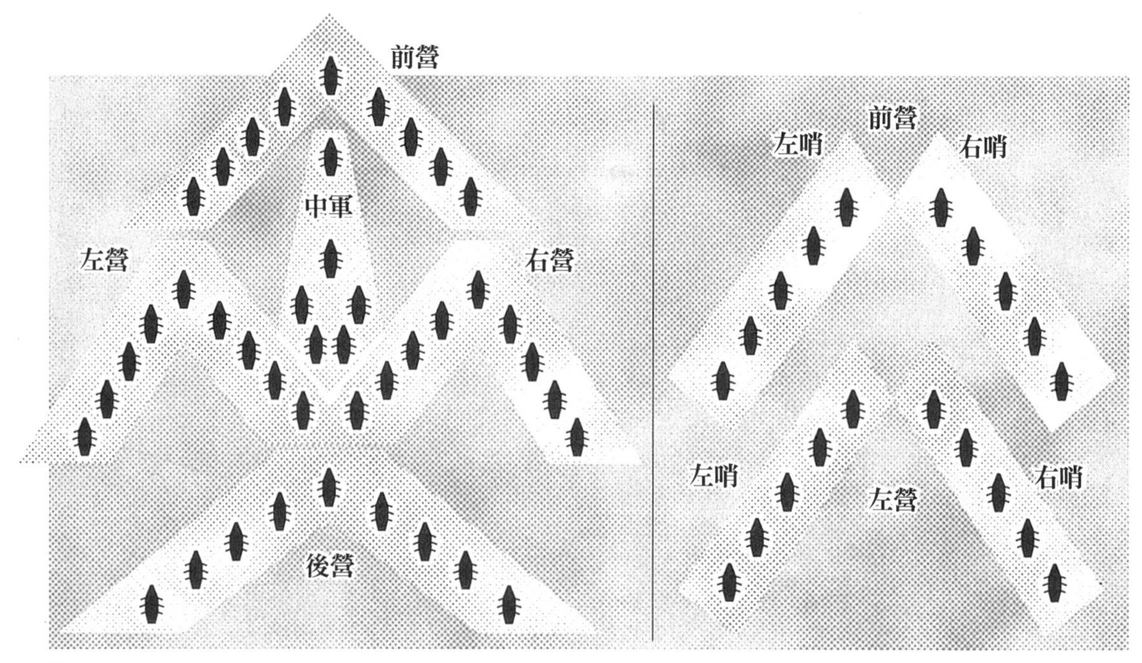

《紀效新書》水軍陣形圖的模式圖。「安擺船式之圖」（左）與「分關二營擺圖」。

靠著士兵個人裝備的弓弩與刀槍所進行的戰鬥，跟陸戰沒什麼兩樣。接舷之後的戰鬥是由步兵擔任主角，步兵會跳上敵船作戰，然後將敵船破壞或搶奪過來。這種接舷之後登船作戰的方式，在火炮威力增強之前，一直都是主要的戰鬥形態。另外，伴隨著造船技術的進步，在擁有多數隔艙的大型船艦出現之後，就算是火炮也沒有辦法輕易擊沉船艦。

為了要防止敵兵入侵，大型艦從很早之前就會裝上女牆（註：類似隔起來的板子），小型艦也會以張開舊漁網的方式來應付。

火攻——最具效果的戰法

在軍艦依然是木造的時代，不論東、西方對船艦最有效的破壞方法，就是採取火攻了。像這種用到火的方式，會使用火船（放火用的船）、火箭、火毬、火槍等。

火船是在小型船隻上搭載大量可燃物，然後衝向敵船或浮橋。在火藥的使用普及化之後，甚至還有放火專用的「連環船」出現。這種船在設計上可以從艦體中間向前後分開，在艦首裝有鈎子，一旦衝至敵艦鈎子便會牢牢勾住，堆滿炸彈的前半段船身會被切離，本船則向後退。

放火用船除了單獨使用之外，也會作為艦隊的前鋒。

為了對付這種放火船，可以採用以長竿把它推回去，或是在船身塗上土以防止火勢延伸等方法。

另外，在543年東、西魏的邙山之戰中，東魏的張亮為了要對付乘著黃河河水順流而來的火船，在100艘船之間拉起鐵鍊，抵擋住了這輪攻擊。「火箭」可以指點火的箭，或是以火藥作為推進力的箭。這是一種在火炮登場之後依然相當有效的攻擊法，特別是能點燃帆船的帆桁，以奪取其航行能力。因此在教育火箭兵時，就會徹底要求他們瞄準船帆中央以上的部位。

「火毬」於宋朝的水上戰鬥中登場。這是一種會一邊噴火一邊墜落，裝滿可燃物的炮彈，或是塞滿火藥的炸裂彈靠著投石器往敵船投擲。另外還有以破片或毒藥殺傷敵兵的各式各樣炮彈，而這種「火毬」有時也會被稱為「火箭」。

「火槍」則是在竹竿等物的末端裝上塞入火藥的筒子，火花會從筒中噴出，將火噴向敵船。

在宋朝還有出現火焰放射器，如：「猛火油櫃」。「猛火油櫃」是種能將可燃性很高的揮發油用幫浦噴射出去的兵器，火焰可以噴至100公尺遠的敵船上。

封鎖——讓船陷入動彈不得

直接妨礙船艦的航行，或是使其陷入無力化，讓戰鬥朝有利我軍的方向進行，對水上戰鬥來說是很有效的手段。因此，在長江與黃河等河川中的戰鬥，就會使用鐵鍊或木樁來阻礙船隻航行。

將鐵鍊沉入水中或是橫拉於水面上，就能妨礙敵船航行。有時還會在鐵鍊上裝設鈎子，以積極破壞敵船船底。而應用這種方式的戰役，可以舉南宋初

●水戰的實際案例（鄱陽湖之戰，1363年）

	陳友諒軍	朱元璋軍
前階段	建造巨艦、走馬、艫（數十）。	為了救援友軍而趕來鄱陽湖。20萬。
7月19日	出擊鄱陽湖。號稱60萬。	因為巨船被連結，因此判斷敵方不利。
7月20日		船隊11隊採鱗狀隊形。依火器、弓箭的順序開始攻擊，接著進入短兵相接。
	（不分勝負）	
7月21日	前軍被破，1500人死亡，損失巨艦1艘，因火炮燃燒20餘艘導致溺死者多數。開始反擊。	採先發制人。在激戰之後有數名將領死亡。
7月22日	連結巨艦的陣式發揮效果。因為回風的關係使得數百艘著火，死者多數。	數名將領死亡。眼看戰況不利，派遣突擊隊10餘人欲打破戰局，但沒有效果。派走舸7艘裝載火藥，以草束穿上鎧甲偽裝成士兵。後面跟著載有敢死隊的船，突擊敵方水塞。另外也有加強攻擊。
7月23日	發現敵大將船是白色，因此看準了打。	入夜，將全部的船都改成白色。
7月24日	巨艦的運作變困難，死者多數。開始往河上游撤退。	以環狀包圍敵軍，再度展開攻擊。想要追擊，但是因河道狹窄而無法並進。
	（各自確保河川兩岸的據點）	
7月27日	勢力越來越減少。	水陸軍共同攻擊敵方據點。
8月26日	因無法承受攻擊而往上游逃脫。陳友諒中箭陣亡。	在追擊之後打倒敵方大將。降兵5萬。

※出自《中國歷代戰爭史》。

期韓世忠的「黃天蕩之戰」當例子。他讓帆船拖曳著裝有大型鉤子的鐵鍊，把敵船船底勾破使之沉沒。

而元朝的李黻在長木樁的頂端裝上鐵鈎（鐵椎）後打入水面之下，讓敵人看不出來，使順流而下前來襲擊的敵船因此動彈不得。

另外，還有一種利用船舶的方法。這是將多艘河船的舷側相互用鐵鍊連接在一起，橫跨於河流兩岸，同時也可以直接當作浮橋使用。

至於比較有趣的戰例，可舉南宋岳飛討伐湖賊一戰。岳飛在洞庭湖中與車船對戰時，曾利用流木與浮草使其無法航行，這是一種衝著車船構造弱點的戰法。

組織進步的明代水軍

明朝的水兵是以船作為基本單位。5～10艘會構成1宗（或稱哨），由1名「哨官」指揮。2哨為一司，由1名「分總」指揮。2司或3司組成一部，部的主要指揮者則是「千總」。哨官相當於陸兵的「百總」，分總則相當於「把總」。

水軍會在各地設置「塞」當作根據地。塞的規模基本上是一個「部」，部的指揮官千總則會擔任塞的主將，兼任艦隊指揮與基地運營。如果塞中只有1哨或是1司兵力的話，各自的指揮官、哨官或分總就會充當主將。

各船的乘組員如以下構成。

捕盜	船長	1名
舵工	負責掌舵	2名
鬥手	與敵船戰鬥	2名
瞭手	操作船帆與負責瞭望	2名
碇手	負責錨	2名
守艙門	管理船上器物兼勤務考察	2名
掌號	以號令傳達命令	1名
神器手	負責無敵神炮或飛大炮等大型艦載炮的操作	4名
家丁	雜務	1名

以上17名就是操作一艘船艦的基本人員。除了這17名之外，還會依據船隻大小另外搭載兵員。

另外，船艦會分成8個等級，最大的第1號船最多可以搭載8隊步兵隊。1隊是由11人構成，因此就算是大型船，總共也只有88人。而最小的8號船與次小的7號船（喇叭唬、八槳船、漁船、哨馬）等都只有搭載1隊士兵。

這些步兵會依據裝備來分別擔任幾種角色，跟火器時代的陸兵相同。

「鳥槍手」就只管射擊「鳥槍」。

「牌手」會持盾牌防禦，及使用一種稱為鏢槍的投擲用槍進行攻擊。

「長槍手」會射擊「佛朗機」與「百子槍」。「鈀手」則發射「火箭」或「噴筒」。

之所以會取這些名稱，是因為他們在近身戰與陸戰時會持用長槍與鈀等武器。

率領隊的隊長負責投擲「火桶」，隊就是由以上士兵編組而成，不過依據船的不同及隊的多寡，每隊的編組會出現很大的差異。有些部隊可能全部都是鳥槍手，也有可能是由牌手、長槍、鈀手、射手（弓箭手）混合編組，各兵種的數量並沒有一定。

舉例來說，以配備8隊士兵的1號船來看，第1、第2隊是由1名隊長與10名鳥槍手構成，第3隊有1名隊長、4名牌手、4名長槍手（兼任操作兩門佛朗機）、2名鈀手。第4～8隊則各有1名隊長、2名牌手、4名長槍手、2名射手、2名鈀手。

而在只有配備1隊的7、8號船上，則只有1名掌舵手兼任船長，他甚至還要兼任步兵隊的隊長。基本上會配屬牌手2名、射手2名、鈀手2名，不過他們則是從大型船艦上臨時抽調並非固定編制，只有4名長槍手兼任鳥槍手則是屬於定員配置。

明朝名將鄭和所搭乘的寶船復原模型。

從《紀效新書》看明代的陣形

關於明朝的水軍陣形，可在戚繼光的《紀效新書》中看到。這是戚繼光在討伐倭寇時所採用的陣形，插圖的題名為「安攎船式之圖」，艦隊分為當作司令部的中軍與前、後、左、右「營」。4營把中軍圍在中間，各自組成鈎狀隊形，以保護中軍。

這種陣形是把戚繼光在陸地上擺設的「五營陣」部隊編制與部隊配置直接套用至水軍上，可以看到各營都採雁行陣式。

「營」會被派到「司」的左右分成2哨，而在分派營的時候，各級部隊依然會是採用鈎狀陣形。分派2營時的陣形為「二營擺圖」，1營則為「一營擺圖」，而這兩種都是以兩層鈎型陣所構成的。

另外，在《武備志》中，也有一幅「戚繼光水軍營圖」。

《武備志》所記載的水軍營圖是遵照前述的明朝水軍部隊編制，在陣形上加以變化。艦隊有前司、中司、後司這三司各自組成鈎狀陣形，然後前後連接成三層，中軍則在中司背後擺成單縱陣。這與《紀效新書》不同，畫的是以3司構成的1「部」陣形。

在能夠充分確保水面戰力的狀況下，這些陣形會作為艦隊運用的基本，並且直接進入戰鬥。不過在沿岸地區或河川有彎曲和深淺不同時，就須重新組陣，必要的話還會排列成單縱陣。

而這種單縱陣跟西洋的不同，由於火炮在威力上並不十分足夠，因此沒有成為基本陣形。

至於，火器時代的水上戰鬥會如以下這般進行。

首先要派遣偵查船，中軍則等待敵情報告。一旦敵人進入視線範圍，就會下達火炮發射命令。與敵船距離進入200步（300公尺）以內後，就會按照佛朗機炮、鳥槍、火箭的順序發射。

這些火器會持續發射，等到敵船距離又更近時，就開始發射噴筒、鏢槍、毒弩。這些武器都發射一輪過後，就差不多要靠到敵船上了。此時火桶、噴筒、火箭類便會朝向敵船，鬥手（與敵船戰鬥的人）也會跳至敵船上投擲梨頭鏢。

雖然明朝的水軍還有裝備神飛炮與六合槍，但是卻因為後座力過大而無法跟士兵一起搭載。大多數的狀況，是會把它搭載於另外1艘聯絡船或八櫂船等小型船隻上。這些小船會用繩索拖曳在搭載士兵的船隻後面，等到敵船接近之後再行射擊。雖然它的威力幾乎只要一發就能將敵船粉碎，不過發射的後座力卻同時會弄壞腳船或八機船，使炮跟船一起沉入水中。

以上就是明代水軍的具體樣貌，至於實際上能發揮出多大的威力，不確定的地方仍很多。

事實上，明朝在永樂年間曾經讓鄭和率領以稱作「寶船」的大型船艦所構成的船團，從中國沿海航行至非洲東岸，來回跨越了廣大的海洋。這除了曾對亞洲和印度的統治者交替發揮影響力之外，於大航海的過程中，也有在南海進行過以打擊海盜為目的的水上戰鬥，而在這些戰鬥中，應該即有展現出早期火器的威力。

如此這般，中國水軍曾經大肆耀武揚威，但實際狀況不甚明確，且在明朝後期的對倭寇戰中，明軍甚至完全失去了海上戰鬥的自信。

連對倭寇作戰中著名的將軍俞大猷都曾經說到：「水戰最難」，表達出了海上作戰的困難程度，而戚繼光在對倭寇作戰時也把主戰場設定在沿岸地區的陸地上。明朝的水軍—也就是帆船與火炮時代的水軍樣貌，靠著明末的資料傳承了下來，而上述的「水軍」也是以此為根據。雖然火炮的出現的確使戰法出現轉變，不過就戰略意義上來說，還不至於會對勝負產生決定性的影響。

進入清朝之後，由於朝廷在軍事方面主要在追求陸地版圖的擴大，因此並未積極培養水軍。至於，中國再來有新水軍的誕生，就要等到鴉片戰爭打敗之後了。

【軍事組織的變遷】

兵制

隋唐宋元明清

文／李天鳴

軍事組織的變遷

隋朝 兵制

隋朝的府兵制度

隋朝（581-618）初年，承襲北周的府兵制度，府兵編入「軍籍」，和一般百姓的「民籍」不同。編入軍籍的府兵和他們的家屬稱為「軍戶」，又稱「府戶」，府戶的士兵便稱為府兵。軍戶十八歲（開皇三年改為二十一歲，煬帝又改為二十二歲）至六十歲的男丁，都徵調入伍當兵。軍戶世代擔任士兵，兵民分離。開皇十年（590），文帝進行改革，取消軍戶，將軍戶編入民戶，軍人及其家屬改由州縣管轄，成為國家的人民，可以依照均田令授予田地。軍人同時保有軍籍，凡是軍役方面的事，繼續由軍府管理。軍人本身照舊免除租庸調。改革之後，提高了士兵的地位，大大減輕了原來軍戶的兵役負擔，兵役改由全體民戶丁壯共同承擔。這次改革，將兵民分離變成兵農合一。此後，魏晉以來以世兵制為主的兵役制度，被以徵兵制為主的兵役制度所取代。

軍隊指揮機構

隋文帝初年，將各種禁衛軍編組為十二府（又稱十二衛府），即左、右衛府，左、右武衛府，左、右武候府，左、右領左右府，左、右監門府，左、右領軍府。十二府分別統轄全國軍隊。左右衛、左右武衛、左右武候府、左右領左右府的長官分別為大將軍（一人），其次有將軍二人。左右監門府只設置將軍一人。左右領軍府則不設置將軍，而設置郎將、校尉。十二衛府是統轄全國軍隊的最高機構，除了直轄的禁兵之外，還分領各地軍府，並督率所屬府兵番上宿衛。十二衛府各有職責：左右衛管轄內衛，負責宮廷警衛；左右武衛管轄外衛，負責宮廷外圍警衛；左右武候府負責皇帝外出巡視、打獵時護衛；左右領左右府統轄皇帝左右侍衛，掌管御用兵器、儀仗；左右監門府負責宮殿各門警衛；左右領軍府掌管十二衛府軍隊的名冊、訴訟等事。

隋朝廷中央，除了十二衛府之外，還有護衛太子的東宮十率，即左、右衛率，左、右宗衛率，左、右虞候率，左、右內率，左、右監門率。職掌分別和十二衛府類似。

隋文帝開皇初年，又設置兵部，作為中央最高軍政機關，隸屬於尚書省，協助皇帝掌管全國軍事行政。兵部長官為兵部尚書，下轄兵部、職方、駕部、庫部四司，各設置侍郎二人，分別掌管本司事務。

隋煬帝大業三年（607），將原十二府改為十二衛四府，通稱十六衛府。十二衛為左、右翊衛（左右衛改），左、右驍衛（隋文帝後期增設的左右備身改），左、右武衛保留，左、右屯衛（左右領軍改），左、右候衛（左右武候改），左、右御衛（新設）。四府為左、右監門府（依舊名），左、右備身府（左右領左右府改）。前十二衛除直轄禁兵衛士外，還分領各地府兵，並統領所屬府兵番上宿衛。後四府只統領皇帝禁兵，不統領府兵。

隋文帝時，在邊境及內地若干重要州設置總管府，掌管本州所屬地區的軍事。若干軍事要地，又分別設置鎮、戍、關，鎮有鎮將、副將，戍有戍主、戍副，關有令、丞，管轄所屬地點的戍守事務。大業三年，隋煬帝改州、郡、縣三級為郡、縣兩級制，並廢除總管府，郡設置都尉、副都尉，管轄一郡軍事。

府兵的編制

府兵是構成隋朝軍隊的主體，既負責宿衛，又負責征戰。軍隊的調發、使用，必須有皇帝的命令。

各衛府下轄若干驃騎府和車騎府（隋煬帝時一率改為鷹揚府），史稱「開府」，通稱軍府。軍府是府兵的基本編制單位，分別設置在京師以及全國各重要地帶。它的番號通常用數字次序編列，例如「右領軍右二驃騎將軍」，表示這是右領軍府所屬的第二個驃騎府的驃騎將軍。有的又在番號前面冠上駐地名稱，例如「涇州右武衛三驃騎」，表示這是屯駐涇州的右武衛府所屬的第三個驃騎府。

驃騎府的長官為驃騎將軍，副長官為車騎將軍。車騎府的長官則為車騎將軍。驃騎、車騎將軍之下有大

隋初的兵制（十二衛府）概念圖

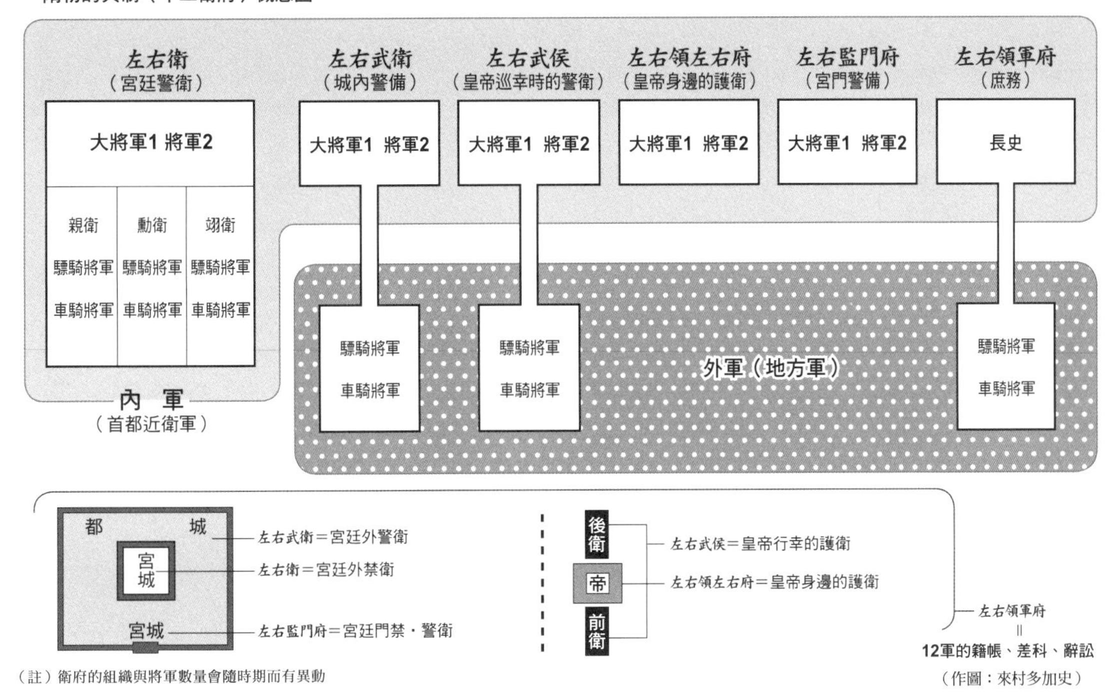

都督、帥都督、都督等各級統兵官。軍府的軍士，統稱為侍官。每一軍府轄若干軍坊、鄉團，軍坊、鄉團是府兵的基層單位。軍坊設置坊主一名，坊佐二名。鄉團設置團主一名，團佐二名。

品級方面，大將軍為正三品，將軍為從三品，驃騎將軍為正四品，車騎將軍為正五品，大都督為正六品，帥都督為從六品，都督為正七品。

隋煬帝大業三年，驃騎府、車騎府改為鷹揚府，長官驃騎將軍改為鷹揚郎將，車騎將軍改為鷹揚副郎將（五年又改為鷹擊郎將）。郎將之下，大都督改為校尉，帥都督改為旅帥，都督改為隊正，又增設隊副作為隊正的副長官。軍府的軍士－侍官，也改稱衛士。每個鷹揚府又設置越騎校尉二人，掌管騎士（騎兵）；步兵校尉二人，管轄步兵，都是正六品。這時，府兵制度發展到了成熟階段。

府兵戰時編組

戰時，府兵另外進行編組。例如，開皇八年（588），隋文帝發動滅陳戰爭，命晉王楊廣（後來的隋煬帝）、秦王楊俊、清河公楊素都擔任行軍元帥，下轄90個行軍總管，總兵力51萬餘人，而以淮南道行台尚書令、行軍元帥楊廣為總指揮官。

大業八年（612），隋煬帝征伐高麗，組成天子六軍和左右各十二軍，共三十軍，113萬餘人。每軍設置大將、亞將各一人。每軍有騎兵四十隊、步兵八十隊。騎兵每隊一百人，十隊組成一個團，共四個團。遠征軍騎兵共12萬人。每軍步兵也分為四團。每團設置偏將一人。輜重、散兵等也分為四團。左右各軍的指揮官－大將，很多是由十二衛的大將軍或將軍擔任。

隋的滅亡

隋煬帝大興土木，用民無度，修建宮殿、長城、馳道、運河；對外窮兵黷武，三度討伐高麗。大業八年，煬帝第一次征伐高麗，出動軍隊113萬餘人，還動用大量的民伕。因此，隋朝廷增設軍府，徵調大量平民當兵；男丁不夠使用，又開始役使婦人。還不夠用時，又召募人民擔任「驍果」；於是，部分軍隊實行募兵制。驍果成立於大業九年（613），最多時達到十餘萬人，隸屬於左右備身府，並設置折衝郎將各三人為長官，果毅郎將各三人為副長官，掌管驍果。下面又設置左、右雄武府，正副長官為雄武郎將、武勇郎將，統轄驍果部隊。驍果也負擔番上宿衛和外出征戰的雙重任務。

此外，當時若干將領又自行募兵。用民無度和大量的徵兵、募兵和用兵，終於引起全國各地的反抗，使隋朝走上覆亡的路途。

唐朝 兵制

府兵制的恢復

隋朝末年，府兵制已經崩壞。唐軍佔據關中以後，開始逐漸恢復府兵制。唐高祖武德二年（619），首先在關中設置軍府，並沿用隋代開皇時期驃騎府、車騎府的舊名。同時，又分關中為十二道（行政區），每道設置一軍，共十二軍。每軍下轄若干軍府。次年，十二軍各立軍號。例如，長安道為鼓旗軍，同州道為羽林軍。每軍設置將、副各一人。於是，府兵制逐漸恢復。

唐太宗進一步對府兵加以整頓。貞觀十年（636），唐太宗擴大府兵員額，增設軍府，將驃騎府和車騎府一律改稱折衝府。又將全國劃分為十道，設置折衝府634個。其中關中地區261個，佔全國軍府總數的三分之一以上，形成以關中控制全國的「居重馭輕」的態勢。

折衝府分為上、中、下三等。上府有兵1200人，中府1000人，下府800人。折衝府的長官為折衝都尉，副長官為左果毅都尉和右果毅都尉，其次有別將、長史、兵曹參軍等僚屬。

折衝府是府兵的基本建制單位。每府下轄四至六團，每團200人，長官為校尉；每團下轄二旅，每旅100人，長官為旅帥；每旅下轄二隊，每隊50人，長官為隊正；每隊下轄五火，每火10人，長官為火長。

府兵的任務有三種：宿衛、戍邊、征伐。府兵要輪流派往京師長安宿衛，並按軍府距離京城的遠近而規定輪班的次數，稱為「番上」。例如，距離五百里的每隔五個月前去宿衛一次，距離一千五百里至二千里的每隔十個月一次。

統軍體系

唐建國後，沿襲隋朝制度，在尚書省內設置兵部作為中央最高軍政領導機關，協助皇帝處理全國軍事行政事務。兵部長官為尚書（一人），副長官為侍郎（二人）。兵部掌管全國武官的選授、升遷、賞罰，軍隊的軍籍名冊、員額、招募、訓練、番上宿衛，以及奉承皇帝命令調動兵馬。

唐朝前期沿襲隋朝制度，在中央設置十六衛和太子東宮六率，作為統轄全國軍隊的最高機構。十六衛，即左、右衛，左、右驍衛，左、右武衛，左、右威衛，左、右領軍衛，左、右金吾衛，左、右監門衛，左、右千牛衛。前十二衛各領折衝府四十到六十個不等，後四衛則不領府兵。太子東宮十率，即左、右衛率，左、右司御率，左、右清道率，左、右監門率，左、右內率。

一般每衛設置大將軍（正三品）一人為長官，將軍（從三品）一至二人為副長官，其次有長史、錄事參軍以及倉、兵、騎、胄各曹參軍等屬官。

府兵分為內府和外府兩種。內府指五府三衛的府兵。三衛是指左右衛所掌管的親衛、勳衛、翊衛。五府是指親衛所轄的一個府，勳衛所轄的兩個府，以及翊衛所轄的兩個府。府的長官為中郎將，副長官為左、右郎將。內府衛士都是由五品以上官員子孫擔任，共有衛士近五千人，是皇帝最親信的親兵之一。五府三衛之外的府兵稱為外府，即折衝府，由六品以下官員子孫以及富裕人家子弟擔任。

左右衛至左右領軍衛等十衛，掌管宮禁宿衛，統轄內府、外府的軍隊。左右金吾衛，掌管宮中、京城巡警。左右監門衛掌管門禁出入，左右千牛衛掌管侍衛。

戰時，臨時任命行軍元帥、行軍總管和詔討使、宣慰使、處置使等擔任指揮官，率領軍隊出征。戰爭結束後，將領返回原任，士兵則返回原來的軍府。

唐朝前期，十二衛和六率雖然分別管領若干軍府，卻沒有調兵之權；十道和各州對當地軍府雖然有督查之責，卻不能直接領兵。如此，有效地防止將領擁兵作亂；但卻由於兵力分散和將權分割，又帶來了運轉遲鈍和指揮不靈的弊病。

彍騎

唐玄宗開元年間，府兵制破壞，折衝府無兵番上宿衛。開元十一年（723），唐朝在關中一帶選募府兵、百姓十二萬人，不問家世來歷，隸屬於各衛，每衛一萬人，輪番宿衛京師，稱為長從宿衛，兩年後改名「彍騎」。這標誌著募兵制的興起。但彍騎訓練不足，缺乏戰鬥力。

禁軍的演變

唐朝的中央禁軍，由南、北衙兵兩部分組成，負保衛京師和皇宮的責任。南衙兵即十六衛兵，由番上宿衛的府兵組成，屯駐皇宮南方，由宰相管轄。北衙兵屯駐皇宮內部，是專門保衛皇帝和皇宮的禁衛軍，是皇帝的侍衛部隊，由皇帝親自管轄。唐高祖李淵平定關中後，將隨同他起義的三萬人留作宿衛，號稱「元從禁軍」，由於專門屯駐玄武門（宮城北）一帶，所以又稱北門屯兵。貞觀年間，進一步加強北衙禁軍。太宗從北門屯兵中選出善射者一百人，組成「百騎」；又增設左、右屯營，士兵稱為「飛騎」，屯駐玄武門。高宗時將左、右屯營擴充為左、右羽林，設置大將軍、將軍統轄。武則天時將「百騎」改為「千騎」，隸屬於羽林之下。中宗時又將「千騎」擴編為

為「萬騎」。玄宗時將萬騎單獨成軍，改稱左、右龍武軍。至此，形成由左右羽林和左右龍武四軍組成的北衙禁軍，又稱北門四軍。武則天末年，宰相張柬之便是利用羽林軍推翻了武則天的統治。

安祿山叛亂，羽林、龍武軍以及彍騎全部潰散。肅宗至德二年（757），重建左右龍武和左右羽林軍，並創設左右神武軍（又稱神武天騎），合稱北衙六軍，共約一萬人。六軍各設置大將軍、將軍為正副長官。安史之亂（755-763）期間，邊境守軍臨洮郡（今甘肅臨潭）神策軍一千餘人前往中原平亂，以後歸宦官魚朝恩掌握；由於護衛代宗有功，神策軍正式成為中央禁軍，不久分為神策左右廂。德宗時，兵力擴充到十五萬人，不久改為左右神策軍，長官為左右神策護軍中尉。此後，護軍中尉都由宦官擔任。神策軍是北衙禁軍中最強大的軍隊，於是，宦官掌握了中央禁軍兵權，也操縱了廢立皇帝的大權。

地方軍和邊防軍

邊防軍，是指鎮守邊境的軍隊。唐朝在邊境要地設置軍、守捉、城、鎮、戍等軍事單位。軍有軍使，守捉有守捉使，鎮有鎮將，戍有戍主。

唐初，在各大州和邊鎮設置大總管府，中小州設置總管府，作為地方高層軍政機構。大總管府就是統轄各邊防軍的最高機構。武德七年（624），改大總管府為大都督府，總管府為都督府，長官分別為大都督和都督。

團結兵是州長官－州刺史－所統轄的地方軍，從土著中徵集而來。

藩鎮兵

玄宗時，將全國改分為十二道，每道由大將軍統轄各道邊防軍。除了道之外，唐朝還在邊境要地先後設置了安西、北庭、安北、單于、安東、安南六個都護府，管轄當地的軍事事務。

都督、都護都是軍事長官，不管民政。高宗永徽（650-655）以後，都督帶使持節的稱為節度使，並逐漸成為正式職官。玄宗天寶初期，沿邊重鎮共成立十個節度使，不但各自管轄數州軍事，而且也掌控民事、財政大權。如安祿山一人身兼范陽、平盧、河東三鎮節度使，兵力強大。所以爆發安史之亂。安史之亂平定以後，若干有功將領和降將被任命為節度使，形成藩鎮。藩鎮紛紛招募軍隊，稱為藩鎮兵。藩鎮逐漸擁兵割據，形成藩鎮之亂；而中央兵權又被宦官所控制，最後終於導致唐朝覆亡。

宋朝 兵制

北宋兵制

◆軍隊的上層指揮機構

北宋（960-1127）軍隊的領導權集中在皇帝手中，中央設置樞密院作為全國最高軍政、軍令機構，直屬於皇帝，並代表皇帝行使職權。樞密院的主要職責是制定戰略決策，調遣軍隊。北宋分統全國軍隊的是三衙，即殿前司、侍衛馬軍司（簡稱馬軍司）、侍衛步軍司（簡稱步軍司）。三個單位不互相隸屬，長官分別為殿前副都指揮使、馬軍副都指揮使、步軍副都指揮使，簡稱殿帥、馬帥、步帥。

出師作戰，皇帝臨時任命官員為帥臣，率領軍隊出征作戰。帥臣有經略使、安撫使等。征戰完畢，軍隊仍然歸三衙管轄，帥臣則回任本職。如此，三衙有掌管軍隊之權，卻無發兵之權；帥臣有領兵鎮戍、征戰之權，卻無專制軍隊之權；樞密院有發兵之權，卻無掌控軍隊之權。這種相互制衡的體制，防止了唐末五代將帥擁兵割據局面的重演。

◆禁軍

禁軍的編制，大致分為廂、軍、營（指揮）、都四級。廂的長官為廂都指揮使，一個廂下轄十個軍。軍的長官為軍都指揮使，一個軍下轄五個指揮。指揮的長官為指揮使，一個指揮下轄五個都。都的長官為都頭（馬軍為軍使），一個都下轄100人。

擔任皇帝宿衛最親近皇帝的禁軍稱為班直，隸屬於殿前司。此外，其餘禁軍則負責駐戍京師、地方、邊區以及征戰的任務。北宋前期，大部分的禁軍必須輪流到各地駐戍；駐防邊區的，一兩年便需要換防。其目的是使將領不能擁兵割據，但缺點則是士兵不瞭解將領、將領不瞭解士兵，削弱了戰力。禁軍是北宋的主要作戰部隊，分別隸屬於三衙，宋英宗時有66萬餘人。

◆將兵

宋神宗時，為了矯正將領、士兵互不瞭解的弊病，於是實施將兵法，在全國設置了90餘個「將」，稱為將兵，平時駐戍在原地，不實施輪調，有事再出征作戰。於是，禁軍分成係將禁軍和不係將禁軍。係將禁軍即隸屬於將的禁軍。「將」是單位名稱，在指揮之上。將的正、副長官分別為正將、副將。

◆禁軍之外的軍隊

北宋的軍隊，除了禁軍之外，還有廂軍、鄉兵、蕃兵、弓手、土軍（土兵）。

廂軍是州郡的軍隊，但只從事雜務，如築城、修路、運輸、迎送官員等，沒有戰鬥能力。鄉兵是地方民兵，大多在邊區，如陝西弓箭手等。少數鄉兵具有相當的戰鬥力。蕃兵是邊區招募歸附的少數民族部落組成的。弓手是駐紮在縣治所在地的軍隊，由縣尉管轄。土軍是駐防在鄉鎮重要地點的軍隊，由巡檢管轄。弓手和土軍，任務是緝捕盜賊。

禁軍、廂軍、弓手、土軍都是召募的。鄉兵則大多數是徵調的，少數是召募的。宋軍士兵還有一種刺字制度，禁軍、廂軍多數在臉上刺字，鄉兵則往往在手背上刺字。士兵由於在臉上刺字，致使宋人有「好男不當兵」的諺語。

南宋兵制

◆屯駐大軍的成立

建炎元年（1127），南宋（1127-1279）建立之初，宋高宗將帳下的軍隊編組為御營軍，如韓世忠曾任御營左軍都統制，張俊曾任御營右軍都統制。建炎三年（1129），御營軍分成御營軍、御營副使軍、御前軍三部。建炎四年，宋廷又將御前五軍改為神武軍，御營五軍改為神武副軍。紹興五年（1135），神武軍（含副軍）改為行營護軍。張俊軍為中護軍，韓世忠軍為前護軍，岳飛軍為後護軍，劉光世軍為左護軍，吳玠軍為右護軍。張俊等人便是當時南宋的五大帥。

紹興七年（1136），淮西軍（即左護軍）發生兵變，逃往齊國投降。紹興九年（1139），四川宣撫使吳玠病死，川陝大軍分別由吳璘等三位都統率領。

紹興十一年（1141）四月，宋廷為了和金國和談，召淮西張俊、淮東韓世忠、湖北京西岳飛三名宣撫使入朝而解除了他們的兵權。同月，宋廷下令撤銷宣撫司，屬下各軍改稱「御前諸軍」，由統制、統領率領。御前軍的意義，表示軍隊直接隸屬於皇帝。十二月，宋金紹興和議議定。

紹興十二年，宋廷成立建康、鎮江、鄂州、池州四個都統司，前三個分別接管張俊、韓世忠、岳飛的軍隊。紹興十七年，吳璘軍改編為利州西路都統司（後改稱興州都統司）軍，楊政軍改編為利州東路都統司（後改稱興元都統司）軍。紹興三十年（1160），宋廷又成立荊南都統司（後改稱江陵都統司或荊鄂副都統司）、江州都統司以及金房都統司（後改稱金州都統司）。以後，鄂州都統司又稱為荊鄂都統司。

乾道六年（1170），宋廷又設置平江府許浦水軍都統司。這十個都統司，就是屯駐大軍，再加上三衙，就是當時南宋主要的作戰部隊。乾道年間，屯駐大軍（含武鋒軍）和三衙共有418000人。開禧三年（1207），宋廷又從沔州都統司（前興州都統司）抽調出五個軍組成沔州副都統司（後改稱利州副都統司）。於是，都統司增加到十一個。

◆屯駐軍的編制

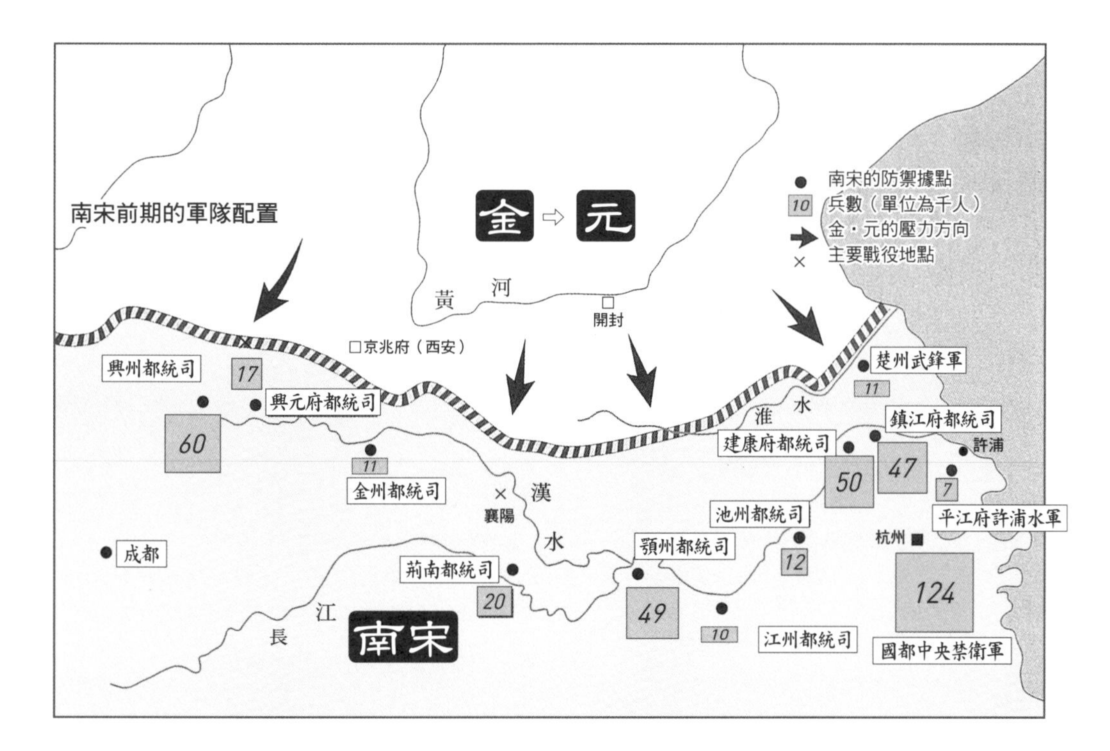

屯駐軍的最大單位稱為都統制司，簡稱都統司；長官為都統制，簡稱都統。荊鄂副都統司和利州副都統司則是獨立的單位，長官為副都統。

都統司管轄若干個軍。軍通常用前、右、中、左、後、遊奕、選鋒作為番號。軍的長官為統制，下面有統領。每個軍下轄若干個「將」。將的長官為正將，下面有副將、準備將、訓練官、部將等。將下轄若干個隊。隊的長官為隊將，一個隊下轄約50名軍士。

◆三衙

南宋三衙是指中央禁衛軍的三支部隊，即殿前司、馬軍司、步軍司。三衙的指揮官，通常分別是殿前副都指揮使、馬軍副都指揮使、步軍副都指揮使。三衙各轄若干個軍。軍的編制和屯駐軍相同。

◆小軍和大軍

大部份屯駐軍的番號上面都有「御前」字樣，又稱為御前軍。上述的十一個都統司，都是御前軍。屯駐軍又分兩種，一種稱為大軍，是編制上隸屬於都統司的軍隊。另一種稱為小軍，即不隸屬於都統司的獨立軍，像廣東摧鋒軍、泉州左翼軍、御前雄勝軍。小軍的編制，則和都統司的軍的編制相同。小軍的長官通常是統制，有時則為總轄、總制、統轄等。

◆軍隊的上層指揮機構

三衙和大多數的屯駐軍直屬朝廷。少數屯駐軍則在編制上是固定隸屬某個安撫司，而歸這個安撫司指揮。有的安撫使臨時被授予節制軍馬的頭銜，也可以指揮本路的屯駐軍。少數屯駐軍則是配屬州郡守臣指揮的。

戰時，南宋時常設置宣撫司、制置司管轄本區的屯駐軍，長官稱宣撫使、制置使。有時又設置都督、同都督、督視軍馬等，都可以管轄本區的屯駐軍。

國都中央禁衛軍的結構

21千人 步軍司 17%
58% 殿前司 73千人
25% 馬軍司 30千人

◆後期的作戰部隊

嘉定（1208-1224）以後，江淮大量招募軍隊，包括舊有的和新成立的小軍，像敢勇軍、精銳軍、強勇軍、武鋒軍、淮陰水軍等，都佔用鎮江都統司缺額。於是，使以往有62000餘人的鎮江都統司的員額減少到21000餘人。同時，其他都統司也有此類情況，而除了新的小軍之外，部分新軍還編組成都統司軍。例如，京湖的忠順軍都統司（20000人）、御前忠衛軍都統司。兩淮的御前武定軍都統司、廬州強勇軍都統司、義士軍都統司、義士遊擊軍都統司。此外，一些制置司又設置帳前都統，統轄若干小軍。這些新軍佔用了舊有都統司的大量缺額，於是，使舊有都統司的兵力大為削弱。例如，荊鄂都統司，以往員額49000人，淳祐末期只剩5300餘人。南宋後期的作戰部隊，已經不止限於舊有的十一個都統司和三衙，而包括大量的小軍和新的都統司軍。不過，南宋武將最高的榮譽是擔任殿帥、馬帥、步帥。南宋後期，三衙大帥很多仍然是由有戰功的舊有都統司的大將升任，顯示舊有的都統司軍和三衙仍然是作戰部隊的中堅。

◆其他軍隊

南宋的州郡禁軍完全隸屬於地方，禁軍一般都缺乏訓練，變成和廂軍一樣，只擔任雜役。廂軍、民兵、弓手、土軍則和北宋大致相同。

元朝 兵制

■蒙古國和元朝的軍隊

蒙古國和元朝的軍隊，以組成份子區分，有蒙古軍、探馬赤軍、漢軍、新附軍等。

◆蒙古軍 由蒙古族人所組成的軍隊，叫做蒙古軍。所謂蒙古族，是指鐵木真統一漠北，並在元太祖元年（宋寧宗開禧二年，1206）建號成吉思汗、建立蒙古國以後，已經併吞了草原許多其他部族（如塔塔兒、弘吉刺、克烈、乃蠻、蔑兒乞等）的蒙古族。蒙古國和元朝時期的蒙古軍，主要便是由這個蒙古族的族人所組成的。

◆探馬赤軍 從蒙古各部中抽調出一部分士兵組成軍隊，短期或長期戍守在某地，稱為探馬赤軍。實際上是蒙古軍的分支組織。以後，探馬赤軍之中也有漢人和色目人（西域各族人）參與，甚至由色目人單獨組成一支探馬赤軍。探馬赤軍主要任務是鎮守，但也參與征戰。

◆漢軍 蒙古入侵金國以後，由在金國境內收降的軍民所組成的軍隊，稱為漢軍。包括漢人、契丹人、女真人。例如，真定等五路萬戶史天澤軍。蒙古入侵南宋以後到至元十一年（宋度宗咸淳十年，1274）大舉攻宋以前，用降服的宋朝軍民所組成的軍隊，以及在中原所徵發的軍隊，都稱為漢軍。此外，蒙古入侵金國以後，收編降人所成立的乣軍、黑軍、契丹軍、女真軍等，也是漢軍的一部分。

◆新附軍 至元十一年元朝大舉南侵期間至滅亡南宋以後，用收降的宋軍所組成的軍隊，稱為新附軍。

■禁衛軍

禁衛軍是護衛大汗（皇帝）以及京師的軍隊。又分為怯薛、侍衛親軍、質子軍三種。

◆怯薛 宋寧宗嘉泰三年（1203），鐵木真正式建立怯薛。他任命八十人為宿衛，七十人為散班（護衛）。元太祖元年（開禧二年，1206），鐵木真建號為成吉思汗以後，怯薛擴充為一萬人－宿衛一千人、箭筒士一千人、護衛散班八千人，分四批輪流擔任宿衛，三天更換一次。怯薛軍負責護衛大汗，以及防衛宮帳、皇宮，也參與征戰。怯薛的成員稱為怯薛歹，領班的大臣稱怯薛長。怯薛歹都是從千戶、百戶、十戶以及家世清白的人的子弟中選拔的。以後，每個蒙元皇帝都有怯薛這種組織。

◆侍衛親軍 中統元年（1260），忽必烈汗從漢軍萬戶中抽調若干人成立武衛軍，長官為武衛軍都指揮使。至元元年（宋景定五年，1264），蒙廷將武衛軍改名為侍衛親軍，並分左右兩翼，各設都指揮使。以後，侍衛親軍又加入高麗、女真、阿海等人。至元八年（宋度宗咸淳七年，1271），蒙廷又將左、右翼侍衛親軍改編為左、右、中三衛親軍都指揮使司。各衛親軍駐紮大都（今北京）、上都，任務是宿衛、護從皇帝，有事時也出征作戰和鎮守要地。至元十六年（1279），元朝滅亡南宋後，又將侍衛親軍擴編為前、後、左、右、中五衛，每衛一萬人。以後，元朝又陸續擴編了許多衛，如左都威衛（太子東宮侍衛）、欽察衛、龍翊衛、左翊蒙古侍衛等。元文宗末年，侍衛親軍總人數在二十萬以上。

◆質子軍 質子軍又名禿魯花軍，是徵調諸侯將校的子弟來組成的軍隊，或擔任大汗宿衛，或擔任征戰。

■軍隊的編制和上層指揮體系

蒙古軍的編制，按十進制編組，即萬戶、千戶、百戶、牌頭。一個萬戶下轄十個千戶，即一萬人，長官為萬戶長。一個千戶下轄十個百戶，即一千人，長官為千戶長。一個百戶下轄十個牌，即一百人，長官為百戶長。一個牌轄十名士兵，長官為牌頭，又稱牌子頭、十夫長。萬戶的長官萬戶長，也簡稱萬戶，官署稱萬戶府。千戶長、百戶長等也簡稱千戶、百戶，官署稱千戶所、百戶所。但每個單位的人數並非一定是一萬人、一千人、一百人。

蒙古入侵金國以後，成立漢軍。漢軍編制基本上是比照蒙古軍的編制，但又採用了若干金軍編制，如都元帥、元帥、都總帥、總帥、統軍、總管等。總管是萬戶之下、千戶之上的軍職，下轄若干千戶。都總帥、總帥下轄若干個元帥。蒙古滅亡金國以後，元帥大致和萬戶相當，都元帥則成為萬戶之上的軍職。忽必烈汗前期，蒙古又在鄰近宋朝的邊區設置統軍司，正副長官稱統軍（或統軍使）、副統軍（或副統軍使），管轄本區的漢軍萬戶。不過，都元帥和統軍都要受本戰區指揮官蒙古宗王的節制。

此外，蒙古還有總把、彈壓等的編制。總把是千戶之下、百戶之上的軍職，下轄若干百戶。百戶之下、十夫長之上，有時還有彈壓的軍職，下轄若干十夫長。

蒙古國時期，大汗是最高軍事統帥，重大軍事決策，由大汗主持召開蒙古各部首領參與的「忽里台」大會決定。征戰時，或是大汗親征，或是由大汗指定一名蒙古宗王或萬戶擔任指揮官。蒙古中央設置中書省綜理全國政務，忽必烈即位後，設置樞密院，掌管全國軍事，包括宿衛、征討、戍守等。樞密院設置樞密使、副使，以後又在副使之上增設知樞密院事（簡

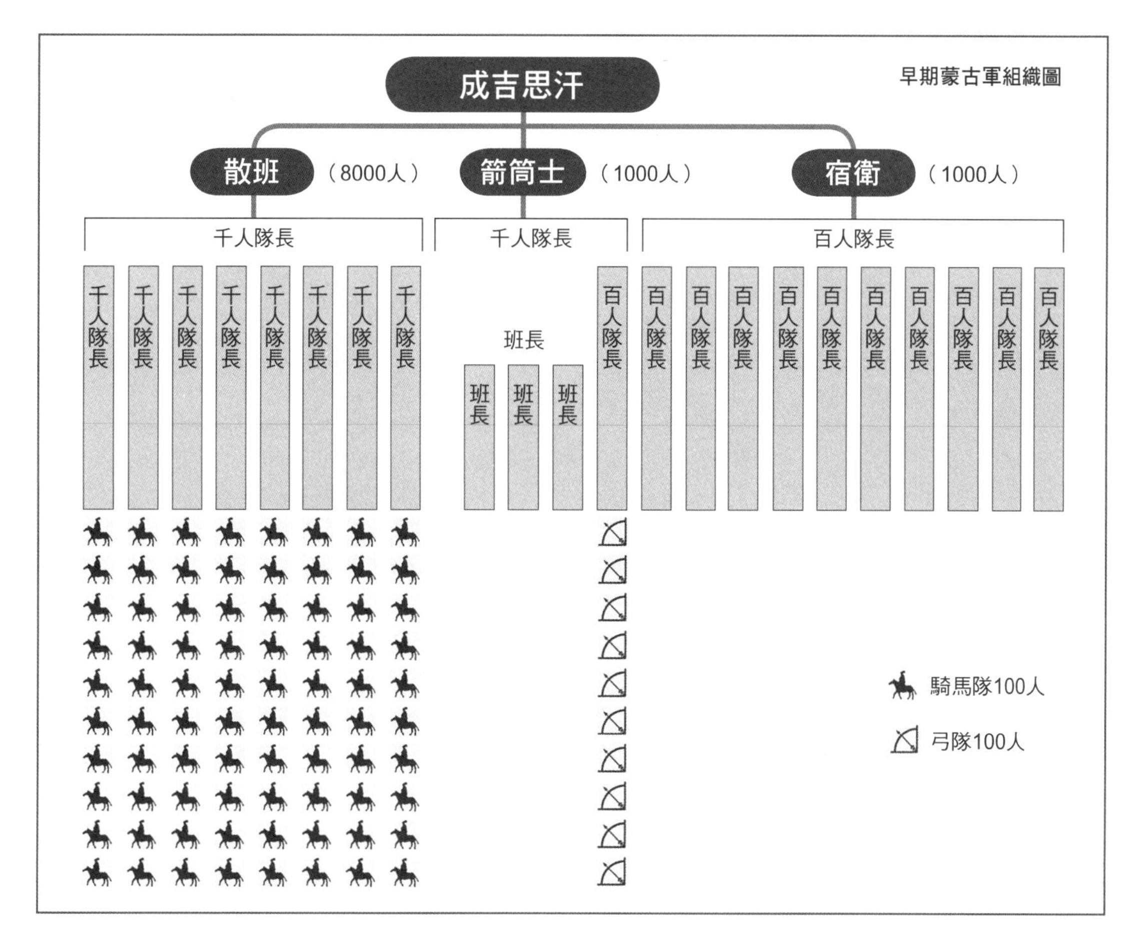

稱知院）、同知樞密院事。樞密使照例由皇太子兼任，太子位缺，知院成為樞密院實際最高長官，但知院、同知院事必須由蒙古人和色目人（西域各族人）擔任。忽必烈汗又派遣若干兒子前往漠北、雲南、吐番等地為出鎮宗王，節制當地駐軍。出鎮漠北的宗王，地位在鎮守當地的知院之上。

忽必烈汗對宋作戰期間，又設置行中書省（簡稱行省）和行樞密院（簡稱行院）。行中書省是作為該地區最高的政軍機構，負責作戰和鎮守，有權指揮轄區內的都元帥、統軍、萬戶。行省的長官，有右丞相、左丞相、平章政事、右丞、左丞等。有時則用中央中書省長官頭銜行某處省事作為職稱。行樞密院是行省之下、統軍司之上的機構，長官有的稱行某處樞密院事，有的稱行樞密院副使。

統一後的鎮戍制度

元朝統一中國後，侍衛親軍負責大都、上都的安全以及「腹里」（今河北、山東、山西，中書省直轄區）的鎮戍。全國各地則劃分為河南江北、江浙、湖廣、江西、陝西、四川、遼陽、甘肅、嶺北、雲南等十個行中書省，成為地方最高政軍機構。行省長官有丞相、平章（平章政事）、右丞、左丞等。行省丞相不常設置，平章兩員是行省常設的最高官員，有權管轄本區駐紮鎮守的漢軍萬戶府和元帥府。

這時，元軍在各地屯駐，形成一個遍佈全國的鎮戍網。蒙古軍、探馬赤軍主要屯駐「腹里」、河南、四川、陝西，據守腹心之地。漢軍、新附軍則主要屯駐十個行省之內。邊疆要地，主要由宗王率領蒙古軍鎮守。元朝統一中國後，萬戶府長官依序為達魯花赤、萬戶、副萬戶各一人，而漢軍萬戶府的達魯花赤必須由蒙古、色目人擔任。顯示民族等級逐漸森嚴。

兵役和軍官世襲制度

蒙古國在蒙古地區實施全民皆兵的兵役制度。戰時，十五歲至七十歲的男子全部要服兵役，或是全族皆兵，或是十丁抽一，十丁抽二。漢人地區，則實施一部分人當兵，即從上中下三等戶的中戶徵調。出人當兵的人戶稱為軍戶，可以減免稅賦，世代出人服兵役，父死子繼，兄終弟及。這種軍戶制也是世兵制。蒙古、漢軍軍人武器軍裝起初自備，統一全國後由政府提供。蒙元的將領軍官又實施世襲制度。元朝統一中國後，長期太平，將門子弟世代承襲，驕縱奢侈，不知武事。這是軍官世襲制度的弊病。

明朝 兵制

都司和衛所

明代（1368-1644）的軍事組織以「衛所」為骨幹。明朝在全國各地分設衛所，一面屯田，一面訓練、防邊或鎮戍。一個衛編制有5600人，長官為指揮使，其次有指揮同知兩名，指揮簽事四名。衛的單位全名為衛指揮使司，又簡稱衛司。每個衛下轄前、後、左、右、中五個千戶所。一個千戶所轄1120人，長官為千戶，其次有副千戶、鎮撫各二名。每個千戶所下轄十個百戶所。一個百戶所轄112人，長官為百戶，下轄兩個總旗。總旗的長官也稱總旗，下轄五個小旗，共56人。小旗的長官為小旗長，轄10名旗兵，共11人。衛的編制5600人，僅指總旗（含）以下至士兵的人數，不含百戶以上的武官。百戶、總旗、小旗長分別相當於現代的連長、排長、班長。千戶、副千戶、鎮撫、百戶都是承襲元朝的制度。

地方上，明朝初年，廢除行省制，改設承宣布政使司（簡稱布政司），轄區仍稱行省。明成祖遷都北京後，除了南直隸（南京周圍）、北直隸（北京周圍）之外，全國共有十三個布政司，即浙江、江西、福建、廣東、廣西、湖廣、四川、陝西、山西、山東、河南、雲南、貴州。即所謂「兩京十三省」。一省當中，布政司掌管民政，都指揮使司掌管軍事，按察使司掌管司法。一省的衛所便是受都指揮使司（簡稱都司）管轄，長官為都指揮使，其次有都指揮同知兩名，都指揮簽事四名。除了十三省的都司之外，明朝又在遼東、大寧、萬全設置都司，以及在陝西、山西、福建、四川、湖廣設置行都司。

衛所是明代前期軍隊的基本編制。衛所又有在京衛所、在外衛所的分別。在京衛所簡稱「京衛」。在外衛所軍必須定期輪流派遣部隊前往北京操練，內地衛所軍則必須輪流派遣部隊前往邊境戍守。通稱為「班軍」。明代是世兵制，士兵父死子繼。衛指揮使、千戶、百戶，大多世襲。都督、都督同知、都督簽事等，大多由勳戚子孫擔任。

五軍都督府

各地的都司和行都司，軍令分別隸屬於京師的五軍都督府，軍政則隸屬於兵部。五軍都督府即左軍都督府、右軍都督府、中軍都督府、前軍都督府、後軍都督府。每個都督府設置左都督、右都督、都督同知、都督簽事各一名。五軍都督府分別統領若干在外及在京衛所。

例如，明太祖時，左軍都督府所轄的京衛，有留守左衛、龍虎衛、瀋陽左衛等八個；所轄的在外衛所，有浙江都司十六個衛，遼東都司二十個衛，以及山東都司十一個衛。

京軍和親軍

京衛，又稱京軍或京營軍，即屯駐京城的軍隊，是明廷賴以支撐的主要力量。京軍主要分為兩類，一類是侍衛親軍，另一類是五軍都督府所統領的京衛。

明太祖時，在南京設置四十八個衛，其中十二衛為「侍衛親軍」，又稱「侍衛上直軍」，是天子親軍，即皇帝的禁衛軍，負責宮廷宿衛，隨駕護從，由皇帝直接指揮，不隸屬於五軍都督府。這十二衛親軍通稱為「上十二衛」，即金吾前衛、金吾後衛、羽林左衛、羽林右衛、府軍衛、府軍左衛、府軍右衛、府軍前衛、府軍後衛、虎賁左衛、錦衣衛、旗手衛。這些親軍，都稱為親軍都指揮使司，長官為親軍都指揮使。

明成祖時，遷都北京，將京衛從四十八衛擴充為七十二衛，其中增設親軍「上十衛」，使親軍達到二十二衛。明宣宗時，又增設親軍「四衛營」。於是，親軍共有二十六衛。

前期戰時指揮體系

明朝前期，遇到征戰，皇帝下令都督，或都督同知、都督簽事等充當總兵官，給予各種名號的將軍印信領兵出征，稱為「掛印將軍」。將軍名號有征虜大將軍、平虜大將軍、平賊將軍、平胡將軍、征虜將軍、討賊將軍等。同時，兵部奉皇帝旨意下達出兵命令，調派若干都司衛所軍接受總兵官指揮。兵部設兵部尚書一名為長官，其次有左、右侍郎各一名。

總兵官是臨時派遣的職稱，戰爭結束後，統兵將帥交還佩印返回都督府，軍隊則返回原來的衛所。五軍都督府有統兵之權，而無出兵之令；兵部有出兵之令，而無統兵之權。這種方式，使君主嚴格掌控軍權，避免權臣、將帥擁兵叛變。缺點則是缺乏統一指揮，上下之情不易溝通，減弱了戰鬥力。

中後期軍事指揮體系的變化

明成祖以後，軍事指揮體系逐漸發生變化，統兵和調兵的大權逐漸全部集中到兵部。

明朝為了防禦北方的蒙古等外族南侵，而先後在北部設置九個軍事重鎮－遼東、宣府、大同、延綏、寧夏、甘肅、薊州、太原、固原，管轄所屬衛所，防守邊區。這九個軍鎮史稱「九邊」。邊境地區由於戰事頻繁，臨時派遣的總兵官長期留下駐守，主持一鎮軍務，逐漸變成固定官員，稱為鎮守總兵官。總兵官之上還設有巡撫。宣德以後，內地的總兵官也成為一省的主帥，地位在都司之上，變成地方最高軍事長官。總兵之下還有副總兵、參將等。

征戰時，除了總兵官之外，明廷也會派遣總督、巡撫擔任指揮官。總督、巡撫是文官，含有以文制武的意思。明末，巡撫逐漸成為一省最高的軍務、民政長

官，總督則成為綜理一省或數省軍務的統帥。

京營的變遷

明成祖時，為了「內衛京師、外備征戰」，而在京師設置了五軍營、三千營和神機營，稱為京軍三大營。

五軍營分為中軍、左掖、右掖、左哨、右哨。五軍營長官有提督內臣一名，武臣二名。五營各設坐營官一名，馬、步隊把總各一名。在外衛所輪流派往北京操練的班軍，也隸屬於五軍營。而班軍也成為京營的一部分。

三千營是以明成祖所收降的三千名韃靼人為基礎而建立的。神機營是火器部隊。明成祖親征漠北，數度帶領三大營隨同。三大營的任務包括宮廷宿衛，隨駕護從以及征戰。

宣宗宣德（1426-1434）以後，武備鬆弛。土木之變，五十萬京軍幾乎全軍覆沒。景帝景泰年間（1450-1456），兵部尚書于謙挑選三大營的精銳十五萬人，分為十營團結操練，號稱「十團營」，提高了京軍戰力。天順元年（1457），英宗復辟，冤殺于謙，廢除十團營，恢復三大營舊制。憲宗時（1464-1487），又恢復團營制，並增加為十二團營。未編入十團營和十二團營的，仍留三大營，稱為老營，軍士只擔任雜役，不再進行訓練，而權貴、軍將開始大量私自役使軍士。憲宗又寵信宦官，從此，京軍許多軍士被宦官、官員、將校佔用役使。世宗即位時（1524），京營員額有38萬餘人，實數不到14萬人。明朝中期以後，士兵生活困苦，逃亡日漸增多，世兵制逐漸崩潰。於是，明廷不得不實行募兵。

嘉靖二十九年（1550），世宗整頓京營，恢復三大營制，又改三千營為神樞營，成為五軍、神樞和神機三大營，並設置總督京營戎政一名加以管轄，其次有協理京營戎政一名，下轄副將、參將、游擊等。神樞、神機兩營士兵基本上則是由招募而來。三大營各轄十營，都有戰兵營（步、騎兵聯合部隊）、車兵營（戰車、步兵、騎兵聯合部隊）及城守營（火炮部隊）。

經過世宗的整頓之後，京營戰力有所增強。但不久，由於政治腐敗，武備依然廢弛。天啟、崇禎年間，軍中「占役、買閑」風氣有增無減。「占役」即軍士被宦官、官員、將校等私自役使，從事種田、營繕、家務等各種雜役，不進行訓練。將校又剋扣、搜括士兵。「買閑」則是繳納賄賂替代。市井小人，繳納賄賂進入軍籍，又賄賂將校而免除出操、出征。外地駐軍也是如此。因此，軍隊缺乏訓練，逃亡、兵變事件不斷發生。崇禎十四年（1641），京營員額十一萬餘人，檢閱時只剩下一半。

清朝 兵制

八旗兵制

清朝（1644-1911）是滿洲人（建國以前稱女真人）所建立的朝代。清太祖努爾哈齊起初將所轄軍隊編為四部－四固山，並用黃、白、紅、藍四種顏色旗幟作為標誌。固山是滿語，漢語稱旗，四固山即四旗。萬曆四十三年（1615），四旗擴編為八旗，以正黃旗、正白旗、正紅旗、正藍旗、鑲黃旗、鑲白旗、鑲紅旗、鑲藍旗為名稱。鑲黃、鑲白、鑲藍三旗旗幟用黃、白、藍色鑲紅邊作為標誌，鑲紅旗旗幟用紅色鑲白邊作為標誌。八旗軍，每三百人編為一個牛彔，長官為牛彔額真（漢語稱佐領）。五個牛彔編為一個甲喇，長官為甲喇額真（參領）。五個甲喇編為一個固山，設置固山額真（都統）。固山額真之下又設置兩個梅勒額真（副都統）。

初期，八旗軍有六萬人，由滿洲、蒙古、漢人合編而成，滿族佔絕大多數，所以稱滿洲八旗。天聰年間（1627-1635），清太宗又以蒙古人為主，編成蒙古八旗；崇德年間（1636-1643），又以漢人降人為主，編成漢軍八旗，有二萬四千餘人。清世祖順治元年（1644），滿洲、蒙古、漢軍八旗，總兵力不下二十萬人。蒙古、漢軍八旗編制、旗色和滿洲八旗相同。

禁旅八旗

順治元年（1644），清軍入關，定都北京。清朝統一全國以後，派遣八旗兵分別駐守京師以及全國各戰略要地。駐守京師的稱為「禁旅八旗」，是中央禁衛軍，總兵力約十餘萬人，主要任務是宿衛、護從皇帝，保衛京師安全。

禁旅八旗又分為郎衛（侍衛）和兵衛兩類。郎衛是護衛皇帝和內廷的侍衛親兵。滿洲、蒙古八旗每佐領下挑選兩名作為親軍，組成親軍營，編制1770名，由領侍衛內大臣統轄。其中約995名充當御前侍衛及宮廷輪班宿衛。乾隆年間，正式設置領侍衛府，統轄侍衛，長官有領侍衛內大臣六人，其次有內大臣六人。

兵衛是護衛整個京師、紫禁城宮殿以及圓明園、陵寢等的禁衛軍。如驍騎營、前鋒營、護軍營、步軍營、火器營、健銳營等。驍騎營由滿、蒙、漢八旗組成，編制28000餘人，是戍衛京師的基本力量。長官為八旗都統，其下有副都統、驍騎參領、副驍騎參領、佐領、驍騎校等。步軍營由滿、蒙、漢八旗步軍組成，負責京城衛戍、警備以及京師治安，長官為步軍統領；康熙三十年（1691）兼管京城綠營馬步兵巡捕營，長官稱提督九門步軍巡捕營統領。乾隆時兵力32000餘人。火器營是火器部隊，健銳營則教習雲梯。

駐防八旗

八旗兵分駐全國各戰略要地的稱為「駐防八旗」。除兩京、東北等特別地區外，清朝分全國為十八行省，通稱為「直省」（包括直隸省）。駐防地大致分為三等，最重要地方，如盛京、吉林、黑龍江、江寧、杭州、廣州、成都、西安、寧夏等十餘處，大多為各省省會，設置駐防將軍一人，統轄全省駐防八旗兵，其下有都統或副都統、協領、佐領等。重要地方，如寧古塔、呼倫貝爾、山海關、熱河、乍浦、涼州等近二十處，大多為各省重鎮，設置都統或副都統加以管轄。次要地方，如遼陽、開原、鐵嶺、寧遠、保定、雄縣、喜峰口、古北口、開封等四十餘處，大多為各省要害，設置城守尉或防城尉加以管轄。駐防八旗，各處多者四五千人，少者一二百人，總兵力約十餘萬人。

綠營

清朝入主中原以後，八旗軍兵力不敷調遣，於是仿照明朝鎮戍制度，將明朝降兵和新募漢軍編為清軍。因為旗幟使用綠色，所以稱為綠營。八旗兵以騎兵為主，綠營兵則以步兵為主。綠營兵絕大多數分駐全國各省及邊疆地區，主要負責鎮戍，並兼充各種雜役。康熙至乾隆疆域的開拓，外蒙、青海、準噶爾、回部、金川、西藏等地的先後平定，綠營兵有很大的貢獻。

綠營分散屯駐各省，受總督、巡撫、提督節制。巡撫是一省最高政軍長官，總督是二三省的最高政軍長官。一省最高的武官則是提督。鎮是綠營的戰略單位，長官為總兵官。鎮之下有協，協的長官為副將。協之下有營，營的長官為參將、游擊、都司或守備。營之下有汛，汛的長官為千總、把總或外委千總、外委把總。總督、巡撫、提督、總兵直屬的部隊，分別稱為督標、撫標、提標、鎮標。還有駐防將軍兼轄的軍標。一省的鎮、協、營、汛都受提督節制。提督又有陸路提督、水師提督、水陸提督之分。

世兵制

八旗兵實施世兵制。編入八旗的軍戶，十五歲至六十歲的男子，稱為「壯丁」。每個軍戶壯丁以一人為正丁當兵，餘丁在家生產供應正丁所需軍資。太宗時，滿洲、蒙古八旗一般實行三丁抽一人當兵的制度。漢軍八旗，則是十丁取一名。康熙、乾隆以後，由於八旗人丁劇烈增加，挑補旗兵的比例日漸縮小。

綠營最初由收編明朝降兵和招募漢人組成。清初戰爭頻繁，為了補充兵員，大量進行招募。招募的兵丁

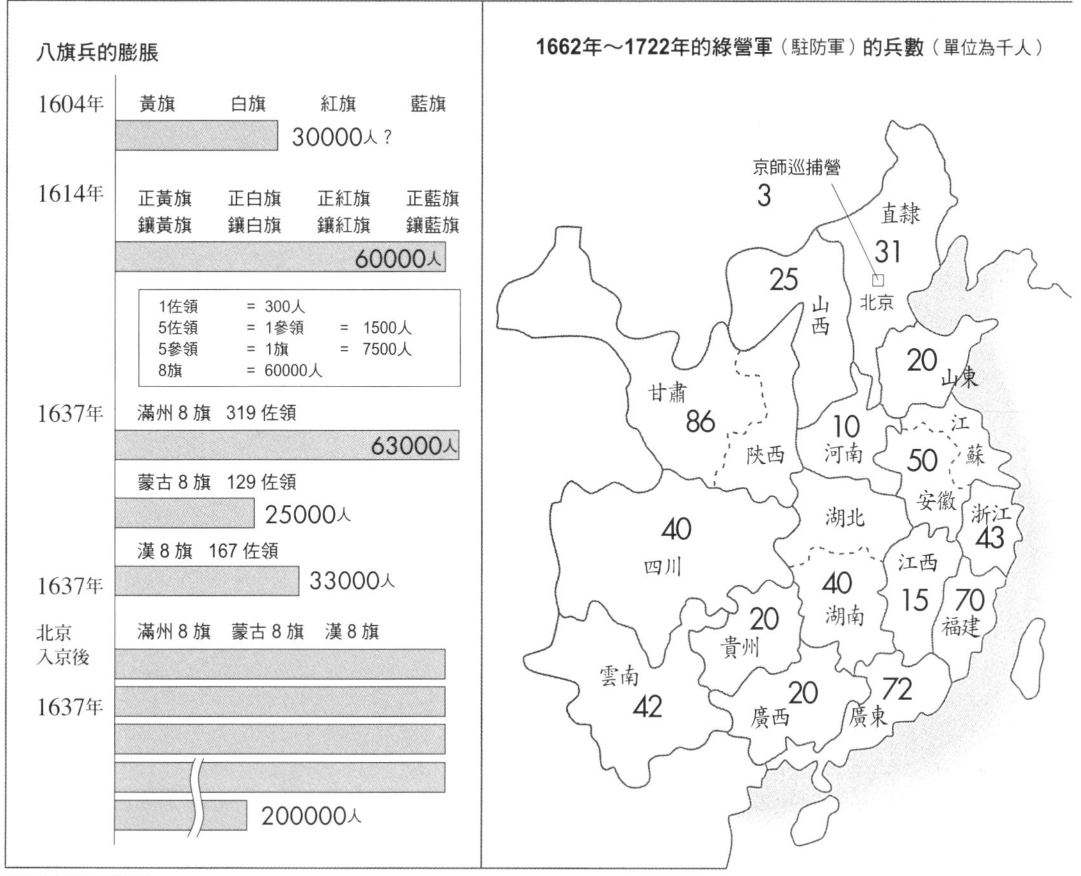

出自《中國兵制簡史》

也成為世業兵，綠營兵也是世兵制。綠營兵的待遇不如八旗兵，乾隆時開始，綠營兵丁生活艱難，因此兵丁另謀副業，以致訓練廢弛，戰力不斷下降。

軍隊上層領導機構

清朝最高軍權由皇帝掌管。協助皇帝的中央最高軍事領導機構，清初是議政王大臣會議，雍正以後則是軍機處。在軍機處任職的，一般從親王、大學士、尚書和侍郎選任，稱為軍機大臣。六部中的兵部，則只管理綠營的兵籍以及綠營武官的升轉，不是統兵機構。

征戰時，清廷派遣官員（如大學士、尚書等）擔任欽差大臣、經略大臣、大將軍、將軍等，作為指揮官，位在總督之上。軍隊則從中央的禁衛和各省的八旗、綠營中抽調。

湘軍和淮軍

乾隆後期，八旗、綠營開始沒落；鴉片戰爭至太平軍之役初期，八旗、綠營一敗塗地。咸豐二年（1852），清廷命曾國藩在湖南興辦團練，曾國藩乘機招募農民，發給糧餉，組建湘軍。同治初年，湘軍發展到50萬人以上，成為平定太平天國的清軍主力。

湘軍分為陸營、水師、馬隊（騎兵）三類兵種，都以營為基本單位。陸營的編制，營的長官為營官。營官之上有統領、分統。營下轄四哨，哨設哨官、哨長。一哨下轄八隊。隊設什長、伙勇。每隊正勇（士兵）10至12人，每哨士兵100人。每營將士500人。

同治三年（1864），湘軍攻佔太平天國都城金陵以後，曾國藩將湘軍大部遣散。李鴻章所創建的淮軍代之而起，成為平定捻亂的主力。

防軍、練軍、新軍

捻亂平定以後，清廷將大部淮軍和少數湘軍屯駐到各處要地，成為國家常備軍隊，稱為留防勇營，簡稱防軍。

清廷又為了整頓綠營，因此從綠營中挑選出部分軍隊加以編練，稱為練軍，光緒二十四年（1898），全國共有防軍26萬人，練軍10萬人。

英法聯軍之役以後，清廷開始組建新式近代海軍。然而訓練不足，福建海軍在中法越南戰爭覆沒，北洋艦隊則在中日甲午戰爭（1894-1895）瓦解。

甲午戰爭中，防軍、練軍也不堪一擊。因此，清廷又改建新軍，採用西方陸軍編制。直到辛亥革命前夕，全國編成了新軍十四鎮。

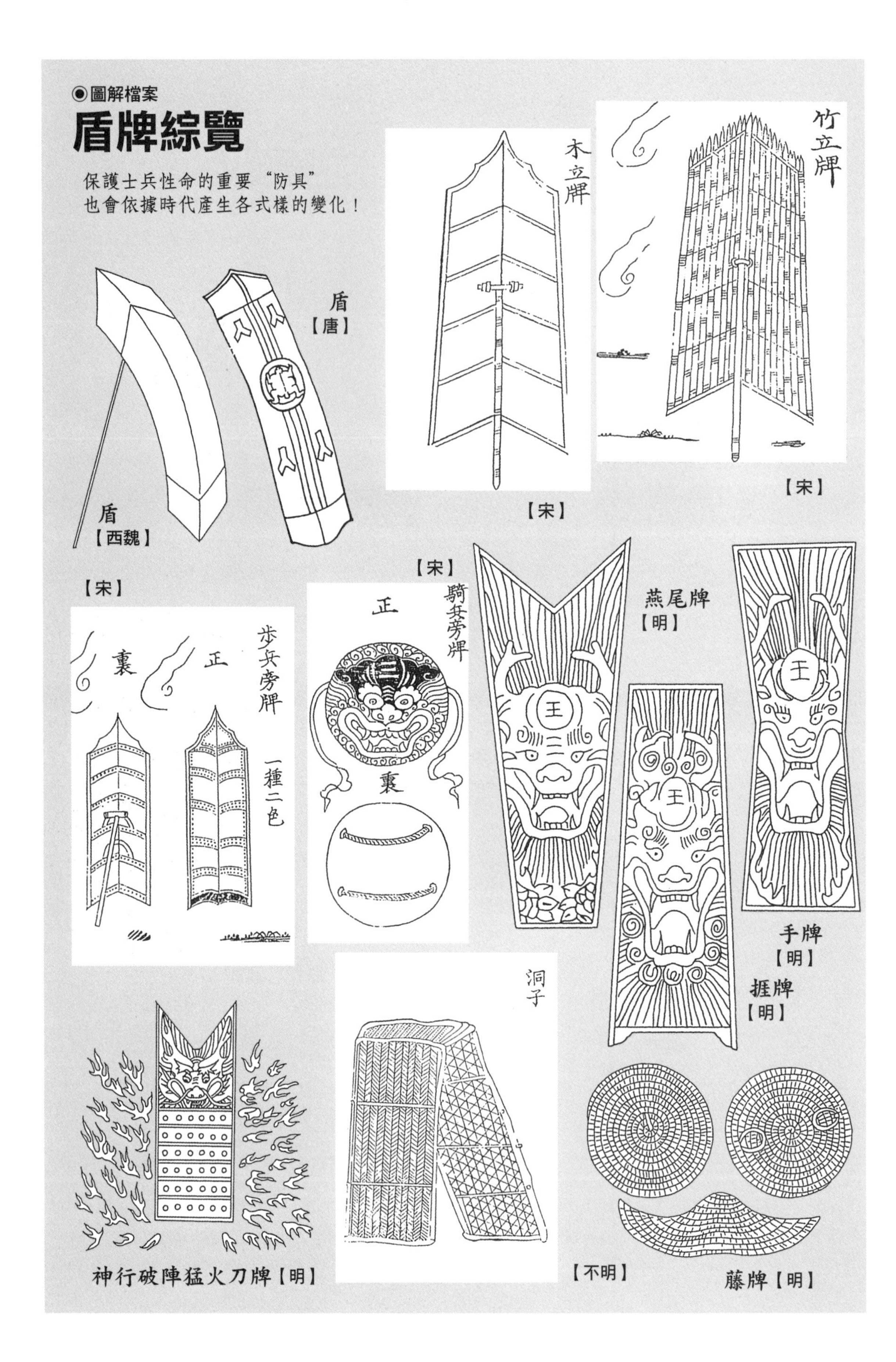
◉圖解檔案
盾牌綜覽
保護士兵性命的重要“防具”
也會依據時代產生各式樣的變化！
木立牌
【宋】
竹立牌
【宋】
盾
【唐】
盾
【西魏】
【宋】
步兵旁牌
裏
正
一種二色
【宋】
騎兵旁牌
正
裏
燕尾牌
【明】
手牌
【明】
捱牌
【明】
洞子
【不明】
神行破陣猛火刀牌【明】
藤牌【明】

【剖析防禦據點】

首都

城的變遷與類型
攻城術與守城術

文／來村多加史

首都的變遷與類型

更為穩固，更易於防守；城池的改良有著日積月累的進步。
不過這並不只有考量到軍事因素而已，
皇朝與國家對於城池的需求，會在形態上顯現出來。

以磚頭砌成的城牆登場

根據東漢許慎所著的《說文解字》，「城」這個字，意思是把人民容納在用土圍成的範圍內。由於古代的城牆是用土構築而成，因此城這個字為土字邊。不過現今留存於中國城市中的古城，卻都圍有以深灰色磚頭堆積而成的城牆，實在很難令人聯想到泥土結構。這種差別到底是如何而來？中國又是從哪個朝代開始改用磚頭堆砌城池的呢？

中國的磚這個字其實屬於俗字，正確來說應該要寫成甎，原本的意思是指鋪在地面上的瓦片。磚的歷史相當古老，最晚在春秋時代後期就已有燒製當作建材使用。根據考古調查證明，在戰國時代的秦國與燕國，於宮殿的地板上都有鋪設地磚。當時所用的磚，全部都是屬於薄板狀的舖地磚，而不是用來構築牆壁的直方體磚塊。

在今日很常見的直方體磚頭也稱為條磚，不過要從西漢時代開始才被應用於建築中。漢朝跨越劉邦與其子惠帝兩代營造而成的長安城，在地下水道中有些地方會使用條磚砌成拱型的頂部，而這就是現今最古老的條磚應用實例。

除了舖地磚與條磚之外，還有一種稱為空心磚的磚頭。從戰國後期開始到西漢時代，在宮殿樓梯或墓室的構築上會用到體積較大且較厚實的磚頭。為了要防止燒製時產生扭曲或破裂，及節約陶土的考量上，會把磚的內部挖出空洞，即是所謂的空心磚。秦始皇陵的兵馬俑也是應用空心磚的製作技法燒製而成的。由於空心磚是屬於一種類似大塊面板狀的磚塊，因此較小的墓室等建築，只要靠幾片就能組合起來，而這種墳墓曾以洛陽為中心大大的流行過。

不過，由於燒製磚頭必須耗費許多燃料，因此在西漢即將結束、木材開始不足時，可以用較少燃料進行大量製造的條磚，逐漸取代空心磚成為主要建材。

條磚的堆砌方法有各式各樣的巧思，在東漢時代，甚至還能砌出圓頂狀的屋頂。條磚從當時開始到現代，一直都是中國最普遍的建材。

磚頭的歷史就如以上所述，不過城牆開始使用條磚建造，又是從什麼時候開始的呢？以椿土加固的版築方式建成的牆壁，比想像中還要來得堅固，即使遭受衝擊或碰到地震都不會輕易崩壞。不過，如果它被雨水淋到，不用幾個月表面就會開始剝落。在年雨量超過1000cm的地區，如果不頻繁加以修復，城牆就會逐漸崩毀。因此，有一種辦法就是在牆面上塗灰泥加以保護，不過日子一久，還是會被水侵蝕滲透。如：由於元朝大都使用的是版築城牆，因此在築城之後馬上就因雨水而出現損壞。雖

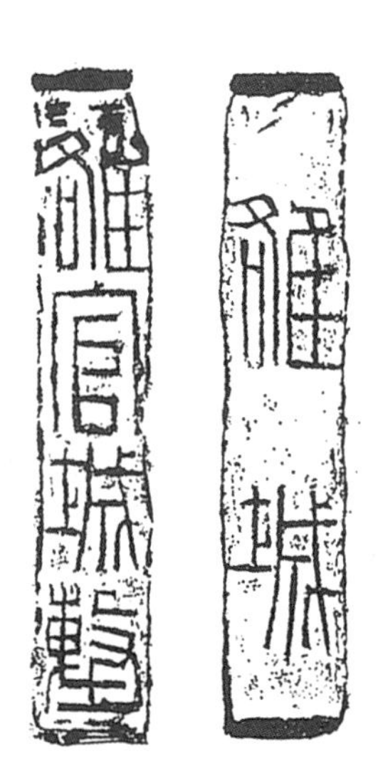

堆砌於四川省廣漢縣古城牆上的磚塊

「雒官城墼」、「雒城」的銘文證明此城牆是屬於東漢的雒城所有。銘文中的「官」是來自於置於此城的工官（官營工廠），「墼」則是指磚塊，而在其他城磚的銘文中也有將磚記成「甓」、「壁」。

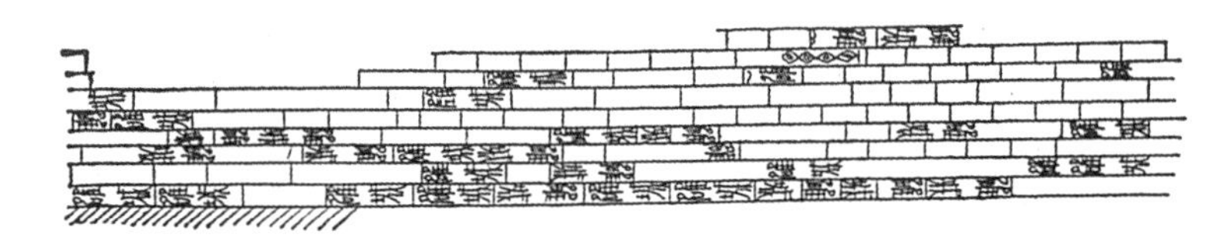

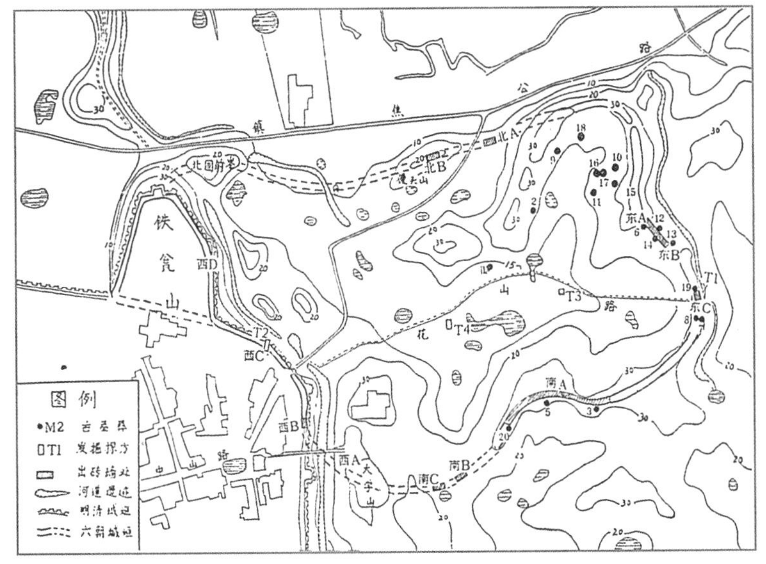

南朝晉陵羅城遺跡

殘留於江蘇省鎮江市東郊外的南朝京口城遺跡。該城城牆是利用長江南岸的丘陵構築，周長約5km。在以土椿成的牆體外側堆砌有磚塊，城磚上面則可看到刻有當時的通稱「晉陵羅城」銘文。城的西部有把孫權所築的鐵瓮山（城）囊括進來。

然北京的年雨量是600㎝左右，屬於雨量比較少的地區，不過當雨季來臨時，雨水依然會無情地侵蝕用土做成的城牆。因此，必須要祭出用蘆葦簾幕把城牆全部覆蓋起來的克難之計。雖說如此，因雨水而造成的損害卻依然沒有停止，幾乎每年都要進行大規模的城牆修補工程。

沿著版築城牆流下的水所造成的深度裂縫，是讓城牆提早崩毀的主要原因。在戰國時代趙國的邯鄲城中，有發現可將城牆上的水引流至下方的瓦製排水設施，城牆面上也有整齊排列的瓦製屋頂（《戰略戰術兵器事典》中國古代篇，P.63），這應該就是當時的防水對策。另外，還有因為洪水而造成的損害。構築於平地的城池，至少在數年之內一定會遭遇一次洪水。雖不常見如關羽進攻樊城時，洪水漲到快要淹過城牆的情況，不過就算只有城牆下半部浸到水，也會造成表面崩落。此外，在一般的狀態下，城牆的根基部位也會因為濕氣較重的關係，使版築結構容易劣化。所以條磚砌成的城牆，就是為了解決這些問題而出現的。

在四川省的廣漢縣有座東漢時代的雒城，這是緊鄰成都北面的重要軍事據點。東漢獻帝建安18年（西元213），劉備包圍由劉璋軍把守的雒城，並於翌年將之攻陷，而在包圍陣中，還曾發生軍師龐統中箭身亡的意外事件。東漢的雒城城牆與明清時代的城牆有所重疊，上半部幾乎已經消失，只有基座部位因為被新的城牆保護，因此得以保存下來。城牆寬度為9m，在以泥土構築的牆體外面堆砌有條磚。

這種堆砌方式稱為「錯縫」式，是將磚頭的接合部位以各層錯開的方式砌成。現代的磚牆也常使用這種砌法，是最容易想像的砌磚方式。

由於城牆上半部已經被剷除，因此最高的地方只留下10層而已，不過推測當初應砌得更高。條磚的尺寸為長45cm、寬22cm、厚9cm，比例大約為4：2：1，這就是歷代條磚的規格。

值得注意的是，在很多條磚上都可以看到「雒城」或「雒官城墼」的銘文，藉此可以確定此城的名稱。雒城北面有一條稱作鴨子河的大河流過，由於城池就建在河邊的微高地上，因此必曾遭遇過幾次水災。也許就是為了要防止洪水導致崩壞，所以才會用條磚來修葺城牆吧！可惜的是，除了雒城之外，並沒有找到其它同時代城池使用條磚砌成城牆的例子。

從東漢時代直到三國時代建築的城牆，比較顯著的例子是曹魏的鄴城與孫吳的武昌城。

鄴城是在官渡之戰後，曹操從袁紹手中奪來的城池，城郭的完整性幾乎可與首都相匹敵。此城在南北朝時代是東魏、北齊的首都，而在該時期，曾在曹魏首都的南側將此城擴張。中國的考古學者會將北側舊城稱為鄴北城，南側的新城則稱鄴南城，以示區別。

武昌城是孫權為了牽制蜀國劉備而構築的城池，同時也是吳的繁榮西都。在鄴北城上，有曹操為了遂行防衛目的而構築的高台樓閣，至於緊鄰長江南岸的武昌城則挖掘最大寬度有達到90m的護城河。換句話說，這兩座城池除了被當作首都，同時也充分具有要塞功能。

儘管如此，這兩座城依然都看不出來有使用磚頭的痕跡。

以條磚修葺的城池出現

進入南北朝時代之後，如同：南京、揚州、鎮江

等長江下游的城池，便開始出現使用條磚修葺的現象。南京是十朝古都，最早在吳的黃龍元年（西元229），孫權於長江右岸的清涼山構築石頭城，並在附近的平地營造建業的宮殿（太初宮）。東晉時代則置建康城，是宋、齊、梁、陳的國都。此後經過了幾個朝代，在五代時期有南唐建設江寧府城，明朝的朱元璋又將之擴建，成為現存的南京城。進入清朝後，洪秀全率領太平天國佔領了南京城，設置天王府，在辛亥革命之後則成為中華民國的首都。

孫權所築的建業城是以「土牆」與「竹籬」（竹

⬆在中國陝西省乾縣的唐懿德太子李重潤墓壁畫（西元706年）中所描繪的太子東宮門闕。台座的壁面上有用磚塊裝飾，並且鑲有唐草花紋的邊條。

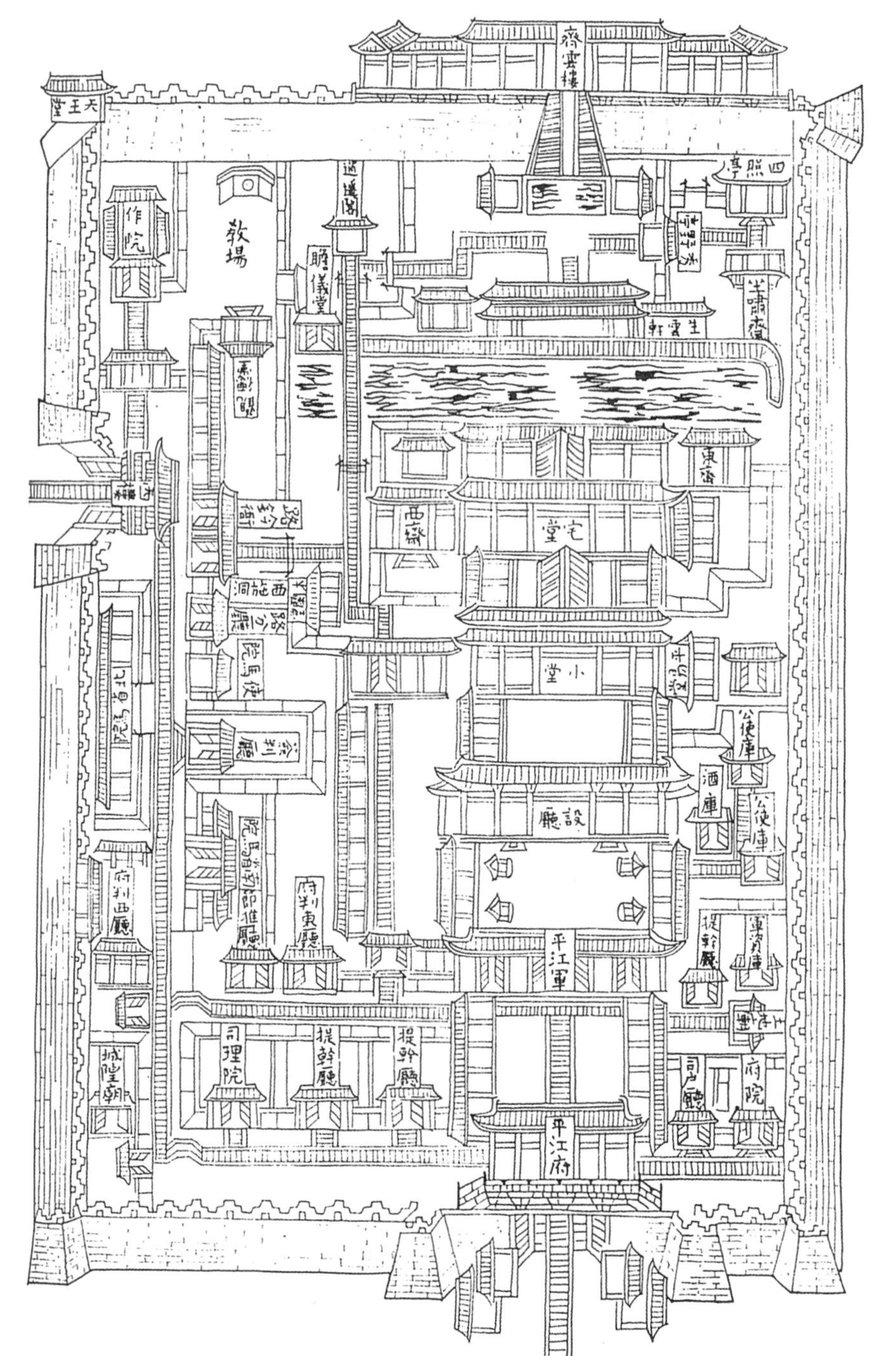

➡刻於南宋平江府圖碑上的官署城牆圖，是屬於府城的中心部分。平江府就是現在的蘇州市。可以看見城牆上有磚塊，在城門左右邊與城角的部分則有突出構造，城牆是以土城包磚的工法構築而成。此碑刻於1299年，現在收藏於蘇州市碑刻博物館中。

垣）圍起來的城池，無法承受長期包圍戰。不過根據《南齊書》等文獻記載，在東晉末年，有一部分已經使用磚頭砌造。在齊的建元2年（西元480）則幾乎改成全磚造。近年，在城的北部發現了應該是修建於南朝時期的條磚城牆，不過因為建康城在陳國滅亡之後便遭到隋朝全面破壞，因此沒有留下全貌。

鎮江與揚州是隔著長江南北對峙的都市，位於南京下游60公里處。這兩座城都是南朝的重要都市，除了是對抗北方外族的軍事要塞，同時也是水路交通據點。有關揚州城的變遷，在之後會提到曾在那裡發現應是東晉時代用於城門的条磚。

鎮江在南朝時期稱為京口，設有晉陵郡的官署與北府。北府是北伐軍的大本營。在這一帶聚集眾多跟隨晉室南遷的北方難民，形成一股大勢力，而京口就是其中的核心城鎮。根據最新的調查，使京口城的範圍得以辨明。該城位於長江南岸的丘陵上，由於是利用包夾住一座山谷的丘陵山腳地形，因此輪廓相當歪斜。城牆是以土築成，高度大約只有2～3公尺，不過因為善用丘陵斜面，因此防衛機能相當充足。值得注意的是，在城牆內外面的基座部位都有砌上條磚。從狀況來看，這磚牆應該單純只是用來防止土牆崩壞的保護壁，不過有圍繞住整座城。即使試挖出來的只有一部分，但是出土量卻已經高達數萬塊，可說是具備了磚城的面貌。在磚頭上可以看見「晉陵」或「晉陵羅城」的銘文，晉陵是郡名，羅城則是當時的稱呼。由於此城在唐代也有使用，因此裡面也包含有很多該時期的磚頭。

在南京周邊可以找到這些例子，不過在雨量較少的華北地區，磚城一直到唐代都還不甚普及，大多數的城牆都還是以泥土構築而成。就算建造出不上不下的磚牆，相對於花費的莫大經費，但在耐久性與防衛功能上卻沒有相對的效果呈現。因此，磚頭就單純只用來當作宮城的「裝飾」而已。在西晉詩人左思詠所嘆三國時代洛陽城的《魏都賦》中，有寫到「葺牆冪室」，而在《資治通鑑》裡，則有記載十六國時期後趙在改建鄴城時，有於城牆外面砌上磚塊。在東魏、北齊時代的鄴南城中，有將南門一朱明門砌上1公尺厚的磚牆，不過這也只是要讓城門看起來更為莊嚴的部分措施而已。在留存於敦煌的唐代繪畫資料中，可以看到宮殿的門闕上會用刻有花紋的磚塊裝飾，這跟現代的磁磚裝飾很類似。在以軍事施設的角度研究城池變遷時，這種「裝飾用」的磚牆基本上是可以忽略的。

進入宋朝之後，由於工商業的蓬勃發展，瓦和磚的生產量也隨之增加，因此城牆就變成能全部用磚頭建造了。北宋的開封城，在城門的地方已有使用石頭與磚塊來強化壁面。在宋代著作《事林廣記》中，於插圖裡可以看到城門與城角的牆壁會以磚頭從下層一直堆砌到上層的城池。另外，宋朝的《武經總要》裡也有刊載用磚頭包覆住城牆的城池圖畫。現存的《平江府圖》碑詳細描繪出了南宋的平江府（現今蘇州）城市構造，而該城的城牆也全部都有包覆磚塊。在當時，以條磚砌出高聳城牆的技術確實有進步，使得宋朝磚城的數量明顯增加。

如前文所述，被讚譽為世界級首都的元朝大都依然使用土牆。忽必烈雖然有好幾次想要將之改建成磚城，不過卻因為經濟上的問題而無法實現。只有在元末時，為了防備農民軍叛亂而緊急在門外建造的甕城之城門處是用磚頭確實砌成，構造相當堅固。即使是蒙古人，在採取防守時還是也會深刻察覺強化城池的必要性。

到了明朝，磚城建構技術已趨成熟且普及至全國，其磚城典範就是明朝的南京城。朱元璋在建設南京時，下令把城牆全部都以改石頭和磚頭構築，完成了一座與一國之都相襯的堅固城池。而南京城的構築方法，也是採用跟以往不同的工法。它是先

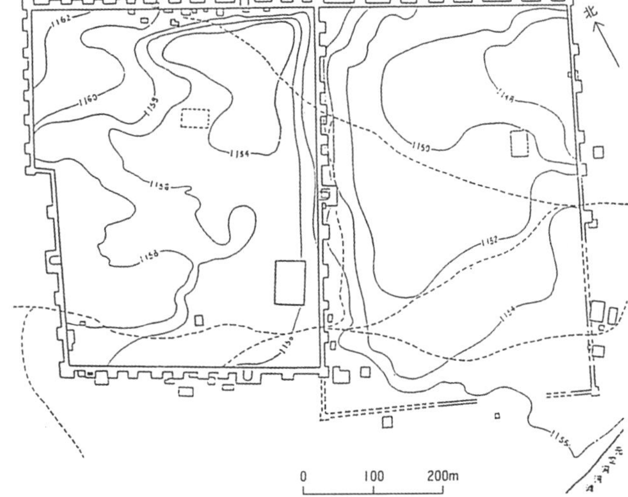

大夏統萬城

五胡十六國時代由匈奴赫連勃勃所建的城，殘存於陝西省最北端的沙漠中，是座有馬面與甕城的堅固城堡。

➲於天水麥積山石窟的西魏壁畫中看到的城郭圖
在城門左右側與城角築有高台，上面則建有3層樓閣。可以看到城牆上有用磚塊裝飾。

以厚重的磚石建構成牆體的內外壁，再於中間填充礫石與碎磚等物充實內層，上層使用石灰與糯米的混合物倒進去加固，最後再鋪上地磚防止雨水滲透。

這跟在土牆外部用磚頭加固的傳統工法大相逕庭，可將磚城特有的強韌充分發揮。至於石材則都經過精心研磨過，磚塊統一尺寸為長40公分、寬20公分、厚10公分。在磚頭上壓印製造負責人、監督官的姓名，徹底標明負責單位。在永樂帝遷都北京時，便把南京城的營造技術帶到北方去。當時在把元朝大都改建成明朝北京城時，全都是以磚頭建造而成，就連在萬歷年間開始認真建設的萬里長城也是如法炮製。現在北京郊外可以看到的八達嶺磚砌長城，就是經過這樣的歷史發展後建造出來的。

■馬面與甕城的發達

在固守城池時，除了可以使用磚頭來強化城牆本身，還有一種方法則是將城牆的平面設計變更為容易防守的構造，而馬面與甕城即是屬於這種實例。

馬面是城牆外面以一定間隔距離蓋成的向外突出部分，是一種可以用來從側面攻擊包圍住城牆之敵兵的設施。而甕城則是指構築於城門外的半圓形或方形小城，藉此構成雙重門，用以強化城門的弱點所在。由於半圓形甕城的形狀看起來像口甕，因而得名，有時也會寫成瓮城。馬面與甕城都可以在五胡十六國時代的統萬城中見到，是以較古時期來說最完整的範例。

統萬城是一座建造於陝西省北部沙漠地帶的堅固城池，是匈奴大夏國的首都。413年，大夏的首領赫連勃勃動員十萬人民建築此城，並取「統一天下，君臨萬邦」之意，命名為統萬城。城池形狀是由東西二個方城連接而成，而城體構造則是西城遠優於東城，就算從城門等處來看，也能得知是從西城先建起的。

在此則要針對西城來作介紹。西城城牆以優秀的版築工法所建構，極為堅固牢靠。在周長2470公尺的城牆上，一共有37座馬面以等間隔方式設置，馬面所在之處的城牆厚度高達30公尺。在城牆的角落也有類似馬面的突出部，而且蓋得很高聳。這是稱為墩台的設施，西南角的墩台高度即達31.6公尺。

墩台是以城牆上面的部分作為結構中心，在牆面上留有許多插入木材的痕跡，推測以前應是在四面建有向外突出的高層建築物。這種軍事設施除了用來當作向四周眺望的望樓（瞭望台），還兼具向城下敵軍投擲矢石的功能，同時也是一種可以讓城池看起來更有威嚴的樓閣。像這種建築物，之後則改稱作角樓。

在西城四方有各自的城門，城門部分也跟馬面一樣相當厚實，其中在保存狀態較佳的東門外側附設有四角形的甕城，這是現存最古老的甕城。在漢代的要塞中，則能散見不具完整、卻在門外構築L字形的障壁的甕城型態，推測這應是為防止門扉遭到敵軍直接攻擊的巧思。把門增設成更多層的這種想法，可說是順其自然出現的。

馬面在統萬城之前，還能找到更古老的實例—曹魏洛陽城的北城中。根據調查，這可能是在魏文帝曹丕復興東漢時代的洛陽城，或是西晉時代所增建的。另外，也有可能是在北魏時增設的。不過，不管是哪個朝代，都與統萬城的時期相距不遠。

除了統萬城與洛陽城之外，東魏、北齊的鄴南城

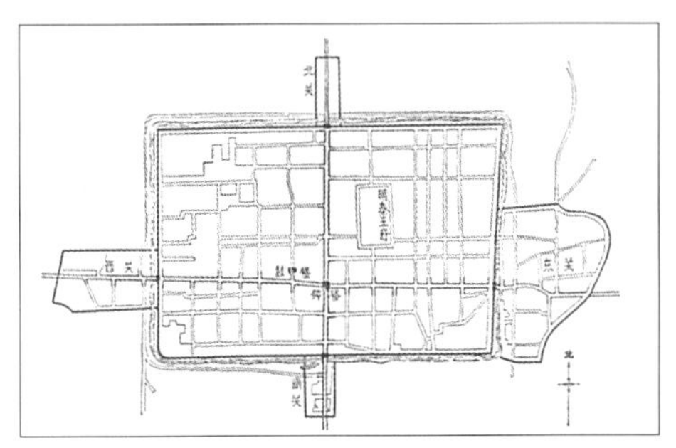

明清代西安府城
有強化四方防禦。

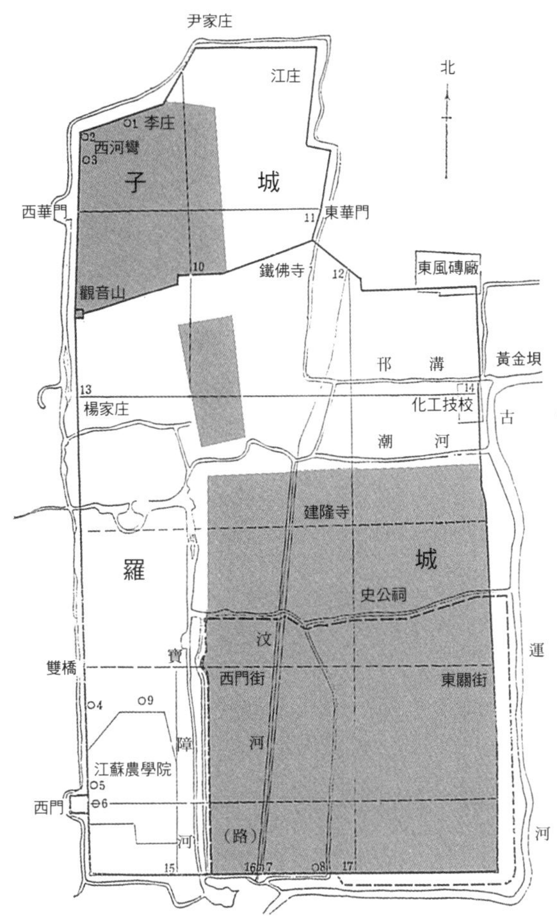

揚州城的變遷
位居大運河要衝，號稱富甲天下的唐朝揚州城，其面積隨著時代推移而縮小，不過在防守上則越趨穩固。有灰色網點的範圍是宋代的3城，可看出規模有變小。

在最近的鑿洞取樣調查之下，發現了50座馬面。由於這是一座距離統萬城建造時期120年後的城池，因此推測馬面的設置應已成為常態。

在天水麥積山石窟的西魏壁畫中，有描繪出城郭的圖畫。雖然城牆與建築物在高度上多少有點誇張變形，不過依然是能一窺當時城郭樣貌的珍貴資料。圖中的城牆側面畫有長方形的格子圖樣，有可能是用來表現磚牆的構造。不過這如果真的是磚牆，恐怕也只是裝飾用的磚頭罷了！有趣的是，在城門左右建有應是屬於馬面的構造，每座上面都蓋有三層樓閣。因此不能排除這時期的馬面並非只是單純突出，有可能也是用以承載莊嚴樓閣的設施。

馬面與甕城在進入唐朝之後，即未在京畿的城池中看到了，即使是在長安城與洛陽城的外郭城（羅城）上也是如此。原因可能是此時國內趨於穩定，圍繞著城池的激烈攻防戰隨之減少，使城池在防衛上較不需大費周章。因此，在安史之亂和黃巢之亂等叛亂發生時，長安和洛陽皆很輕易遭到攻陷。不過，在屬於邊城的州城或縣城上，仍會依據情況建造出馬面和甕城。

如同前文所述，從宋朝開始土城陸續轉變為磚城，而防衛施設也跟著充實完整。主因為時代經過了五代十國的亂世，又有契丹、女真、蒙古等北方外族入侵威脅，所以城池勢必要加以強化。在北宋的《武經總要》、南宋的蘇州《平江府圖》碑、南宋的桂川《靜江府城池圖》碑中，都可看見城郭圖上會仔細畫出甕城與馬面。

果然，城池經過戰亂後確實是逐漸進化。

城的類型與發展

城池的功用並不只是防衛而已。在文章一開始有提過，「城」這個字有包含容納人民的意思。也就是說，城池為了創造出能夠容納老百姓的環境，必須要具有充分的相關機能才行。因此，城郭的規模與設計，會一直與都市的定位與特性保持密切關係，且隨之變化。城池要建造在何處、採取多大的規模、城內的宮殿、官署、居住區和市場要如何配置，及在防衛上要設定為何種等級等等，有成千上萬的問題會讓城郭設計者傷透腦筋，進而想出奇計妙案。

如果說城郭的樣貌反映出時代需求及都市需要，那麼反推回去遍覽歷代首都的話，不僅可以藉此一窺時代特性，也能顯現出地方特色。如：洛陽、西安（長安）、開封、南京、北京等城，許多朝代都把這些城市當成首都，而在首都發展與衰退上，就跟各皇朝歷史有著很深的關聯性。城池會隨著時間而有擴大與縮小的改變，大抵上來講，在成為國都的時期就會擴大，降格為地方城則會縮小。雖然這看起來是理所當然的變化，不過若再加入軍事上的考量，事情就會變得不再單純。

以下就針對各式各樣的首都與地方城市，進行簡單的變遷介紹。

首先以揚州城的變遷當作範例。

揚州緊鄰於連結南北的大運河是水運要衝，同時也是監視北方的重要軍事重鎮，因此從春秋時代吳國開始，即逐漸發展為城池。在現今揚州市北邊，有一座稱為蜀崗的丘陵，在該處不僅有吳王夫差的邗城，就連在戰國、漢朝、六朝時代都有建構城池。而開始出現磚城的東晉時代，也曾在這座丘陵上遺留下條磚。不僅如此，隋煬帝也相當喜歡這塊土地。

唐朝初期，建築於蜀崗上的歪斜城池終於完成，命名為子城。唐朝中期，又於南側的低地增建矩形的羅城，應是用來保護沿著大小運河發展擴大的市街地區。透過在羅城西門外發現的四角形甕城，可以看出該城也具有相當正規的防衛機能，可惜這些防衛在唐末的戰亂時已遭到徹底破壞。

五代後周的世宗柴榮在958年攻陷揚州，並於唐代羅城的東南部建造一座稍微小一點的城池。這在宋朝也被當作州城使用，命名為大城。當北宋被金所滅，進入南宋時代之後，為了要防備金軍南下，因此又在唐朝子城所在的蜀崗上重新設置一座要塞，名為堡城（宋末改名為寶祐城）。接著，在堡城與大城之間又構築了第三座要塞，稱為夾城。三城守軍可藉橋梁相互連接，通力合作阻擋金軍。

在金遷都開封之後，相當於南宋版圖北門的揚州城，在守備上又更為加固，三城的城門各自都增建了甕城。在著於明朝嘉靖年間的《惟揚志》中，可在「宋三城圖」裡看到許多座向外突出的圓形甕城。軍事機能逐漸增加的揚州城，在蒙古軍滅金之後南下時，不斷抵擋住無比激烈的攻擊，即使在南宋滅亡後，依然孤軍奮戰力抗元軍。明朝的揚州城是由大城的南半部修改而成，同時也是現今揚州市的中樞。而之所以會選擇遠離蜀崗的水鄉地區，就是因為要發揮揚州的水運基地功能。

由於揚州地處要衝，因此好幾次都成為被攻擊的對象，不斷反覆著破壞與重建，是藉城池變遷探討都市歷史與定位的絕佳範例。

■15座首都的主要特徵

接著，就讓我們來列舉出從西漢時代的長安城一直到明清時代北京城這15座代表性首都的主要特徵吧！請一邊對照次頁的插圖一邊閱讀。

①西漢長安城

這是一座被高聳版築城牆與極寬護城河包圍的堅固城池，城內有長樂宮、未央宮、桂宮、北宮、明光宮等宮殿雲集，所佔面積高達三分之二，是都城中的特例。平面規劃基本上屬於理想形首都的「在四邊各開有三門的正方形」，不過北城牆因為是沿著渭水南岸的自然地形建構，因此造形會比較曲折複雜。城內的街道寬度達45公尺，而中央幅寬20公尺處屬於天子道，真不愧是天子的居城。在長樂宮與未央宮之間建有軍械庫，將城內的兵器皆置於皇帝管理之下。

②東漢雒陽城

同樣也以堅固的版築城牆圍起來。該城北邊背向台地，南側面向洛河，屬於理想的地理配置，不過容易遭到來自後方台地的攻擊。因此，雖然它的城門數量與長安一樣有12個門，不過北邊卻只有2門，南邊則增為4門。將北側的城門減少，並把北側城牆增厚以防衛突擊。由於城內有北宮與南宮兩座宮殿呈南北排列，因此城的比例變成南北較長。在城內的東北角設有軍械庫與太倉。

③曹魏鄴北城

這是曹操把袁紹的根據城擴建之後的東西狹長形城池，由於該城緊鄰漳河北岸，因此南城牆已被沖走了。在城中央附近有東西向的大路通過，把城內區域分成南北兩邊，北側主要是宮殿區。曹操在西城牆的北部建有金虎、銅爵（或稱銅雀）、冰井三座台城，在戰時可以用來瞭望及反制圍城。曹丕也仿效這種作法，在洛陽城的西北角建有一座稱為金墉城的台城。

④孫吳武昌城

這是一座跟南京的石頭城與鎮江的京口城一樣，巧妙利用長江口岸邊丘陵的城池。北側有斷崖作為天險，只在南半邊構築城牆。在城牆外側有寬度達至90公尺的寬闊護城河，防守上相當穩固，不愧是重視水軍的吳國所建築的城池。

⑤南朝建康城

晉室南遷之後，以孫權的建業城作為基礎建設此城。建康城西有石頭城，東有鍾山（紫金山），北據玄武湖，南邊則緊鄰可以通往長江的秦淮河。由於此城在隋朝時遭到徹底破壞，而且城牆也沒有蓋得很堅固，因此在復原考古研究上屬於較困難的城池之一。根據目前的復原研究，推斷它應該是屬於一座由宮城、皇城、郭城以回字形層層包圍的整齊城池，就首都的概念來說相當進步。

⑥北魏洛陽城

孝文帝遷都洛陽之後，下一任的宣武帝便以魏洛陽城為主軸，將四周設計成棋盤格狀的條坊，建成一座東西較長的城郭。這種制度經過東魏鄴南城後繼續傳至隋唐時代，並發展成為長安城的設計。

⑦東魏鄴南城

這是一座隔著漳水建於曹操所築的鄴城南邊的附設新城，根據最近的調查，已經可以了解其全貌。由於城的西南角和東南角都建成圓滑曲線，因此平面圖看起來很像龜甲。城內的街道配置成棋盤格狀，宮殿則位於中央稍微偏北之處。在城牆上有設置馬面等設施，推測應有考量軍事面需求。

⑧唐長安城

毋庸置疑，這是中國史上最大的首都，城中宮殿林立、街坊整齊，還有大規模的市場，充分具備國際都市所應有的面貌。不過長安城對於外敵的防衛較為疏忽，郭城高度只有5公尺，跟其它首都相比雖然較為遜色，但這也反映出了國家穩定的時代特性。在長安城的皇城附近建有明清時代的西安府城，府城面積雖比長安城還要小一號，不過在城池守備方面卻強化為更高等。

⑨隋唐洛陽城

可與長安城並列的首都。此城是以隋煬帝所建的東都城作為基礎，在武則天時修建。其特色是為了要保存經由大河與運河運輸而來的南方穀物，在宮城旁邊建有大規模的穀倉（含嘉倉）。

⑩南唐江寧府

五代十國時代的大國南唐之都城，與南朝建康城有部分重疊。高達10公尺的磚城順著地形綿延，宮城則設置在中央稍微偏北之處。防衛能力相當充足，在城的南半部則建有明朝的南京城。

⑪北宋開封城

以唐代汴洲城為中心，依序擴建而成的城池，是五代後梁、後晉、後漢、後周王朝的首都。由於此時期城池中心正往南邊擴大，因此在後周時期又建了一座更大的城郭把四周圍起來。這是一個隨著都市膨脹而一起將城池擴大的極佳案例，可與唐朝長安城相互對照。

⑫金中都

以遼的副都南京析津府為基礎，模仿宋朝開封城建造的金王朝首都。此城不僅靠著女真族將中國式的都城正確重現，其制度也被元大都繼承。雖然城池的防衛相當牢靠，但在蒙古軍的激烈攻擊之下仍遭到攻陷。

⑬元大都

建築於金中都東北郊外苑池地區的大規模首都，反映出蒙古帝國的理念，是座能與唐朝長安城並駕齊驅的國際都市。雖然基本設計與金大都類似，不過在城的中心部位則有積水潭等湖泊與運河，目的想靠水運來促進城鎮發展，是座連經濟要素都考量進去的高度計畫性城池。

⑭明南京城

朱元璋驅逐蒙古軍後，再度建立起漢族國家時所構築的首都。由於歷經元末的激烈戰亂，使城牆在建築上極為堅固。作為正門的聚寶門（中華門）中內藏有巨大的甕城，在構造上所追求的應是要能抵擋當時已普及化的火器。不過朱元璋並不以此為滿足，之後他把南京城郊外的鍾山都囊括在內，建構了大規模的土壘羅城。

⑮明清北京城

由元大都南半部改建而成的正式磚城。雖然當初是座以宮城為中心的方形城池，不過為了要保護位於南郊外的天壇和山川壇，在明朝嘉靖年間又於南邊增建了寬度較廣的外城。城牆上有馬面突出，門外也築有甕城，在防衛方面上的考量相當完備。可說是把以往首都嘗試過的各種經驗全部都結集為一體。

如同上述所例，歷代的首都多是因循著時代需求而設計、發展。綜觀而言，這些城池原本不甚完整的樣貌在歷經時代洗禮之後便會增加各種要素，使其完整度變得越來越高。

單就軍事方面來看，如：南京城就是不斷持續擴大，於防衛上也有飛躍性的進步。明清時代的西安府城跟唐朝長安城相比，雖然在城池面積上有縮小，不過防禦力卻反而提升，由此可知城池的防衛機能確實日益提高。另外，依據各個皇朝對於首都的不同要求，城池在面積與機能上皆會有所差異。也就是說，如重視規劃即如同唐朝長安城，如注重經濟會同宋朝的開封城，而若著眼於軍事考量則會同明朝的南京城。

因此，之所以說能在城池上看見時代特性，即是因為這種規則性相當明顯的關係。

歷代首都

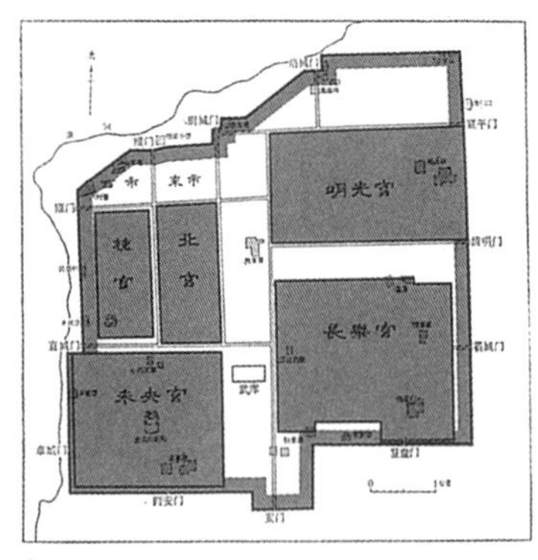

① **西漢長安城** 西安市／BC202／西漢·新·前趙·前秦·後秦·西魏·北周／6.2×6.7km／34.1km^2

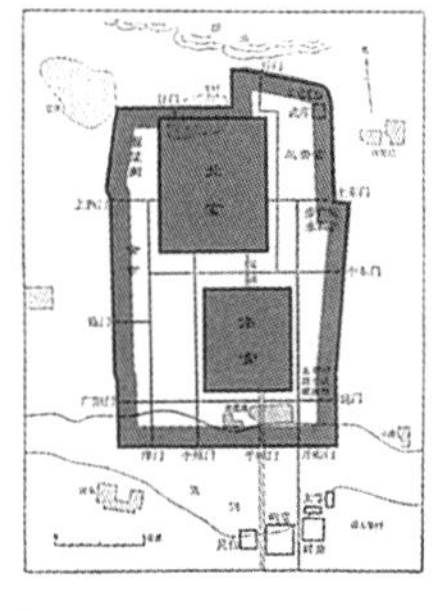

② **東漢雒陽城** 洛陽市／AD25／東漢、曹魏、西晉／2.7×4.1km／10.0km^2

③ **曹魏鄴北城** 臨漳縣／AD204／曹魏、後趙、冉魏、前燕／2.7×1.7km／4.1km^2

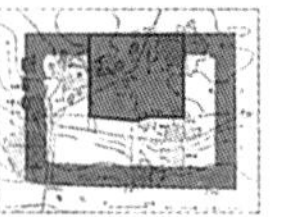

④ **孫吳武昌城** 鄂城市／AD221／孫吳／1.1×0.5km／0.5km^2

⑤ **南朝建康城** 南京市／AD317／東晉、宋、齊、梁、陳／2.6×2.8km／7.6km^2

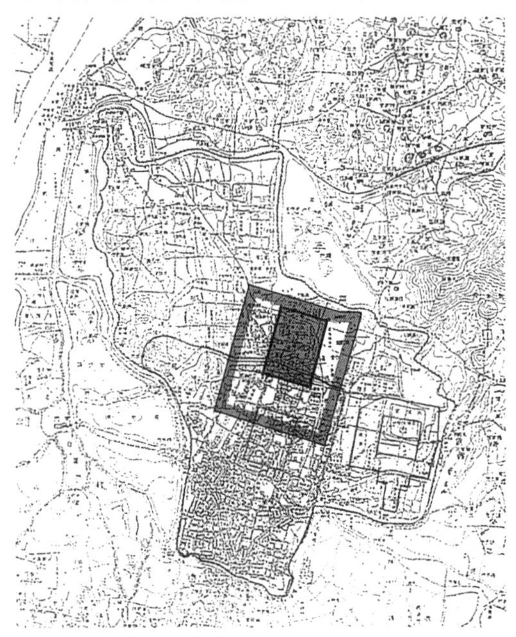

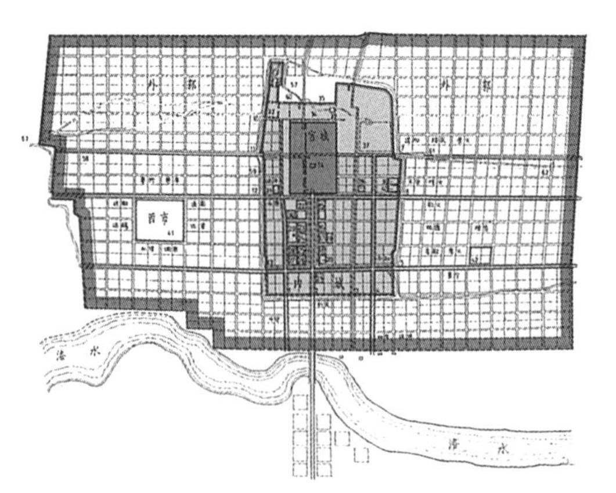

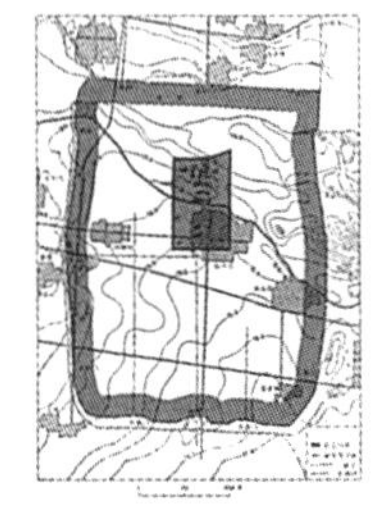

⑥ **北魏洛陽城** 洛陽市／AD501／北魏／10.6×6.0km／55.4km^2

⑦ **東魏鄴南城** 臨漳縣／AD534／東魏、北齊／2.9×3.7km／10.7km^2

⑧ **唐長安城** 西安市／AD583／隋、唐／9.6×10.9km／89.0km^2

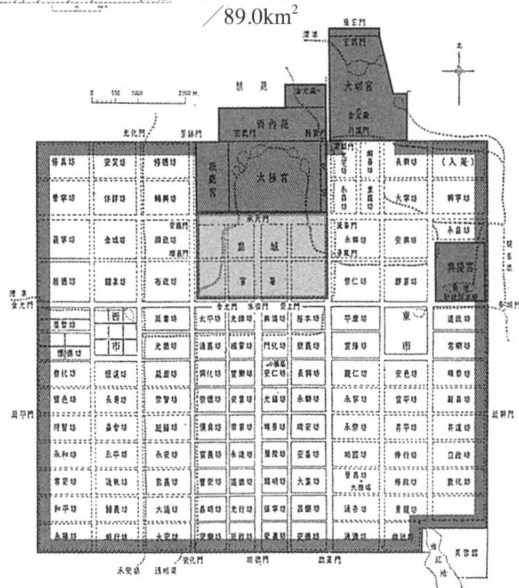

⑨ **隋唐洛陽城** 洛陽市／AD605／隋、唐／7.3×7.3km／44.9km^2

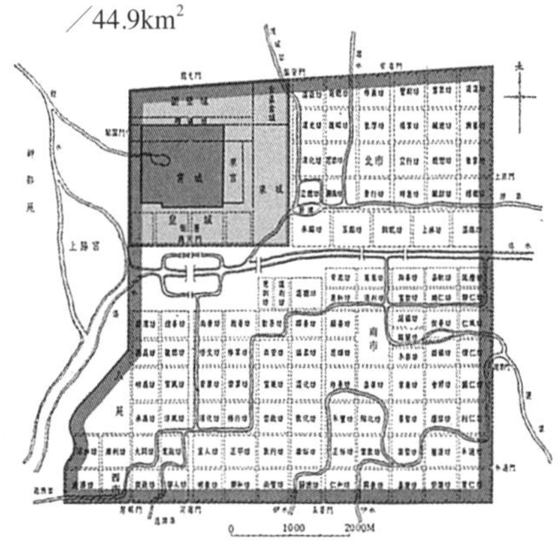

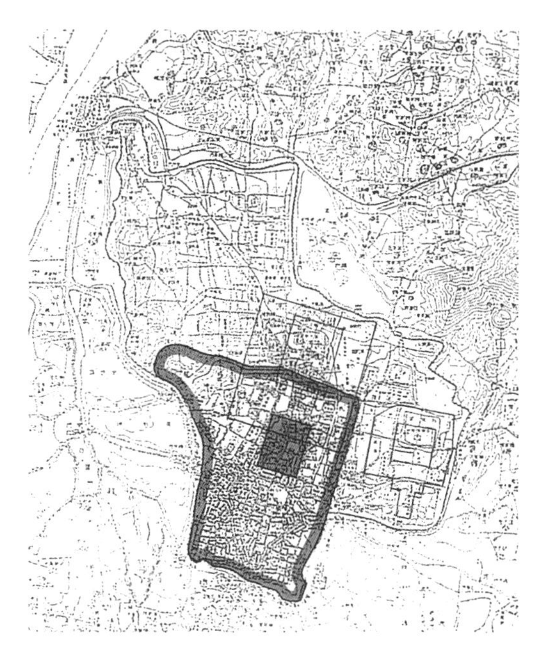

⑩ 南唐江寧府 南京市／AD914／南唐／4.5×4.5km／15.2km²

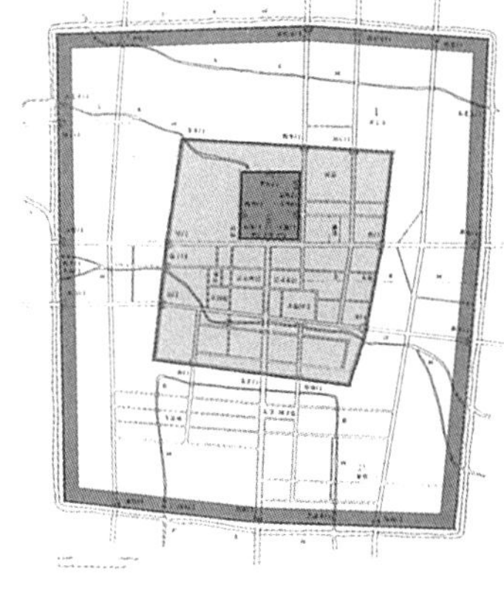

⑪ 北宋開封城
開封市／AD781
／後梁、後晉、後漢、後周、北宋、金
／6.6×7.3km
／46.1km²

⑫ 金中都
北京市／AD1151
／金／5.0×4.5km
／22.5km²

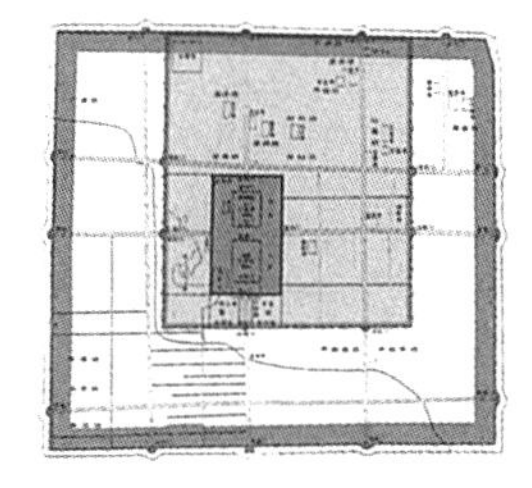

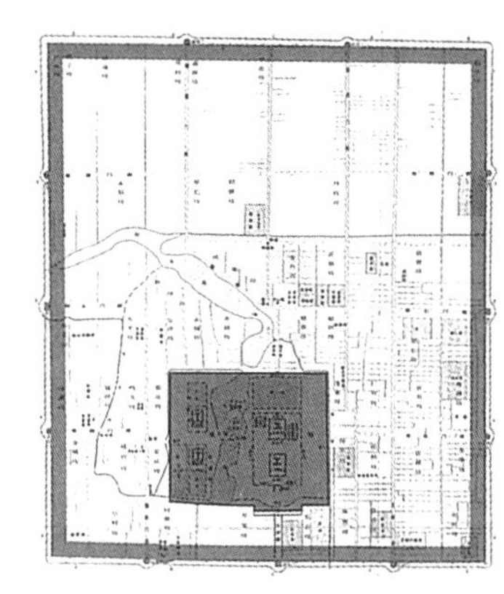

⑬ 元大都 北京市
／AD1267／元
／6.6×7.5km
／50.7km²

⑭ 明南京城
南京市／AD1366
／明、太平天國、中華民國
／9.1×9.1km
／44.0km²

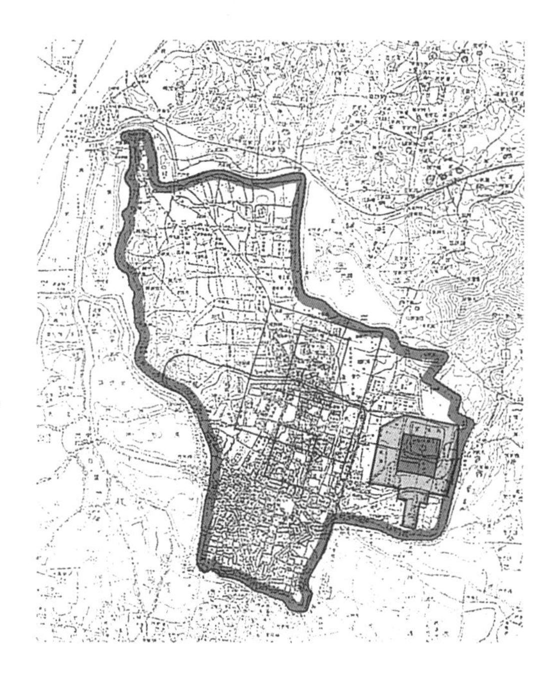

⑮ 明清北京城 北京市／AD1419／明、清／8.2×8.8km／59.3km²

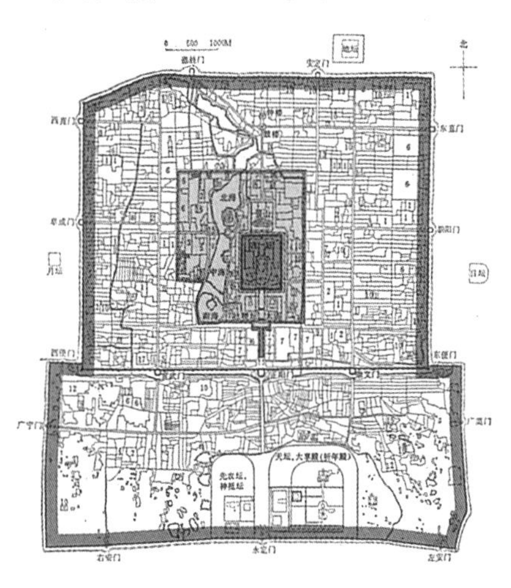

＊各都城的資料順序如下。
【所在縣市／營造開始年代／定都王朝／城郭最大範圍（東西×南北）／外郭城面積】
比例尺統一為1萬6000分之1。

- 宮城
- 皇城
- 外城郭

攻城與守城術

城池的歷史同時也是攻城與守城的歷史。
隨著攻擊兵器不斷進化的同時，
城池內部構造也變的更加堅固以防止遭到攻擊而陷落。

■因城池攻防而生的要塞變遷

以城池為中心的攻防戰，是種完全跟游擊戰不一樣的戰鬥形態。參與戰鬥的雙方立場在一開始就已經決定，攻擊方與守城方都必須分別進行各種準備。如果攻擊方只單靠手持武器衝鋒，絕對是無法跨越高聳城牆與厚實城門的，因此勢必要準備相對應的大型兵器。另一方面，守城方也不能光靠護城河與城牆來防守，必須要準備好各種對付攻城作戰的手段，否則極有可能輕易被攻陷。城池的歷史從新石器時代就已開始，而攻防的知識經驗在戰國時代大致已經確立。

在當時所著的《墨子》中，有論及破解攻擊方各種攻擊方法的防衛策略。以《墨子》為代表的守城術，在後來也有繼續流傳且發展下去。雖然沒有特別寫入兵書，不過從漢朝一直到魏晉南北朝時代，城池在防衛機能上皆有持續增強，如實反映出守城術的日益洗鍊。由於攻城術與守城術在發展上可說是相輔相成，因此對於城池的攻擊也會隨之陸續增強。特別是在宋、元朝研發出火器，並於實戰中開始發揮威力之後，城池攻防戰更是日益激化。明清時代的城牆之所以會用堅固的磚頭來建築，就是為了要抵擋重炮的轟擊。

在唐朝杜佑所著的《通典》、宋朝曾公亮的《武經總要》中，皆有關於攻守城兵器、設備的記載與插圖。而明朝茅元儀在《武備志》中解說的火器，大多數都有於城池攻防戰中使用。以下便要根據這些資料，概略解說每個戰爭階段裡各種兵器與設備使用法。

■前哨戰——是否確實掌握情勢

在贏得城外游擊戰，並把城池包圍之後，首先要採取的第一項作戰行動，就是偵察城內狀況。由於在這個階段要送密探進入城內非常困難，因此要在城外建造制高點，從外部確認守城軍的軍備狀況。

制高點在攻擊開始之後，也會成為後方掩護射擊與發送指揮必要情報的基地。在《孫子》中也有城外構築土堆的方法，可見這屬於自古相傳的基本步驟。另外，也有一種是組合一種稱為井欄的櫓，較廣為人知的有：諸葛孔明在進攻陳倉時即有使用過，是種普遍的方法。在《武經總要》中，還有介紹移動式的偵察用具「望樓車」與「柴車」。望樓車是在台車中央立起一根高聳的柱子，並在上方吊掛裝甲箱，箱子的四面則開有能向外窺視的小孔。柴車是將望樓車加上昇降功能，在組合成牌樓形的木架上裝設滑輪，可用粗繩將家屋形的箱子吊至高處的八輪車。這些車的歷史都很古老。

然而，不論是堆土山或使用井欄，都需建造於距離城池較遠之處，也會對城牆造成阻礙，使視野範圍非常有限。而且就算是望樓車與巢車，也必須要接近城池到一定程度才行，因此會容易遭到守城方的攻擊。

在城上架有「床弩」與「砲」等大型遠射兵器，守城軍會用它們來破壞敵方的櫓。床弩是一種可以把箭發射至數百公尺處的大型弩，它會固定在堅固的木台上，靠著三把弓的組合，使彈射能力增強。張弦的時候要靠數名士兵以捲揚機拉動，然後再用槌子敲下扳機進行發射。在城牆還會設置有專用的「弩台」。

砲是一種大型的投石機。它的構造是在木架上搭載裝有轉軸的長桿，由多名士兵一口氣拉動繩索拋射石頭。靠著旋轉力道與長桿的彈性，將很重的石彈拋射至遠處。在官渡之戰中，曹操用以擊毀袁紹軍櫓的「霹靂車」就是屬於這種武器。砲不僅可以在當攻城兵器時發揮相當的效用，把它裝在台車上甚至還能在游擊戰中應用。

蒙古軍在游擊戰和攻城戰中大量使用的「回回砲」，是以鐵塊或石塊來取代人力作為動力的新型砲，為攻陷南宋襄陽城的主要兵器之一。回回砲所拋射的石彈重達100公斤，據說砸落之後會陷入地面達2公尺深。砲在火器出現之後，依然還有被用

攻城兵器 VS. 守城兵器

城內偵察／窺探敵軍動靜

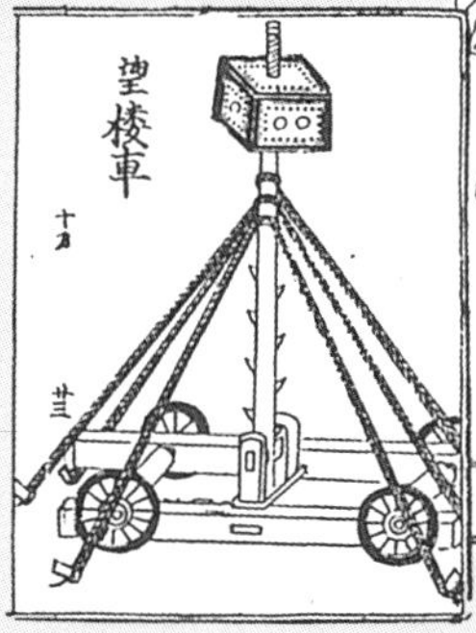

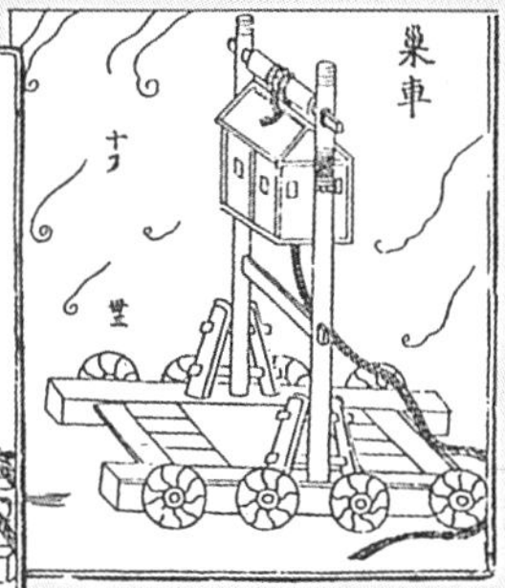

遠射投擲／瞄準之後猛攻

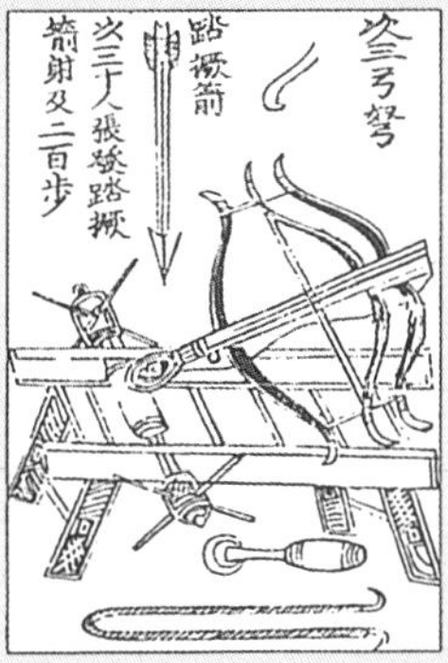

渡壕急襲／跨過護城河!

進路妨礙／過河之後就會中招！

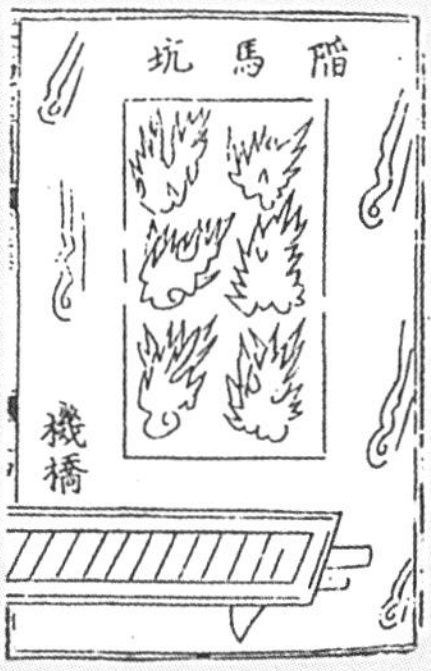

城門破壞／終於要來打破城門了

城門防禦／除了有刀牆，還有滅火法

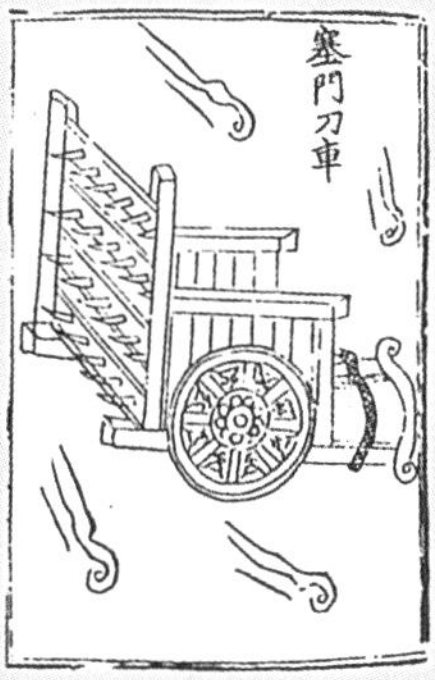

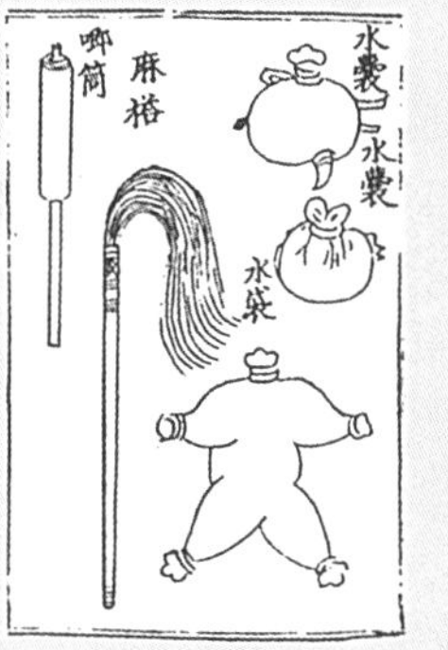

來拋射炸裂彈等投射兵器，直至明朝初期。

■填壕作戰——確保抵達城下的動線

建於平地的城池，幾乎都會挖掘護城河。如果護城河比較窄，即能使用「壕橋」或「摺疊橋」立刻通過。壕橋是種在橋板上裝有兩個輪子的兵器，可以把橋板翻轉架至壕溝上，形式相當簡單，跟兩輪的人力推車長得差不多，只能在不是很寬的壕溝上才有辦法使用。摺疊橋則是在摺疊式的橋板上裝設四個輪子，雖在稍微寬一點的壕溝上也能使用，但仍有限。不管是乾溝還是護城河，只要寬度超過數十公尺，這些移動橋就派不上用場了，必須要運來土石埋住壕溝才行。

填埋壕溝用的專用車輛有「填壕車」與「填壕

皮車」。填壕車是在前方裝有大型盾牌的四輪台車，填壕皮車則是箱型二輪車，在表面鋪有牛皮等物加以保護。這兩者都是用來安全運輸工程兵前往填埋壕溝的裝甲車，不過若只有幾輛將無法達到一定效率，應該會以數十、數百輛為單位投入，還要臨時鋪設出推進至壕溝的搬運道路。

守城方對於填壕作戰的防備，依然會使用砲與床弩等遠射兵器，而設置「羊馬城」也是用以強化壕溝的一種策略。這是一種設置於壕溝內側的土牆，在《武經總要》中可以一窺其貌，北京的紫禁城則有實例留存下來。

■攻城門作戰——攻城戰正式開始

當填壕作業順利完成之後，終於要進入正式的攻城戰了。這時的作戰階段共有三個選項可選，分別為：破壞城門的攻城門、爬上城牆的登城、破壞城牆的攻破城牆這三種方法。其中又以攻城門為最能迅速、有效率攻陷城池的最佳作戰之法。雖然城門一般來說都相當厚實，但大致上還是木製品，因此可用兵器將之擊破，或是放火將它燒毀。用來撞破城門的粗木柱稱為撞木，在內部吊有撞木的裝甲車則稱為「鈎撞車」。這種車上裝有兩片組成屋頂形狀的裝甲板，可以抵擋投石攻擊，讓破門士兵可以躲在裡面挺進至門道前。而用來在城門放火的「火車」，會在中央放有一個裝滿油的大鍋子，並於四周堆滿薪柴。它會使用炭火來將油煮沸，到達城門之後就點火讓整輛車燒起來。

雖然看似只要使用這些戰車，就能輕易攻破城門，不過實際上並沒有這麼簡單。因為城門既然是城池的弱點，在防守上當然會更加注重，並裝設有各式各樣的設備，前章所述的甕城即是其中最具代表性的一種。

甕城是增設於城門外的小城，平面形狀大多為半圓形或方形。甕城的門並不會與城門呈一直線，而是會開在側面。就算攻城軍能用鈎撞車或火車突破甕城門，但在他們挺進至內側城門之前，就會被列隊於甕城上的守備兵以矢石擊潰，簡直就像是從四方八方射殺掉入陷阱的獵物一樣。

城門的門板會用一種稱為「懸門」的升降式厚板進行補強，功能類似於現今的鐵捲門。在門前的通路上會挖洞給靠近城門的士兵跳，底部還有插上竹木槍，用以刺殺掉進去的敵兵，稱為「陷馬城」，在游擊戰中也適合用於埋伏上。但是，若有了這麼多防衛措施，城門還是被攻破時，則要從內側推出一種在前面的立板上插有大量刀刃的「塞門刀車」防止敵人侵入。

■登城作戰——最危險的攻城作戰

如果城門固若金湯無法攻破的話，就只能以跨越城牆的方式入侵了。而登城作戰則有幾種方法可用，其中不可或缺的工具就是梯子了。如果城牆較矮，只要登城士兵人手一梯，就能一氣呵成登上城牆，不用付出太大的犧牲也能攻下城池，這就是《墨子》中的「蟻傅」作戰。話說回來，如果城牆高度超過10公尺，手持梯就無法保持穩定。想一想，作戰時要一邊拿著武器與盾牌，一邊避開來自頭上的激烈攻擊，然後再順利爬上梯子，簡直比登天還難。「雲梯」就是為了解決這個問題而開發出來的折疊式梯子車。在梯子下方有裝甲車箱，士兵會躲在裡面。

在《武經總要》中把雲梯簡化，沒有車箱的四輪車稱為「塔天車」；只有一具梯子，在前方裝有女墻（凸字形擋牆）的則稱為「行天橋」。雲梯是《詩經》裡也有記載的傳統攻城兵器，有各種不同的稱呼。除了梯子車之外，還有一種使用床弩的特殊攻牆法。這是一種使用強力的床弩將粗大的箭射入城牆上，然後讓士兵踩著箭往上爬的方法。就是因為有這種攻牆方式出現，所以才需要以磚造牆。

由於登城是最危險的一種作戰方法，因此必須要有充分保護士兵的對策，其中之一是使用「木幔」。木幔是在長桿的末端垂吊一塊在背面張有牛皮的大木板，而這跟長桿則會架在一根柱子上。

柱子會立於台車中央，可以四處移動；而且由於長桿沒有固定住，所以能自由移動防護板，用以保護登城士兵。至於守城方則使用類似護盾稱為「布幔」的防具，這是在長桿末端吊有一塊用許多層布疊成的厚實簾幕，從垛牆向外伸出用以抵擋矢石，而遠程兵器竟出乎意料地不易貫穿柔軟材質的簾幕。

為了對付攻牆作戰，守城側主要會用矢石來迎戰。也就是說，他們會用弩、弓放箭，及砸石頭擊退敵軍。由於箭無法固定在弩上，因此無法射擊正下方的敵人，不過只要推進至馬面上，就能從敵兵側面或背後進行有效攻擊。設置於馬面、甕城、城角上的「戰棚」，是一種專門用來往下砸石頭的設施。戰棚上裝有保護板，可以從底板上的洞穴對敵兵頭頂進行攻擊。

在沒有架設戰棚的地方則會使用「藉車」，這在《墨子》中也能看到。是一裝有外凸平台的車，使用時會在城牆上左右移動。靠著這項裝備，即使在跨越垛牆的位置上也能安全進行攻擊。

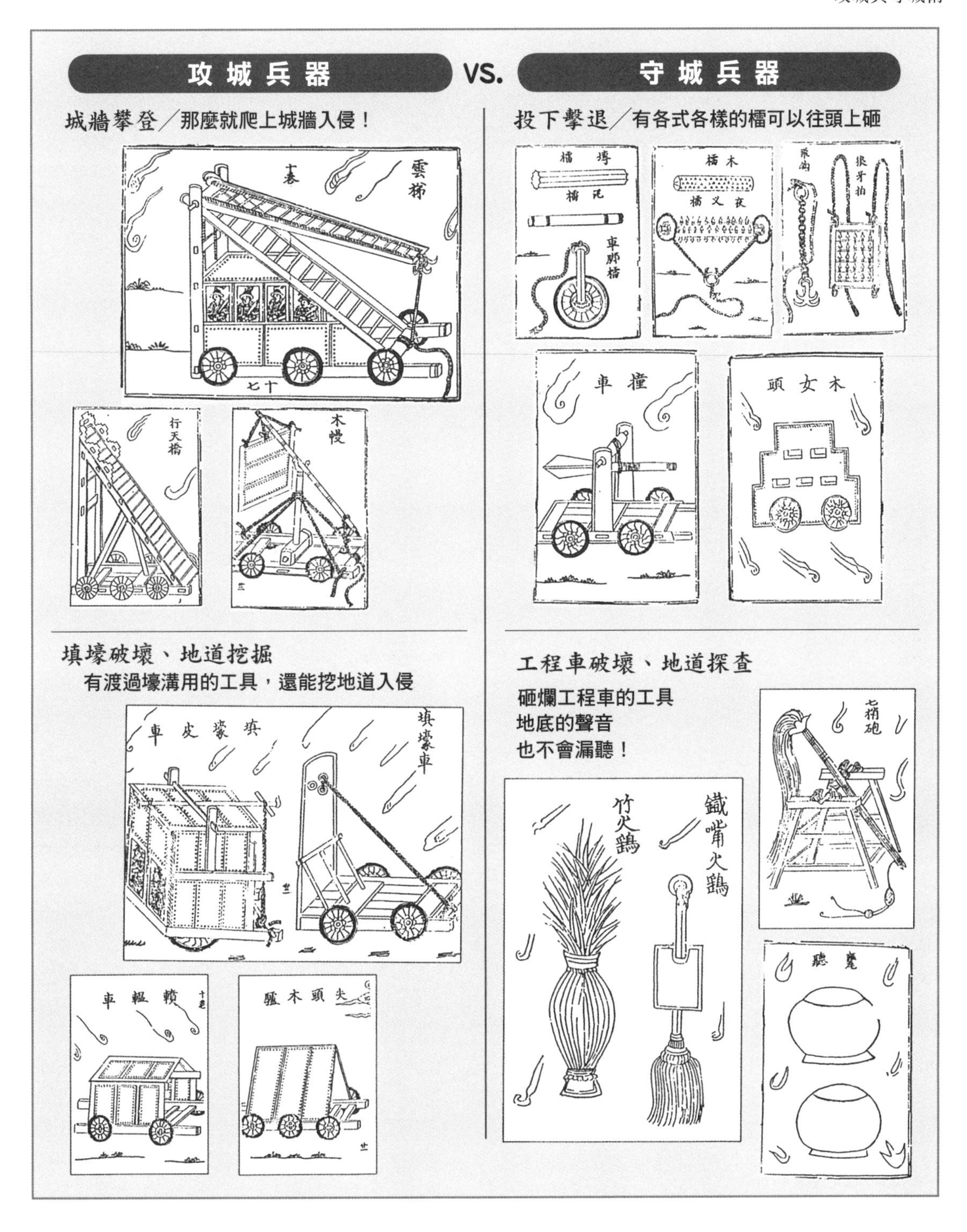

除了石頭之外，在守城上還會使用一種稱為檑的專用投落兵器。這有分成「木檑」、「夜叉檑」、「磚檑」、「泥檑」、「車腳檑」等不同種類，形狀則都是圓筒形。「狼牙拍」也是一種投落兵器，它的外型則是板狀，在底部插有無數根銳利的釘子。這會吊掛在稱為「吊車」或「絞車」等裝有吊臂的車上，並瞄準攻牆士兵砸下。在吊車和絞車上裝設有捲揚機，因此投下之後還可以用繩子把它拉回來再次利用。

到了明朝，還有研發出投下用的火器兵器。這是一種稱為「萬人敵」的陶製炸彈，在開有小洞口的圓形陶壺中塞入火藥，點火之後丟向聚集於

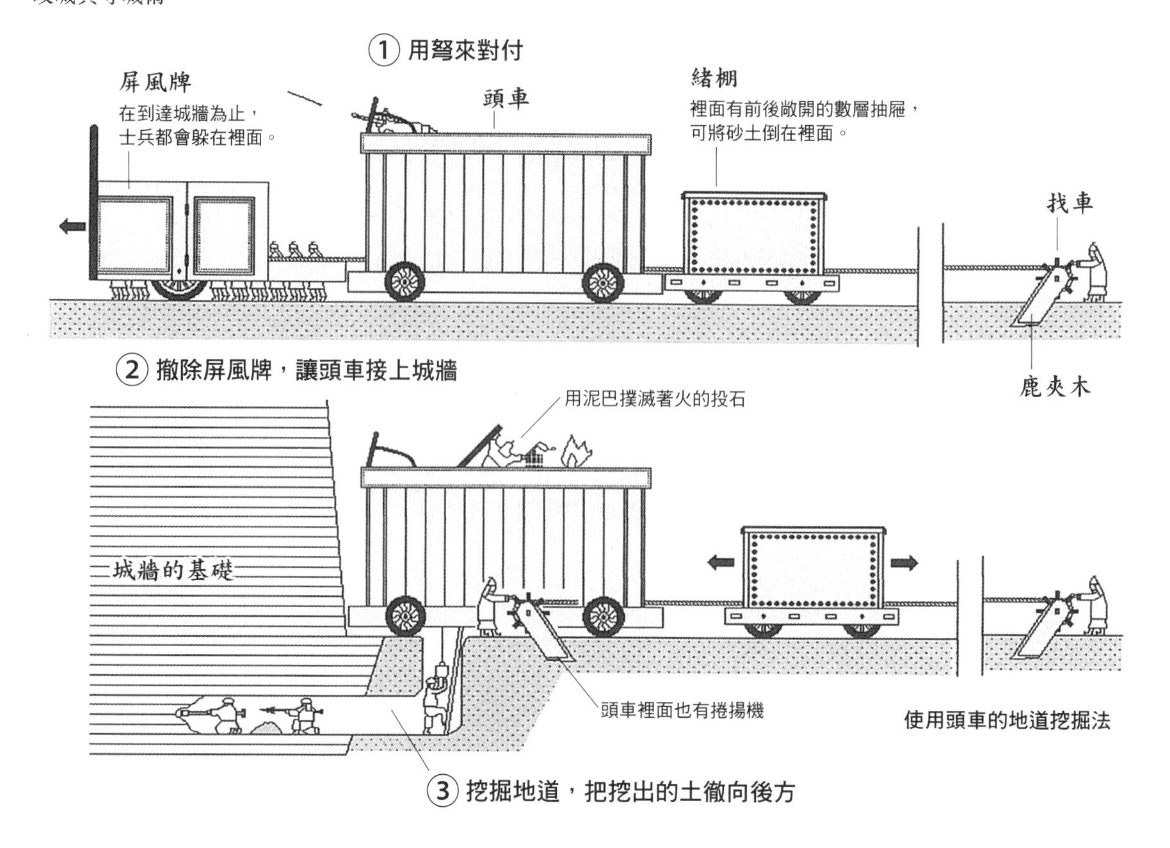

城牆下方的敵兵當中，爆炸之後就會傷亡慘重。

如果敵人在經過這樣的迎擊之後依舊靠著雲梯爬上城牆，就要出動「撞車」了。撞車是一種在木架上吊掛一根巨大鐵槍的四輪車，使用時就像撞鐘一樣讓鐵槍突出，用以破壞雲梯或將之推倒。而「叉竿」、「低籬」也都是反雲梯武器，在長桿的末端裝有多股磨利的刀刃，可以順著梯子邊緣滑下突刺，將欲登上城牆的士兵手指切斷。

攻破城牆作戰——破壞城牆與地底攻防

將城牆破壞、確保侵入路線的攻破城牆作戰，是一種比登城還要安全且有效的手段。在破壞城牆時，會使用「轒轀車」、「尖頭木驢」、「臨衝呂公車」、「鵝鶻車」、「塔車」等。轒轀車與尖頭木驢都是一種裝有厚實屋頂的台車，屬於可以保護破壞城牆的士兵不被落下物攻擊的裝甲車。尖頭木驢的屋頂斜度相當大，可以減少衝擊力道。臨衝呂公車也是一種相同原理的裝甲車，不過內部較多層，是可以一口氣將城牆從下層到上層通通破壞的大型車。至於，鵝鶻車上突出有一根前面裝有扇形鐵刀的長桿，可以破壞垛牆與城牆的上緣。塔車則能讓長桿旋轉，讓裝設在末端的耙狀鐵刀敲打城牆並破壞之。守城方為了要彌補遭到破壞的垛牆，會使用「木女頭」。這是一種裝有車輪，可以左右移動的垛牆護盾。

在城牆的地下挖掘洞穴入侵的地道作戰也是屬於攻破城牆的一種。除了可以應用轒轀車與尖頭木驢外，另外還有一種專門用於挖掘地道的「頭車」。這是在箱形的裝甲車前後連接2輛車。前車在三面裝有防盾，稱為「屏風牌」。後車則是箱形的搬運車，稱為「緒棚」。士兵會躲在屏風牌後面推進至城牆正下方，並且在堅固的本體屋頂保護下開始挖掘地道，挖出的土會陸續由緒棚運走。緒棚可以透過位於後方的捲揚機進行前後遙控操作。

為了對付地道作戰，在城內會靠著甕聽來探知入侵地點，且同時開始挖掘地道應戰。

甕聽是埋設於城牆下方井底的大甕，將耳朵湊上去聽，就能聽到攻城方挖掘的聲音。地道對地道的戰鬥相當常見，甚至還有為了在狹窄的地道中使用而開發出的「拐槍」。拐槍是一種在槍柄末端裝有T字形握把的槍，優點是可以單手突刺，且就算是插入土壁裡也能輕易拔出。除此之外，在很早之前就發展出來：在敵方地道中插入筒子，吹入有毒瓦斯的手段。

《防守集成》中的防禦用「小工具」

《防守集成》編於1853年，當時清朝內有太平天國之亂，外則承受國際列強壓力，處於內憂外患的狀態。為了要對應這種內外軍事情勢，便會特別重視「城」的防禦。因此蒐羅了古今兵書，將裡面的智慧統合起來編成本書。當然，這在當時是否真的能發揮功用則不得而知，不過裡面卻畫有自古以來的「防守」工具，令人目不暇給。那麼，就來看看這些是做什麼用的吧！

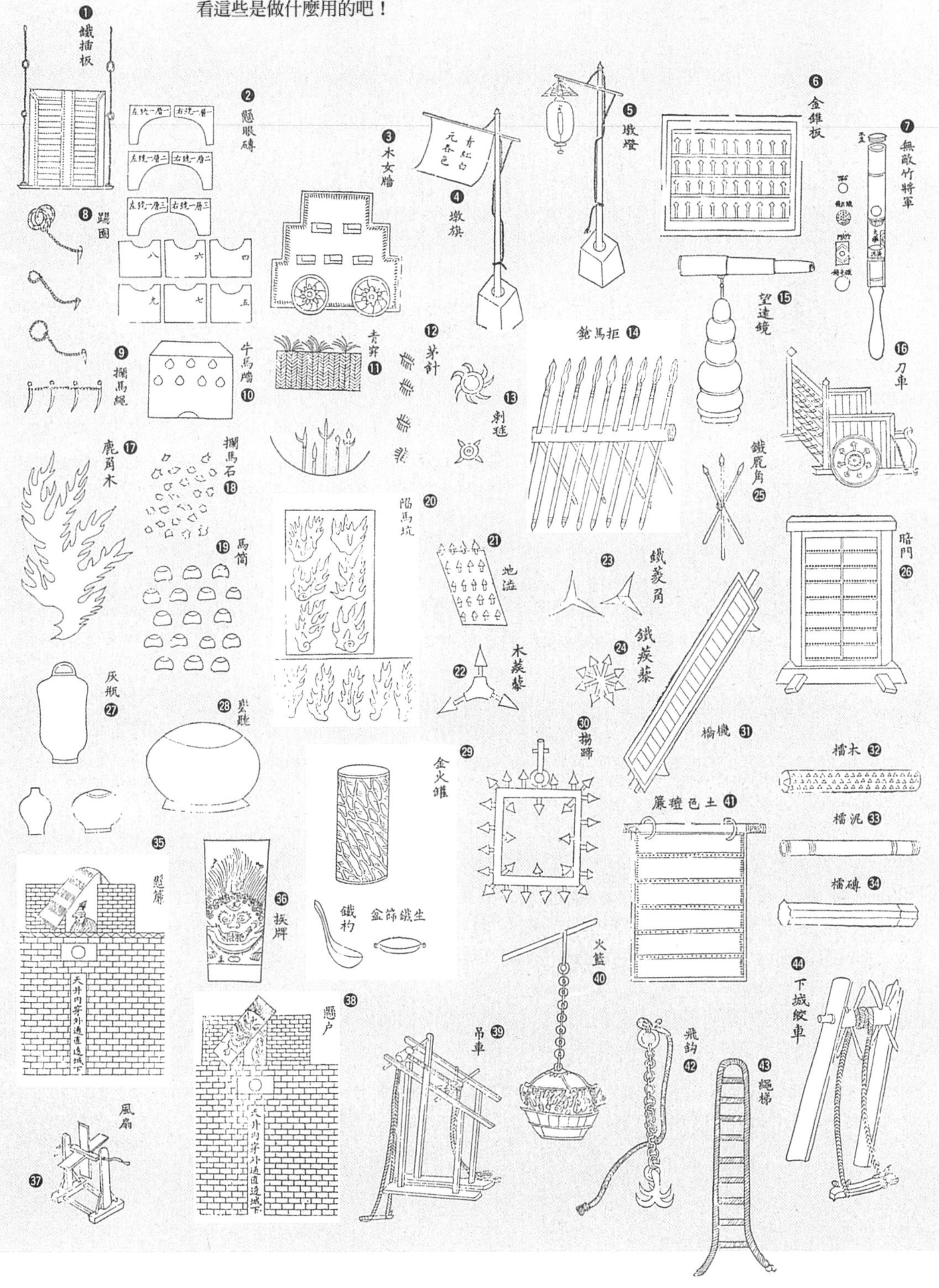

—以下為簡要說明—

❶鐵插板—上面打有鐵鉚釘的吊掛板。
❷懸眼磚—簡易的鐵砲掩蔽物。
❸木女墻—移動式退敵車。
❹墩旗—偵察隊的集合目標。
❺墩燈—與❹相同。
❻金錐板—以槍和釘阻止敵軍突襲。
❼無敵竹將軍—也就是散彈槍。
❽踢圈—用竹子和繩索絆住馬腳。
❾攔馬繩—阻止馬匹的繩索。
❿牛馬牆—置於城外的掩蔽物。
⓫青穽—以草木偽裝的陷阱坑，掉進去就會被槍插死!
⓬茅針—鋼鐵製的暗器。
⓭刺毬—與⓬幾乎相同。
⓮拒馬槍—插滿槍的防騎兵道具。
⓯望遠鏡。
⓰刀車—移動用退敵車。
⓱鹿角木—以堅硬木頭製成的拒馬。
⓲攔馬石—阻止馬的石頭。
⓳馬筒—在磚頭上插入刺，用來刺馬腳。
⓴陷馬坑—就是逆茂木。
㉑地澁—把釘子藏於地面下。
㉒木蒺藜—與㉑相同。
㉓鐵菱角—鐵製菱刺。
㉔鐵蒺藜—與㉓相同。
㉕鐵鹿角—用於戰鬥的代替用槍。
㉖暗門—出擊用的隱藏門。
㉗灰瓶—裝有撒向敵人的灰。
㉘甕聽—聽取挖掘地道的敵軍動向。
㉙金火罐—也就是手榴彈。
㉚搊蹄—打釘子阻擋馬。
㉛機橋—敵軍通過時就會翻轉的橋。
㉜木檑—打落城牆上的敵人（這種道具皆稱 檑）。
㉝泥檑—同，土製。
㉞磚檑—同，磚製。
㉟懸簾—可以擋下飛箭以觀察敵軍的垂簾。
㊱挨牌—掛在身上，使兩手可以空出來的盾。
㊲風扇—對付地道攻擊時吹入煙的送風機。
㊳懸戶—一邊擋箭一邊偵察敵情。
㊴吊車—簡易的升降機。
㊵火籃—把火把丟到敵人頭上。
㊶土色氊簾—隱身於地道中的簾幕，顏色與土相同。
㊷飛鈎—丟出去勾住敵人。
㊸繩梯—梯子。
㊹下城絞車—簡易的升降機。
㊺狼牙拍的使用方法—使用(72)來防守城牆，下方則表示藏在壕溝底部。
㊻撞車—移動式攻擊敵攻車的攻擊機。
㊼檑石架—敵人絆到繩索時石頭就會掉落。
㊽竹火鷂—裝有火藥與小石子。
㊾百子槍—未成熟的機關槍。
㊿手槍—固定型單眼槍。
(51)鑁槍—固定型散彈槍。
(52)風雨燈—風雨時的火把，上面裝有鐵板抵擋風雨。
(53)狗腳木—攜帶式踏腳台。
(54)水袋—滅火用，以馬或牛皮製作。
(55)水囊—投擲型消防水袋，以豬或羊腸製作，單人用。
(56)布幔—抵擋矢石的防具。
(57)鐵汁神車—潑灑融化的鐵水。
(58)火彈—以松酯製成的毒瓦斯手榴彈。
(59)車腳檑—檑的一種。
(60)燕尾炬—點火之後到處甩，以蘆葦製成。
(61)麻搭—沾上泥水，用來滅火的道具。
(62)神霧筒—把沙子隨風飄撒到敵人頭上。
(63)遊火鐵箱—把融化的鐵水倒進地道流向敵人。
(64)滿天噴筒—毒瓦斯兵器。
(65)石炸炮—石頭炸彈。
(66)垂鐘版—牛皮製盾牌。
(67)懸石—砸落用石頭。
(68)烟毬—遮蔽地道內敵人視線的發煙彈。
(69)霹靂火毬—與(68)相同。
(70)鐵撞木—往敵人頭上砸去。
(71)木馬子—踏腳台。
(72)狼牙拍—參照㊺。
(73)溜筒—防禦火攻的道具，一旦被火燒到就會流出水。
(74)木城—防止夜襲的器具。
(75)望樓—用來偵察敵情的樓櫓。
(76)鐵嘴火鷂—變形的火炮。
(77)夜叉檑—在榆木上打釘，可以拉回來再度利用。

【中國七大激戰】

戰役

第一次高句麗遠征
金・南宋大戰
襄樊之戰
土木之變及北京保衛戰
薩爾滸之役
李自成之亂
南京之戰

文／有坂 純
（p.102 p.112）
李天鳴
（p.106 p.116 p.128）
周維強
（p.122）
蘆邊 拓
（p.134）

※本篇【金・南宋大戰】、【土木之變及北京保衛戰】、【薩爾滸之役】、【李自成之亂】
由李天鳴、周維強重新編寫與㈱学研パブリッシング無涉，如有任何疑問歡迎聯繫楓樹林編輯部。

第一次高句麗遠征

隋vs.高句麗／612年

**因敵方水陸軍的協同作戰而挫敗
高句麗名將趁隋軍正在撤收時
以漂亮的追擊戰粉碎了隋軍**

■導致隋朝滅亡的直接原因

結束三國鼎立狀態的司馬氏晉朝，在建國僅半世紀後就被北方外族奪去首都洛陽，使得晉室逃往江南之地，隔著中原再度展開激戰時代。經過150多年的戰亂，南北朝時代暫時畫下休止符，北朝軍人貴族出身的楊堅於589年再度統一中國全土，是為隋文帝。

隋朝跟以往統一中國的政權在性質上有很大的差異。文帝出身於發跡自武川鎮（內蒙古自治區武川），隸屬北魏軍管區之一，稱為「八柱國十二將軍」的武將家系。由於他們擔當的任務是防守環境嚴峻的北方邊境，時常要與精強的外族騎兵戰個沒完沒了，因此武川鎮的軍人們之間都發展出了牢不可破的堅毅精神。另外，他們也學習外族作戰、模仿外族生活、甚至與外族通婚，因此擁有著一種嶄新的獨特文化。

文帝在建立隋朝之後，這些武將體系也就繼續成為帝國最大的權力集團。隋朝變成一個由軍人貴族統治，以軍事力量作為骨幹（無法避免的）的國

家。在檢視隋朝的政策之前，首先必須要具備有這樣的概念才行。

文帝以復興佛教、整理官制、創設科舉等政策建構出國家的框架後，便於604年過世。接著繼承帝位的是他的次男煬帝。雖然一談到隋煬帝，在稗官野史中都會把他描述成暴虐殘忍的獨裁者，不過這種暴君的形象，有很多都是來自於取代隋朝的唐朝為了強調自己的正統性而寫在正史裡面，並不具有絕對的可信度。

不過，導致隋朝滅亡的最直接原因，的確是因為煬帝三征高句麗失敗所致。

隋的高句麗討伐計畫

當時，朝鮮半島並不是一個統一國家，而是由高句麗、新羅、百濟互相持續進行長期對抗。自古以來，朝鮮半島便持續在政治、經濟、文化上受到中國的強烈干涉與影響。而隋朝的出現，對於朝鮮來說也是一大事件，因此高句麗等三國便各自對其進行朝貢，努力與隋朝這個巨大強權建立起關係。

在這三國當中最強大的就是高句麗，之所以會與隋朝發生軍事衝突的原因，傳聞是跟遼西的統治權有關。高句麗一邊與南方的新羅交戰，一邊與北方的突厥聯手，企圖要在遼河流域擴張勢力。

高句麗這個舉動，在當時的隋朝眼中當然不會全然漠視。特別是針對作為漢民族宿敵的北方遊牧民族與高句麗聯手，且在軍事上締結同盟的這點上，不論如何都必須要加以阻止才行。

西元598年，文帝因為高句麗入侵遼西，派出了懲罰遠征軍。雖然相傳兵力有30萬，但是考量到補給問題，就知道實際上不可能達到這數量。單就推理而言，取其10分之1的3萬人左右來看應會較恰當。

不過這支遠征軍在真正進行像樣的對戰之前，就已經因為疫病而出現「死者十之八九」的損害，導致必須暫時撤退。可見他們並未設定出有效的聯絡路線，兵站支援也未能充分實施。

後來因為高句麗前來謝罪，使文帝總算能夠保住面子，因此決定收兵，但是造成雙方對立的根源依然沒有解決。相對於採取節儉政策的文帝，繼承帝位的煬帝不僅在國內大興土木，對外也轉為採取以擴張為主的積極政策。在他治世初期，於東南亞和西域進行的軍事行動大多獲得成功。而再次遠征高句麗，當然也被排進他的行程表中，但由於父帝的失敗，使他意識到這並非是一項簡單之事，因此必須要先進行充分準備。

他選擇了物產豐富的江南，作為遠征軍軍需品的徵調地。為了從這裡運送物資前往北方，還挖掘一條南起於位於錢塘江河口的杭州，經由長江、淮水、黃河到達白河北岸琢州（靠近現今北京）的大運河。這項工程所動員的勞力據說每個月達到「百餘萬人」，運河於605年竣工並定策源於琢州，開始把從江南運送過來的大量物資集結於此地。煬帝在此次的遠征中親自出征，動員的兵力遠比父帝遠征時還要多上許多，數量為將兵113萬、輜重人員約200萬。即使同前，把實際數量用10分之1左右去考量，這仍是一支無與倫比的大軍。10萬的實戰兵力，跟波希戰爭中薛西斯的遠征軍幾乎是旗鼓相當的，約等於亞歷山大東征軍的3倍。

由於在611年河北發生了大洪水，使得遠征的準備花了2年才完成。612年元旦，煬帝終於讓高句麗討伐軍出發，拉起了戰爭的序幕。

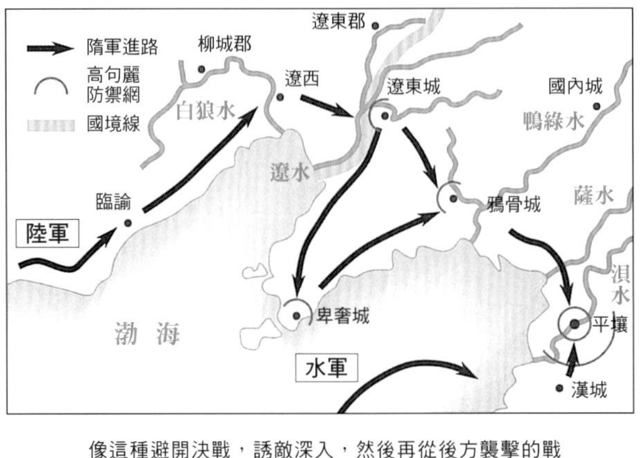

像這種避開決戰，誘敵深入，然後再從後方襲擊的戰法，已經成為這個國家的傳統。乙支文德曾寫了一首漢詩「神策究天文，妙算窮地理。 戰勝功既高，知足願雲止。」送給隋將于仲文，催促他撤退。

隋軍的計畫如下：

首先要將全軍分為陸軍和水軍。由陸軍主攻，從遼西渡過遼河，越過遼東城（靠近現今遼陽）要塞突破國境線，往首都平壤進擊。另一方面，水軍則要擔任助攻，從大同江（浿水）河口溯河而上，直接攻擊平壤。

由於遠征軍的正確規模與能力依然不明確，因此無法一概而論，不過在這項計畫中陸軍和水軍的攻擊完全是分頭進行，由此得知要展開有效的共同作戰將會非常困難。與其讓水軍去攻擊防守堅固的首都，還不如讓他們為欠缺補給的陸軍進行緊密支援才對吧！

於薩水的決定性敗北

最後，隋軍的攻擊在一開始就遭受挫敗。

陸軍於4月開始圍攻遼東城，但是因為守備隊頑強抵抗，使得一直沒有攻陷城池的跡象。而若要跳過這座控制水陸交通的要塞往東進擊則是不可能的事情，因此隋軍完全受限於遼東城。

水軍對平壤的攻擊，最後也以無效的結果收場。主要原因是聯絡線過長，而兵力又太少。高句麗軍以大量機動小部隊，充分活用地利條件，以奇襲方式在大同江流域各處痛擊隋軍。

由於隋軍在首戰即喪失了許多戰鬥能力，因此這方面的作戰宣告終止。

不知是煬帝還是隋軍哪個運氣不好，在高句麗有位名為乙支文德的軍人。雖然並未記載隋軍和乙支文德的相關事宜，但可從對戰中發現，乙支文德的確是位兼具卓越戰略眼光與戰術指揮能力的一流指揮官。

⬆對於入侵的隋軍，名將乙支文德用議和誘敵深入，最後在薩水渡河點將敵擊潰。被引誘的隋軍，無法活用數量上的優勢而潰敗，而未成熟的兵站則是導致失敗的致命要因。照片是1987年的韓國平壤史蹟公園。

6月，依然無法突破遼東城的煬帝束手無策，分派全軍的約3分之1（根據史書則為30萬5000人）往東挺進，以直接對平壤造成威脅。不巧此時卻剛好碰到朝鮮半島的雨季來臨，使得大兵力在作戰與補給上的困難度急遽升高。

而這支前去攻擊平壤的部隊，碰到的就是乙支文德。若要與具備壓倒性優勢的隋軍進行游擊戰，高句麗軍根本沒有勝算。不過乙支文德則對敵情進行詳細偵察，並得知隋軍欠缺糧食。

隋軍沒有按照當初的計畫先取遼東城再往東進擊，果然是項無謀之舉。

乙支文德先透過議和交涉等手段假裝展現自軍的劣勢與消極性，成功引誘隋軍進入鴨綠江東岸。接著，他一邊與敵軍數次交戰，一邊巧妙施展撤退戰，將情事進一步往東誘引深入。

隋軍乘勢渡過了薩水，平壤至此已近在眼前，不過他們卻因為聯絡線拉太得長，將兵也到達疲勞的極限，因此實在無法實施大規模的圍城戰。因此，隋軍又再度找上高句麗軍進行議和交涉。高句麗王提出的撤兵條件是要入朝投降，這對於水軍已經潰滅、陸軍也蒙受重大損害的隋軍來說，這已是保持體面結束戰爭的最佳策略。他們立刻接受了這個條件，並且開始撤退。

而此時正是乙支文德等待已久的戰機。他讓全軍轉為反攻，對孤立的隋軍後背進行激烈猛攻。隋軍在薩水渡河點吃了決定性的敗仗且全軍覆滅，據傳活著回到遼東城的生還著僅有2700人。

7月，煬帝停止圍攻遼東城，決定班師回朝，這就是失敗的第一次高句麗遠征。

乙支文德的存在固然對於戰局造成很大的影響，不過促使隋軍敗退的主因還是兵站問題。雖然在策源囤積有數量龐大的物資，不過因為聯絡線是設定在人口稀少且交通未發達的遼河流域，因此無法充分發揮支援。

另一個次要原因，就是高句麗的地形險阻，且氣候對於兵力也相當不利。

民變四起終至隋朝滅亡

遠征的失敗讓被課以重稅與徵召負擔沉重的民眾點燃了不滿的火種，就連在原本應該支撐國家的軍人貴族之間，也對煬帝的政策與能力產生疑問。對於他們來說，對外擴張的政策只有在打勝戰才會具有利益。

在此危機高漲之際，煬帝依然沒有改變方針，反而為了一舉打破狀況，訂定了第二次的遠征計畫，以求得華麗成果。

不過第二次遠征卻因為軍隊發生叛亂，及害怕再有第三次遠征的民眾叛亂而被迫宣告中止。後者的叛亂在瞬間便擴及至全土，逃至江南的煬帝在618年被殺，隋朝就此滅亡。

當時，同樣是武川鎮武將出身的李淵，在該年便自封為唐高祖建立唐朝。

而擊退隋朝侵略的高句麗因為國力大量消耗，在660年百濟被新羅滅掉之後，緊接著於668年被唐朝與新羅聯軍所滅，使朝鮮半島由新羅達成統一。

金・南宋大戰

金vs.南宋／1140年

為了阻止兀朮率領的金軍侵略
精銳盡出的岳家軍邁向沙場。

李天鳴

插圖／板垣真誠

插圖／板垣真誠

宋金大戰－紹興十年（1140）的河南戰役

◆戰前情勢

北宋末年，政治、軍事腐敗，宋軍缺乏訓練，戰力低弱。宋欽宗靖康元年（1126），金軍攻破汴京。靖康二年（1127），北宋滅亡。金軍將徽宗、欽宗以及趙氏宗室三千餘人俘擄北去。史稱靖康之難。

建炎元年（1127）五月，宋高宗在南京（今河南商邱）即位，重建宋朝，史稱南宋。南宋建立初期，承襲北宋的餘風，軍隊戰力依然低弱。金軍繼續年年南侵。到了紹興元年（1131），宋朝的河北、河東、山東全部淪陷，陝西、河南則大部淪陷。金國並建立傀儡政權齊國，統治黃河以南地區。不過，宋軍擅長舟師水戰。金軍在黃天蕩（建炎四年）等水戰受挫以後，從此放棄了渡越長江的企圖。而經過多年的受挫之後，若干優秀將領獲得任用，使宋軍訓練逐漸增強，戰力得以提升。宋軍已經可以在戰略守勢的作戰中擊敗金軍，例如，宋將吳玠在紹興元年的和尚原之戰以及紹興四年（1134）的仙人關之戰擊敗金軍。紹興四年，宋將韓世忠在大儀之戰擊敗金軍，韓家軍在承州擊敗金齊聯軍。使宋軍能夠保住半壁河山。而岳飛更具有在戰略攻勢的野戰中擊敗金軍的能力。例如，紹興四年，岳飛擊敗金齊聯軍，收復襄陽地區。紹興六年（1136），北上進攻的岳家軍一度打到虢州（陝州西南）、伊陽（西京洛陽西南）等地。

紹興五年，岳飛平定宋朝境內最後一股大型盜賊－洞庭湖賊楊么，宋軍主力可以專門對付金國。紹興六年，宰相張浚改採攻勢戰略部署，將主力向前移駐，圖謀北伐。齊國意圖先發制人，因此派兵南侵。十月，宋軍在藕塘大破齊軍。

紹興七年，高宗接獲宋徽宗在金國去世（紹興五年）的消息，隨即派人出使金國，要求迎回徽宗靈柩。同時，宋朝則繼續規劃北伐。高宗準備將淮西軍五萬餘人交給湖北京西宣撫使岳飛指揮，讓岳飛集中京湖、淮西兩軍兵力，大舉北伐。不久，高宗聽從都督張浚的意見而變掛，改命都督府參謀呂祉節制淮西軍。呂祉統馭無方，八月，爆發淮西兵變，淮西軍四萬人北上投降齊國。宋廷因此取消北伐計畫。

同年，金國主和派得勢。十一月，金國廢除齊國，宋金雙方展開和談。次年十二月，和議議定，內容為：金國將河南（新黃河以南－不含山東）、陝西歸還給宋朝，並將徽宗梓宮和高宗生母韋氏歸還給宋朝，高宗則對金國稱臣。紹興九年（1139）三月，宋國從金國手中收回河南、陝西地區。秋季，金廷發生派系鬥爭，主戰的都元帥兀朮殺死主和的大將撻懶。

順昌之戰

◆金軍南侵和順昌的守備

金將都元帥兀朮一直反對將河南、陝西歸還宋朝。紹興十年（1140）五月，金軍撕毀和約，兵分四路南侵。一軍進入山東，一軍入侵陝西，一軍進攻西京，兀朮親自率領主力十餘萬人進攻東京開封（汴京）。是月，汴京、南京、淮寧（陳州）、亳州先後向金軍投降，金軍也攻陷拱州、西京，佔領蔡州。這時，陳規擔任順昌知府。陳規以擅長打守城戰著名，曾經駐守德安城，多次擊退盜賊軍的進攻。

是年二月，宋廷任命侍衛馬軍司主將劉錡擔任東京副留守，率領所屬的七個軍、一萬八千人前往汴京一帶駐守。五月十五日，劉錡率領宋軍抵達順昌。劉錡向知府陳規表示：如果城內有糧食，他就能和陳規共同守城。陳規說：有米數萬斛。於是，劉錡決定留下來防守。是夜，劉錡後續的兩個軍抵達順昌，而搭載老幼、輜重的九百餘艘船隻也經由潁河抵達城下。

十九日，劉錡部署防務，派兵防守四門；又設置斥候，招募百姓擔任鄉導、間探。接著，他親自到城上督導建造防禦工事，修補崩壞的城牆，除去雜草；又準備戰具，整治器甲。這時，篦籬笆（類似大盾的一種守城器具）所剩不多。劉錡徵集城內外的若干車輛，將車輪、車轅埋在城頭上，當作篦籬笆使用。陳規也命令居民在城外構築羊馬牆（城濠內側的矮牆），並開設牆門。六天下來，城牆四周勉強能夠有所掩護，而劉錡規劃防禦，有時都沒有時間進食和休息。軍中也互相激勸，爭先整治器甲，而且都表示：他們未曾立過戰功，今天必須出力報答國家。

劉錡又下令清野，將城外的居民遷入城內，並焚毀城外民房數千家，以免被金軍利用。劉錡又派人在城外一二百里內的水井、溝澗放置毒藥，包括潁水上游和附近草地。劉錡告誡士兵，即使渴死，也不要飲用潁河的水，違令的誅殺全族。金軍剛進入順昌府境內，吃水草的立即生病，金軍往往疲困，馬也有很多暴斃的。於是，金將命士兵自行挖掘井水飲用；遇到下雨，便用杯勺承接雨水讓馬匹飲用。金軍飲水不夠，人馬因此乾燥口渴，都想速戰速決。

◆前期的戰鬥

五月二十五日，金軍前鋒抵達順昌城北約三十里的白沙、龍渦一帶駐營。是夜，劉錡派遣一千餘名宋軍襲擊金軍營寨。次日，宋軍返回城內。金軍傷亡數百人至一千人。

五月二十九日，金軍騎兵約三萬餘人，抵達城外。劉錡激勵戰士，從四座城門出兵。中午，金軍逼近城下，並施放弓箭。城外宋軍也射箭還擊。不久，宋軍退回城濠後方。金軍跟著向前，意圖奪取釣橋，並向城上射箭。劉錡等領兵在羊馬牆後方列陣。劉錡指揮宋軍用弓弩在城頭、羊馬牆後方或牆門向金軍射擊。許多金兵中箭。金軍稍微後退，劉錡又派兵加以截擊。金軍驚慌奔逃，金軍許多人馬墜入小河中淹死。

紹興十年（1140）5至6月金軍南侵河南之役經過示意圖　（作圖：林加豐）

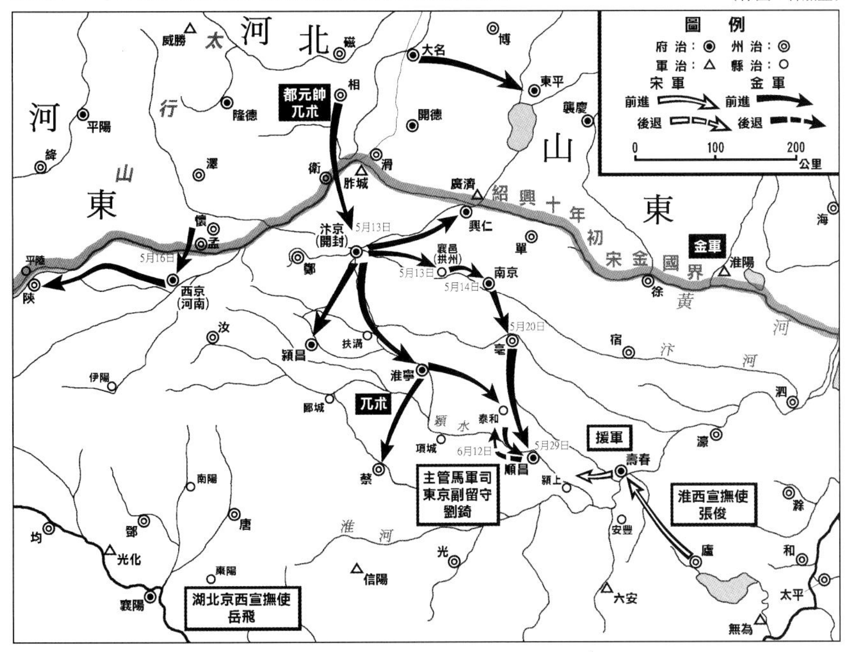

是日，金軍從城東經由城南、城西連綿到城西北，構築營壘。營壘長達十五里，縱深十餘里。夜晚敲打戰鼓，聲震山谷。是日，金軍開始包圍順昌城。

六月二日夜，劉錡派遣五百名精銳騎兵前往城東二十里李村襲擊金軍營寨，又派遣一支伏兵等金軍混亂時予以攻擊。宋軍攻進金軍營寨。是夜陰天，將要下雨，雷電交加。閃電時，宋軍一見到禿頭辮髮的便加以砍殺。金軍遭到很大的傷亡。次日，宋軍返回城內。此後，金軍日夜不敢下馬，寢食都在馬上。

這時，陳、蔡以北許多州郡都望風迎降，而順昌也曾淪陷十年左右。劉錡擔心城內有人為了苟全性命而將他出賣給金兵，所以下令順昌府的官吏和軍人百姓，一律不許登上城頭。他只讓自己的部隊上城防守。

◆後期的戰鬥

不久，順昌獲知都元帥兀朮即將抵達的消息。六月五日，順昌城內有人主張上船撤退。劉錡說：朝廷養兵，就是為了緊急時使用；宋軍撤退，被敵軍追上，老小先亂，必定狼狽不堪；不如背城一戰，死中求生。宋將紛紛請求為國效命。初六日，劉錡將東門、北門的船隻全部鑿沉，表示決定死戰，不會逃走。數日前，劉錡派遣兩名親信擔任斥候，故意被金軍俘擄，而施行反間，向金軍說，劉錡喜好聲色，貪圖安樂。兀朮大喜，決定直接攻城，而下令不必搬運鵝車、砲座同行。

初七日，兀朮親自領兵抵達順昌城外。有金兵抵達城下，用手向守軍表示：城內的人只能活三日。初八日，兀朮責備金將失利。金將說：現在宋軍今非昔比。兀朮抵達城下，見到順昌城簡陋不堪，便說：這種城池，用靴尖就可以踢倒。於是下令次日早晨攻城。

初九日黎明，兀朮率領金軍環繞順昌城，重裝步兵、騎兵共有十餘萬人。佈列的陣勢如同山壁，旗幟交錯。順昌城只有東、西兩面可以攻擊（城北面臨河川）。劉錡的軍隊不滿兩萬人，可以出戰的只有五千人。金軍首先逼近東門，瀕臨城濠。劉錡也從東門派兵出城迎戰，宋軍和金軍轉戰了一個多時辰，宋軍將金軍擊退。金軍用拒馬木排列在陣前作為掩護，稍微休息。這時，城頭鼓聲不斷，城內準備好了羹飯，讓出戰的宋軍吃飯。

這時，金國將領分別位居一個區域。宋將想攻打金將韓常軍。劉錡說：攻打韓常，雖然可以將他擊退，但兀朮的精兵還是難以抵擋；按理應當首先攻擊兀朮，兀朮一旦動搖，其他金軍就無能為力了。

早晨天氣涼爽，劉錡不再出擊。劉錡將五千名宋軍分為五隊。先準備暑藥、飯食、酒肉，接著將一副盔甲放在烈日當中曬，時常派人用手去摸，看看盔甲熱了沒。一面命一隊宋軍前來，叫他們吃酒飯，吃完稍微休息一下，飲用暑藥。摸盔甲摸了數次，還可以用手摸。劉錡按兵不動。等到盔甲燙得不可以用手摸時，劉錡叫吃飽飯的一隊從西門出戰。不久，又命一隊前來，吃飯休息完畢，叫他們從南門出擊。如此，數隊宋軍分別從不同的城門出擊，宋軍輪流出戰，輪流回來休息進食，出城和回來的都飲用暑藥。因此宋軍不會感覺太熱。

宋軍出城攻擊，排除拒馬木，深入砍殺金軍。到了下午3時左右，金軍疲憊，士氣低落，劉錡又派遣數百人從西門出擊；金軍剛剛前來接戰，劉錡隨即又派遣數千人從南門出擊。劉錡告誡將士不要喊叫，只用短兵和金軍拼死奮戰。有兩名宋將身上都中了好幾支箭，仍然不停的戰鬥。劉錡派人將二人扶回來。宋軍將士拼命死戰，攻入金軍陣中後，用刀、斧砍殺。雙方打到下午3-5時，金軍大敗後退，劉錡也收兵回城。

是役，兀朮身披白袍，騎著甲馬，往來指揮，親自率領親兵四千人接應支援。兀朮的親兵都是人披戴盔甲、馬披掛馬甲的重裝騎兵，號稱「鐵浮屠」，又稱「鐵塔兵」，特別精銳。金軍平時部署在左右兩翼的重裝騎兵，則號稱為「拐子馬」。金軍的鐵浮屠和拐子馬，自從作戰以來，所向無前，是役也被宋軍擊敗。是役，宋兵有的先用鎗挑去金兵的頭盔，再用刀、斧砍劈肩膀、頭顱。宋兵有用手和金兵拉拽相扯的，有被刀貫穿胸部還一直猛刺金兵的，有和金兵相抱一起墮落城壕而死的。有的宋將親手殺死了十名金兵之後才戰死。是役，金軍的重裝騎兵－鐵浮屠和拐子馬，列陣時排列得非常密集，騎兵和騎兵之間幾乎毫無縫隙，騎兵手持長槍，轉動不便。宋軍則是輕裝步兵，手持大刀、長斧，一直向金軍的密集隊伍衝殺過去。宋兵首先掀起金軍騎兵的馬甲，砍斷馬腳。馬腳一被砍斷，金軍重裝騎兵便連人帶馬一起摔倒。由於排列得很密集，一名重裝騎兵摔倒，便會壓倒旁邊的數名重裝騎兵。而一名重裝騎兵摔倒，旁邊的重裝騎兵採到又會絆倒。因此，一名重裝騎兵摔倒，有時會使旁邊的十餘名騎兵接二連三的跟著絆倒。所以，金軍重裝騎兵被宋軍殺死的很多。而且，金軍都已非常炎熱，盔甲、防盾如同烈火，流汗喘息不停。而宋軍則輪流出戰，飯飽體涼，負傷疲憊的立即被扶回城內調養治療。所以宋軍能夠以寡擊眾，擊敗金軍。（根據現代學者的考證，拐子馬並非三匹馬用繩索聯繫在一起的，只是金軍的兩翼騎兵，有時又是宋人對金軍騎兵的通稱。）

是日，金軍戰死的屍體和倒斃的戰馬，遍佈郊野。金軍散落的旗號、器甲，堆積起來像小山丘一樣。是日，金兵戰死五千餘人，負傷一萬餘人，戰馬傷亡三千餘匹。

金軍退到順昌城西和西南方，設立營寨。初十日，大雨傾盤。下雨稍微稍止，劉錡派遣一百餘名騎兵騷擾金軍營寨。不久，雨又下大，劉錡又派兵襲擊金軍營寨。金軍日夜都不能休息。

十一日，金軍在潁河建造牌筏，架設浮橋，開始撤退；十四日，撤退完畢。劉錡派兵追擊，順昌之圍解除。是役，金軍前後死亡的超過一萬人。

岳飛反攻中原

◆宋軍展開反攻

由於金軍南侵，六月一日，宋廷下令討伐金人，並命京東淮東宣撫使韓世忠、淮西宣撫使張俊、湖北京西宣撫使岳飛三位大將全部兼任河南北諸路招討使。此外，高宗又指示三位大將，可以乘機攻擊取勝。

六月，韓世忠、張俊分別派兵北進。是月下旬，韓世忠軍圍攻淮陽；閏六月下旬，攻克海州。閏六月中旬，張俊軍收復宿州。下旬，張俊領兵收復亳州，並在渦河擊敗金軍。但不久，張俊卻率領主力班師。接著，金軍又攻陷亳州。

六月，岳飛揮軍經由蔡州北上，反攻中原。閏六月，岳家軍數度擊敗金軍，收復潁昌、淮寧、鄭州、汝州等地。七月上旬，岳家軍收復西京及河陽南城。兩月間，岳飛又派兵渡過黃河，攻佔趙州以及河東南部若干縣城。中原大為震動。

◆郾城之戰（7月8日）

七月上旬，岳家軍分路北上進攻，主力屯駐潁昌，岳飛本人則率領輕騎兵駐紮郾城。初八日，都元帥兀朮率領拐子馬一萬五千餘人向郾城突擊，企圖摧毀岳家軍的指揮部。岳飛派遣他的兒子岳雲等迎戰。下午4時前後，宋金兩軍在郾城北方郊野交戰。為了對抗金軍的重裝騎兵拐子馬，岳飛事先命宋軍步兵手持麻紮刀、提刀、大斧，專門砍劈馬腿，不許抬頭仰視。這時，宋軍步兵遵照指示和金軍重裝騎兵肉搏廝殺，有的甚至用手將金軍騎兵拽下馬來。金軍的重裝騎兵排列得很密集，一匹馬被砍倒，會使旁邊的一兩匹或三數匹馬也受到牽連而被絆倒。金軍重裝騎兵跌倒了，便坐以待斃。這像是順昌之戰的翻版。宋軍步兵奮勇攻擊，殺死許多金兵。戰鬥中，岳雲又率領騎兵衝入金軍陣中，貫穿金軍的戰陣。雙方血戰了數十個回合，到了天色昏暗，金軍終於敗退。

◆潁昌之戰（7月14日）

接著，兀朮又率領金軍主力南下，計畫進攻潁昌，而首先前往臨潁，意圖切斷潁昌、郾城之間宋軍的交通線。七月十三日，岳飛派遣將領前軍統制張憲領兵前往臨潁一帶迎戰。張憲的前鋒將官楊再興等率領三百名騎兵進到小商橋（臨潁南），和金軍發生遭遇戰。宋軍殺死金兵二千餘人，但楊再興等三名宋將戰死。兀朮率領主力轉向潁昌進攻，而留下八千人在臨潁遏阻宋軍。不久，張憲的軍隊來到，擊破了臨潁的金軍。

當時，岳飛判斷金軍一定會進攻潁昌，因此派遣岳雲率領背嵬軍（岳家軍中最精銳的部隊）去支援防守潁昌的宋將王貴。十四日，兀朮率領步騎兵約十餘萬人（約步兵十萬人，騎兵三萬人）進攻潁昌，進到城西列陣。王貴、岳雲率領步騎兵出城同金軍交戰。宋軍步兵仍然採用郾城之戰砍劈馬腿的戰術。岳家軍人變成血人，馬變成血馬，沒有一個人肯回頭。戰鬥正激烈時，留守城中的宋軍又出城攻擊金軍。結果金軍大敗。宋軍殺死金軍大約五千餘人，俘擄番人二千餘人，擄獲馬三千餘匹。接著，兀朮率領金軍北退。

◆岳飛班師

七月中旬，淮北宣撫判官劉錡派兵北上接應岳飛。十八日，劉錡軍進到太康北方，擊敗一支金軍。同日，張憲又在臨潁東北擊敗金軍騎兵五六千人。是月，岳飛進到汴京西南四十五里的朱仙鎮，和兀朮對壘。岳飛上奏請求乘機擊滅金軍主將，收復故土。接著，岳飛首先按兵不動，然後派遣精銳的背嵬軍騎兵奮勇攻擊金軍，又將金軍擊敗。兀朮退回汴京。這時，金國高級將領的心腹，很多都率領所屬的軍隊前來投降，也有金將向岳飛表示願意投降。兩河到處聞

紹興十年（1140）岳飛反攻中原經過示意圖

（作圖：林加豐）

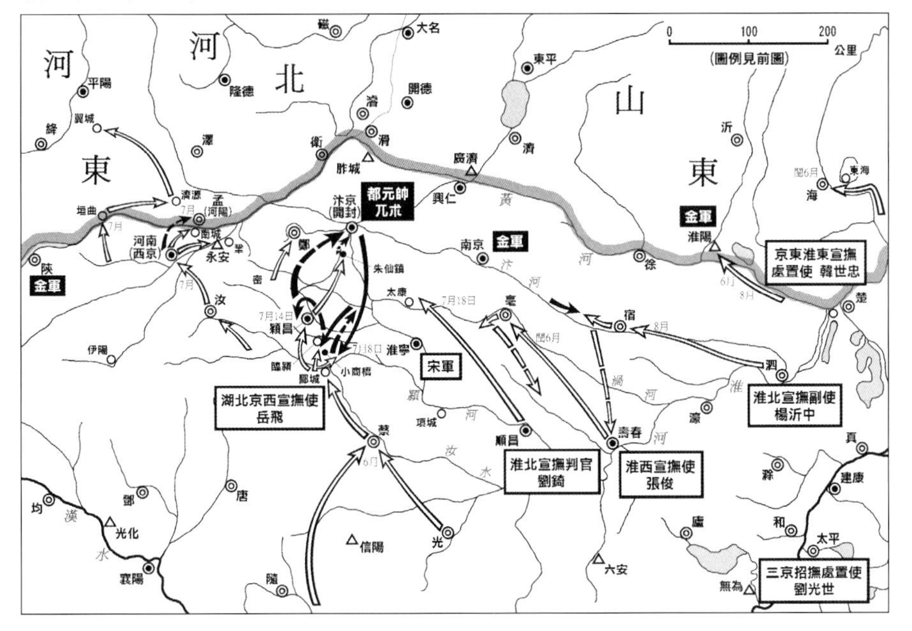

風響應，反金豪傑約定日期起兵，都用「岳」字旗作為標誌。接著，岳飛規劃渡河的日期。

當時，秦檜極力主張和談，意圖放棄淮河以北土地。七月上旬，秦檜聽說岳飛已經打到潁昌，即將成就大功，因此極力請求高宗叫岳飛班師。秦檜表示：張俊已經撤退，岳飛孤軍不能單獨留下。高宗聽從秦檜的意見，在七月十日前後，下詔叫岳飛班師。宋廷並且連續使用金字牌發送班師詔令。（連續用金字牌發送詔令，是因為顧慮有些詔令會中途遺失以及增強效果的緣故。）是月中旬，宋廷又命宋將韓世忠、楊沂中領兵北上，接應岳飛。十八日，岳飛首度接到班師的詔令，便上奏請求不要班師，而利用敵人屢次戰敗、士氣銳減的時機，繼續揮軍北上。岳飛又表示：敵人意圖北退，現在豪傑響應，士兵效命，雙方的弱態勢已經分出，大功即將完成，時機不會再來。

十八日以後，高宗獲知岳飛陸續獲得勝利。便發給岳飛手令表示：岳飛進退都要選擇有利態勢。二十二日，高宗又接到郾城之戰（七月八日）的捷報，大為歡喜，於是發給岳飛手令，不再提班師的事，而指示岳飛進退可以見機行事。同時，高宗又下詔稱讚岳飛說：自從胡人入侵，十五年來，宋軍和金軍列陣交戰不只一百次，從未聽說過孤軍深入，在平原曠野之中，對抗集中精銳的大敵，像今天這樣拼命的。

二十七日前後，高宗接獲岳飛十八日請求不要班師的奏報，知道岳飛在潁昌等處不斷獲得勝仗，而東京金軍士氣低落，有渡河北退的跡象。高宗又激發了恢復中原的雄心，而函覆給岳飛，正式同意岳飛不必班師。覆函中說：岳飛可以暫時收兵屯駐到有利地點，和楊沂中、劉錡共同協商，如果有機可乘，便和楊沂中、劉錡等約定日期同時並進；如果要暫時整休，等待機會，也必須和楊沂中、劉錡互相知會支援。

雖然如此，但原先叫岳飛班師的詔令早已發出，岳飛在尚未接到這封不必班師的覆函時－更具體說應是在高宗尚未書寫這封覆函時，已經班師了。原來，十八日以後的某一天，岳飛一日之間接到十二道金字牌傳來的叫他班師的詔令。岳飛只好奉令班師。他婉惜、怨嘆、落淚，說：十年的努力，一日之間廢棄。二十一日，岳飛開始班師。百姓大失所望，哭聲震動原野。

◆功敗垂成

岳飛班師時，恐怕兀朮知道，因此揚言要在次日揮兵渡河。兀朮聞報後，連夜率領金軍出城，向北撤退。兀朮即將渡河時，有一名前宋朝太學生在兀朮馬前跪下說：太子不用逃走，汴京可以防守，岳飛軍馬上就要撤退了。又說：自古以來從沒有內部有權臣，而大將能夠在外面立功的。兀朮終於醒悟，於是停止下來。

七月前期，高宗命宋將韓世忠、楊沂中出兵接應岳飛。岳飛班師後，韓世忠、楊沂中才領兵北上發動攻勢。八月上旬，韓世忠領兵再次圍攻淮陽，並數度擊敗金軍。七月二十五日，楊沂中領兵從臨安啟程。

岳飛班師後，秦檜也命令各大帥班師返回南方。七月下旬，金軍展開反擊。八月中旬，楊沂中前進到宿州，接著在宿州西北被金軍擊敗。楊沂中軍潰退。九月，金軍攻佔宿州。而岳飛是年所收復的地區也陸續淪陷。

紹興十年以前，能夠在戰略攻勢的野戰中擊敗金軍的宋將，只有岳飛一人。岳飛很早就開始規劃北伐，除了嚴格訓練軍隊之外，他又派人聯絡黃河以北的反金義軍和人士。因此，是年岳飛北伐節節勝利時，河北、河東反金豪傑聞風響應。當時，金軍不斷的在野戰中被岳家軍擊敗，士氣銳減。當時，如果友軍能夠配合，發動牽制性的攻勢，讓岳飛集中兵力展開北伐，還我河山的壯舉很可能就在岳飛手中完成。可惜，高宗未能善加利用。所以，岳飛班師時，怨嘆的說：十年的努力，一日之間廢棄。南宋也喪失了一個光復北方的機會。

就連利用河川的完美防禦網
在蒙古軍浩浩蕩蕩的攻擊面前
也毫無招架之力！

襄樊之戰

蒙古vs.南宋／1268～74年

虎頭山
環城
襄陽城
南宋軍（守將／呂文煥）
蒙古軍
漢　水
舟
橋
樊城
南宋軍（守將／范天順、牛富）
蒙古軍
插圖／板垣真誠

■抵擋蒙古軍侵略的防禦系統

在英雄成吉思汗的領導下朝向奪取全歐亞大陸霸權之路邁進的蒙古，與平定五代十國戰亂、在遭受外族壓迫之下依然維持中華統一的南宋，於1233年金朝滅亡之際首次交鋒。

為了爭奪金朝遺留下來的中原領地統治權，這兩大國的軍事衝突最後終於發展成全面戰爭的形態。由於北方出產的良質軍馬供給斷絕，因此南宋軍在騎兵上處於劣勢，當動員6萬人的首次中原奪還作戰失敗之後，其作戰方式就轉為採取防禦姿態。而採取攻勢的蒙古，在窩闊台統治下的1235～39年、蒙哥統治下的1257～59年，曾兩次向南宋發動大規模侵略，不過卻都失敗而歸。

歸納出蒙古軍之所以在早期會敗北的原因，大致上為以下3點。

（1）因為金與南宋的長期鬥爭，使中原完全荒廢，因此，要靠中原產物供養蒙古軍隊是不太可能的事情。

（2）由於南宋是個擁有龐大人口與堅固要塞都市群的農耕民族國家，因此蒙古軍光只靠以往在歐亞大陸施展的以騎兵為主力的機動戰，因此要確實打下南京是很困難的。

（3）南宋有長江、淮水及漢水這三大河川作為天然屏障，並且還在這些流域展開及為強大的帶狀防禦系統。

而這其中又以在1127年舊都開封被金所奪，宋朝被迫南遷的奇恥大辱「靖康之難」過後，耗費1世紀以上構築而成的第三點防禦系統上，最是令人吃驚！

三大河流域由東至西劃分為淮東、淮西、湖廣、四川4個軍管區。各軍管區皆配置有兵力1萬～數萬的數個游擊軍，且有著大規模兵站基地與相當完善的軍政組織在背後支援，不論敵從何方攻來、採取何種攻擊，都很難被攻陷。

不過這個看似完美的防禦系統，同時也是南宋最大的弱點。編制約40萬（實際兵力則遠低於這個數字）的常備軍幾乎緊貼於三大河流域上，而與其說是精確細密，還不如說已經變成錯綜複雜的兵戰組織，其官僚主義也牢牢結合於其中，使他們相當欠缺跨越軍管區的戰鬥機動力。原本用來當作國家戰鬥總預備隊的約12萬三衙兵（皇帝近衛軍團），實際上卻隸屬於淮東與淮西軍管區的指揮下，很難隨機運用調動。如此一來，南宋大部分的資源都被投入於國境線的廣大正面防禦上，也就是所謂的「封鎖線防禦方式」，不僅無法確保充分的戰鬥縱深防禦體系，而且作戰的主導權還完全掌握在攻擊方的手上。因此，只要防禦線有一處被強行突破，欠缺機動預備戰力的後方即有如一絲不掛，使整條防衛線都失去意義。

■忽必烈圍攻襄陽作戰

在兄長蒙哥於1159年陣亡之後，忽必烈打倒了弟弟阿里不哥成為帝國的新主人。他充分吸取了上述戰役的教訓，擬定了新的侵略南宋作戰計畫。他以開封作為根據地，將大量補給物資集中於此，同時還整理好河北的交通網，讓後方支援萬無一失。

攻擊目標不像過去兩次遠征一樣分散，而是專攻屬於漢水要地的襄陽，意圖針對此單一定點來突破防禦線。這跟直接攻擊相當於南宋心藏部位的淮水或是長江流域相比，必可將通過荒廢中原的聯絡線長度縮短。

蒙古軍當初動員的兵力約7萬，包括由主帥阿朮直接指揮的蒙古騎兵部隊，及投降於忽必烈的史天澤副帥麾下的中國人步兵部隊。另外，這次的遠征中不僅有出動大量攻城武器與工程兵，兵站也準備得相當充足，足以應付長期攻圍戰。

相對於此，南宋軍的湖廣軍管區總兵力約有10萬。不過駐紮於襄陽的部隊只有1到2萬，其中2千人則派去駐守位於漢水對岸的都市—樊城。

湖廣軍管區的主帥原本是出身樵夫、而後爬上一代將軍地位的沙場老將呂文德，不過他卻在戰役正準備要開打期間辭去職位。傳聞他是因為沒有事先探知蒙古軍的侵略，進而使敵軍前進至襄陽，因此引咎辭職，不過詳細狀況則不明。

呂文德辭職之後，便改由擔任襄陽知事的弟弟呂文煥上陣，對抗阿朮和史天澤的大軍。

西元1268年10月，蒙古軍開始攻擊襄陽。他們選擇採用傳統圍攻戰的要領，首先封鎖住襄陽，構築起堅固的陣地。蒙古軍靠著漢水彎曲部所形成的口袋，沿著山麓稜線挖掘壕溝與構築土壘，將整個襄陽困在裡面。這條封鎖線是採內側與外側兩層構造，不僅可以對付襄陽守軍，也能阻止南宋的支援部隊前來，整個陣形稱為「環城」。

呂文煥為了阻止蒙古軍完成環城的構築，因此從城內出擊企圖破壞陣地，但卻反被敵軍兵力壓倒而撤退。他在戰時放棄突破包圍陣之後，便以舟橋構築出襄陽與樊城的連絡線，意圖整合防禦態勢。蒙古軍在此時尚未擁有可用的水上兵力，因此無法阻止南宋軍架橋，所以就被迫連樊城也一起封鎖。這條用以對付樊城的封鎖線，應該會位於南宋軍較難接近的北岸上頭。

翌年，1269年雙方對於漢水的水上聯絡線展開攻防戰。南宋水軍在3月利用春季增水期派遣輕快艦隊實施威力偵察性的攻擊，等到7月的夏季增水期，便打算要派遣裝滿糧食與物資的大艦隊打通前往襄陽的聯絡線。雖然蒙古軍在此時已經於當地完成建造船艦與組織艦隊的工作，但是經驗與訓練較為優良的南宋艦隊還是突破了敵軍的警戒線，成功將大量補給品運到了被圍攻的呂文煥手上。不過他們在歸航途中卻遭到蒙古艦隊逆襲，受到相當大的損失。

西元1270年初，呂文煥率領步騎1萬出擊，針對蒙古軍封鎖線最脆弱的漢水上游南岸萬山陣地進行攻擊，但是卻失敗撤退。

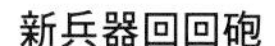

新兵器回回砲
相當於投石機吊臂的部分在尾端（有齒的地方）具有配重效果，靠著重力產生的歸位力量來拋投石彈，另外也有其他形式。（插畫／中西立太）

決定攻圍戰結局的「投石機」

西元1271年，忽必烈於此年定國號為「大元」，南宋軍終於完成了解決襄陽之圍的大反攻作戰準備，其兵力包括三衙兵在內，水陸聯合起來共有精銳10萬。指揮官是殿前指揮使（近衛軍團長），與呂文煥親近的范文虎。為了從國境線的防禦系統中抽調出兵力，編組出規模如此龐大的機動部隊，實際上花了超過1年的時間。

阿朮得知這消息之後，便向忽必烈提出增派數萬兵馬至前線。

范文虎軍在4月從兩淮出動，自長江直接進入漢水。阿朮則是等著增援抵達，以和敵軍相同數量的10萬兵馬進行對戰。

在經過幾回前哨戰後，雙方於6月在襄陽下游的鹿門山麓展開了正式交戰。南宋軍分水陸兩路進攻，但是水軍卻因為大河增水的關係導致溯江困難，陷入了不利的局勢中。

相對於此，阿朮將自己的艦隊分成3支，他應該是先以中央部隊朝南宋艦隊正面發動突擊，等敵方陷入混亂之後再讓其他2支部隊對兩翼展開襲擊。南宋艦隊因此潰敗，失去水軍支援的陸上部隊也跟著瓦解，戰爭至此宣告失敗。

呂文煥接到范文虎軍大敗的消息之後，心裡便已明白從外部來的救援希望渺茫，便決定採取最後一搏。他讓守軍進行最後一次出擊，攻擊位於封鎖線最南端的百丈山蒙古軍陣地，可惜依然被擊退。

雖說如此，堅固的襄陽城已經持續抗戰了2年之久，且眾將士對於呂文煥的信賴也未曾動搖。至於物資的儲備方面，雖然已開始缺鹽，但是1272年也有湖廣軍管區的敢死隊以舟艇機動的方式抵達提供補給物。

最後決定圍攻戰結果的，是忽必烈送達前線的新兵器。這是由從西方的伊兒汗國找來的2位穆斯林技術人員所製作出的「投石機」，是一種波斯式的巨型投石機。這跟靠人力發射的中國式投石機相比，是以配重塊作為彈射動力，在投射重量與射程上皆優秀許多。

西元1273年春季，投石機在前線完成組合，並首先朝著防禦較脆弱的樊城開始射擊。經過1個月的射擊，城牆終被打開了破口，讓蒙古軍攻入了城內。他們將舟橋燒毀以孤立樊城，經過巷戰之後便壓制全城。

11月，投石機開始對襄陽射擊。城內的建築物與防禦設施接連遭到破壞，守軍則是束手無策。奮戰至此的呂文煥，此時也認清已無反攻的可能，終於在翌年3月回應蒙古軍的勸告而投降開城。

由於襄陽的陷落，使南宋的防禦系統已宣告崩壞。1274年，忽必烈動員28萬大軍以襄陽作為新的根據地，席捲南宋的後方。南宋軍則幾乎已無法展開超越軍管區的組織性抵抗，1276年，首都臨安在沒有經過什麼抵抗之下就被攻陷。這就是國家過度依賴看似複雜精巧、卻過於僵硬沒有機動性的防禦體系的下場。

附帶一提，在襄陽圍攻戰中發揮關鍵效果之一的投石機，中國後來把它稱作「回回砲」（也就是「伊斯蘭砲」的意思）或是「襄陽砲」。

文 有坂 純

土木之變及北京保衛戰

瓦剌 vs. 明／1449年7月～10月

李天鳴

土木之變

◆瓦剌也先入侵

元朝滅亡，蒙古退回漠北今外蒙古一帶，以後改稱韃靼。明成祖時，明朝西北沿邊的蒙古別部瓦剌崛起，勢力逐漸擴張。明宣宗時，瓦剌部首領脫懽統一瓦剌、韃靼兩部，擁立元朝後裔脫脫不花為韃靼可汗，而自任丞相。明英宗時，脫懽去世，子也先承襲相位，自稱太師淮王，繼續向外擴張，降伏東面的兀良哈（蒙古別部），並待機入侵明朝。

明英宗時，軍政廢弛，明軍戰力低弱。明英宗又寵信宦官王振，以致宦官專權，政治腐敗。

明英宗正統十四年（1449）七月，瓦剌太師淮王也先以明朝對瓦剌貢使沒有足夠的賞賜為由，分兵四路，進犯明朝邊境，進行一場襲擾和掠奪作戰。其中，韃靼可汗脫脫不花進攻遼東；知院阿剌進攻宣府（今河北宣化）；一支騎兵進攻甘州（今甘肅張掖）；也先親自率領騎兵二萬人進攻大同（今山西大同）。

十一日，也先軍進到貓兒莊（今內蒙古察哈爾右翼前旗東南），明朝大同右參將吳浩率領明軍迎戰，兵敗而死。十五日，大同總督宋瑛、總兵官朱冕、左參將都督石亨領兵在陽和口（今山西陽高西北）迎戰。這時，王振的親信宦官郭敬擔任監軍，將領都受他節制，明軍散漫而無紀律，結果全軍覆沒。宋瑛、朱冕戰死，石亨逃回大同。大同以北城堡相繼失陷。

是月，知院阿剌率領北路軍從獨石口（宣府東北）南下，七月十五日圍攻馬營堡（今河北赤城西北）。十八日，守備楊俊棄堡而逃。阿剌攻陷馬營堡，接著又攻陷永寧城（今河北延慶東北）。七月中旬，脫脫不花率領東路韃靼軍三萬餘人圍攻鎮靜堡（今遼寧黑山西北），明軍奮勇抵抗，脫脫不花解圍離去。二十日，脫脫不花攻打廣寧城（今遼寧北鎮），明軍固守城池。是役，遼東方面，韃靼軍攻陷驛堡、屯莊18處，擄去官員軍民13000餘口，馬6000餘匹，牛羊20000餘隻。

◆英宗御駕親征

也先入侵的消息傳到北京，宦官王振極力慫恿明英宗親征。兵部尚書鄺埜、兵部侍郎于謙反對。吏部尚書王直等也上奏反對親征。他說：邊區只要守備嚴密堅固，敵人入侵，朝廷只要增派良將精兵前往，再堅壁清野，等待時機；敵人前進不得，又無從擄掠，人馬疲困，明軍必然可以獲勝，不必皇上御駕親征；何況秋天暑熱正盛，青草不夠多，水泉乾澀，不夠人畜使用。但英宗不聽，七月十五日下令親征。命令下達之後第二日便出發，事出倉促，舉朝震驚。明廷命太監金英輔佐郕王朱祁鈺（英宗弟）留守朝廷。十六日，英宗率領明軍五十萬人出發，一切軍務交由王振專斷。

十七日，英宗率領明軍抵達龍虎臺（北京附近）。是夜，軍中發生夜驚。大家認為是不祥之兆。十九日，英宗一行通過居庸關；二十一日，抵達懷來城西；二十三日，抵達宣府。這時大風大雨，邊報更加緊急。扈從群臣請求英宗駐蹕宣府。王振大怒，令群臣親自前往部隊中掠陣。

二十四日，英宗一行抵達雞鳴山，軍中都恐懼。英宗一向將各類事務都交付王振辦理，這時王振更加跋扈囂張。成國公朱勇等要向王振報告事情，跪著用膝蓋走向前。王振令戶部尚書王佐、兵部尚書鄺埜管理老營。王佐、鄺埜先行離去。王振大怒，命兩人跪在草地上，到黃昏才起來。欽天監正彭德清勸王振說：敵人聲勢如此強大，不可以再向前進，假使有什麼疏漏，會使天子陷入草莽中。王振大罵彭德清說：假使如此，也是天意。

二十八日，英宗一行抵達陽和城南。十五日的陽和之戰，明軍全軍覆沒。這時，僵硬的明兵屍體佈滿荒野，明軍更加心寒。而瓦剌也先軍見明朝大軍西進，也避開明軍，逐漸退往塞外，意圖引誘明軍深入。明軍尚未抵達大同，已經缺乏糧食。八月一日，英宗一行抵達大同。

◆明軍班師

八月二日，王振準備進軍北上。王振的親信鎮守太監郭敬秘密向他說：如果北上，正好中了敵人奸計。王振才開始懼怕。明軍出了居庸關以後，連日來不是風便是雨；抵達大同，暴雨又突然降臨，人們都驚慌疑惑。王振便決定班師。英宗命廣寧伯劉安擔任總兵官，都督僉事郭登擔任參將，鎮守大同。

八月三日，英宗、王振率領五十萬大軍從大同出發，向東撤退。是夜，明軍抵達雙寨兒（大同附

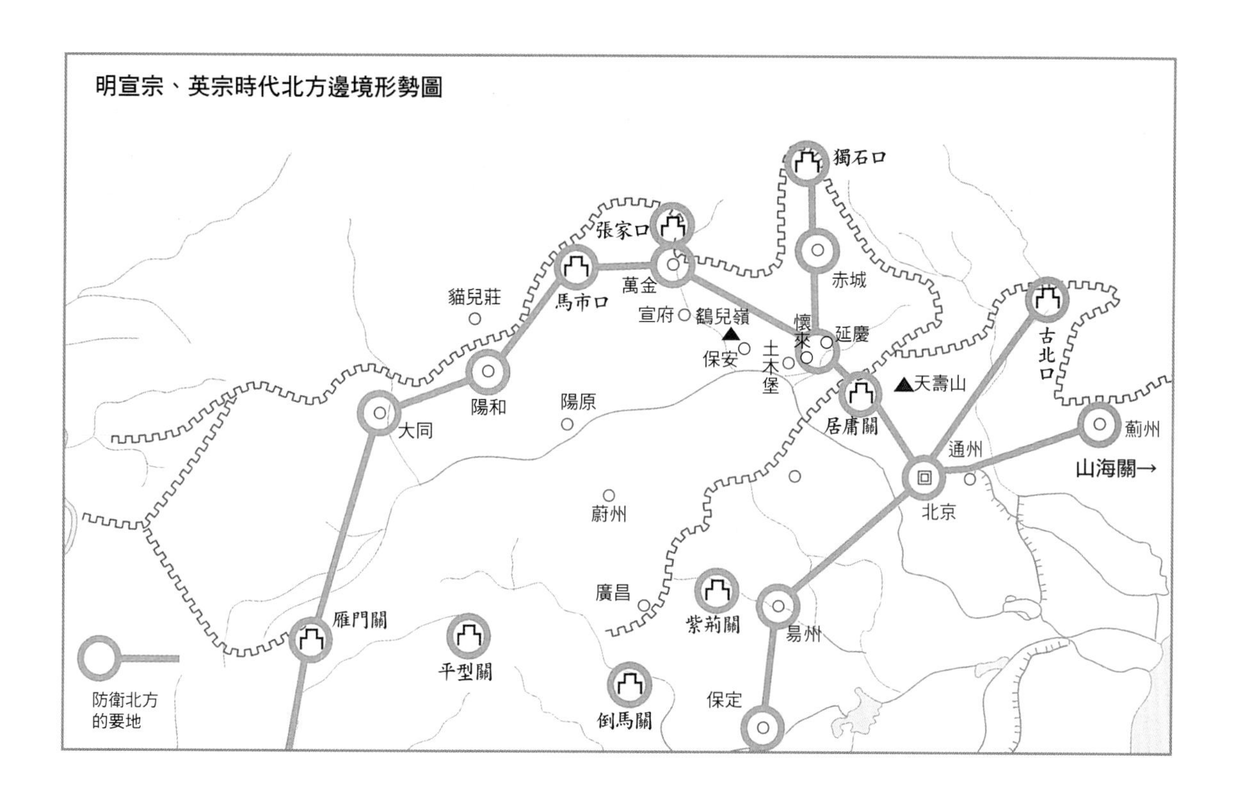

近），紮營完畢，有黑雲像傘一樣覆蓋在營寨上方。不久，雷電風雨交作，營中驚恐混亂，整夜不停。當初，王振決定經由紫荊關（今河北淶源東北）東歸。王振是蔚州人，起初想邀請英宗前往他的家鄉，不久又擔心大軍會損壞他家鄉的田園，於是又決定改走宣府一路，以致明軍側翼正好暴露在瓦剌軍的攻擊之下。

初六日，英宗抵達白登（今山西陽高東南）；初七日，抵達懷安城西；初十日，抵達宣府。這時，兵部尚書鄺埜上章請求英宗迅速奔馳進入居庸關，重兵殿後。沒有回音。鄺埜前往行宮再申前請。王振大怒說：腐儒如何知道兵事，再說一定死。王振又叫左右將他扶出去。十一日，英宗抵達宣府東南；十二日，抵達雷家站（今河北新保安）。十三日，英宗即將啟程，宣府傳來諜報說：瓦剌軍襲擊明軍殿後部隊。英宗便駐紮下來。王振並不準備決戰，只派遣恭順侯吳克忠擔任後衛抵禦敵人。吳克忠戰敗陣亡，全軍覆沒。傍晚，王振接到戰報，又派遣成國公朱勇、永順伯薛綬率領明軍四萬人前往抵禦。朱勇、薛綬進到鷂兒嶺（今新保安西北40里），遭到瓦剌軍伏襲，又全軍覆沒，朱勇、薛綬戰死。

◆土木堡之戰

八月十四日，英宗率領明軍退到土木堡，東面距離懷來城（今河北懷來東南）只有二十里。這時天尚未黑，隨從官員主張進入懷來城。王振為了等候他的一千餘輛輜重車，因此不答應，而下令在土木堡紮營。是夜，瓦剌軍跟蹤追擊而來，將明軍包圍。土木堡地勢較高，無水源，明兵掘井深達二丈餘，仍然見不到水。堡南十五里有一條河流，已經被瓦剌軍所控制。於是，明軍整日斷水，陷入人馬饑渴的窘境。是夜，一部瓦剌軍從土木堡西北的麻谷口展開攻擊，明將都指揮郭懋領兵防守隘口，奮戰了一整夜，但瓦剌軍不斷增多。

十五日，英宗率領明軍準備啟程東歸，由於瓦剌騎兵環繞著明軍營陣窺伺，於是停止下來。瓦剌軍假裝撤退。也先派遣使者前來明軍軍營，假裝說要議和。英宗便派人前往瓦剌軍營談判。王振以為和談即將告成，因此下令拔營，越過濠塹朝南向河川移動以便取水。明軍一移動，迴轉之間，陣勢已經混亂。明軍南進不到三四里，瓦剌軍趁機派遣騎兵從四面向明軍展開衝擊。明軍突然遭到襲擊，隊伍更加混亂，明兵爭先恐後的奔逃，勢不能止。瓦剌騎兵突破明軍的陣勢，衝入明軍陣中，揮著長刀砍殺明兵，並大喊解甲投刀的不殺。許多明兵赤裸袒裎互相踐踏而死，明軍大敗潰散，屍體遍佈郊野，阻塞河川。是役，明軍傷亡數十萬人，英宗被俘。英國公張輔、兵部尚書鄺埜、戶部尚書王佐、學士曹鼐等數百名官員遇難。瓦剌軍擄獲明軍騾馬二十餘萬頭，以及無數衣甲、器械、輜重。史稱土木之變。英宗被俘前，明朝護衛將軍樊忠不滿王振專權亂政，而痛罵地說：他要為天下誅殺這個賊人。因此在混亂中將王振殺死。接著，樊忠衝向瓦剌軍，殺死敵兵數十人，最後也戰死。

土木堡之戰經過示意圖　（作圖：林加豐）

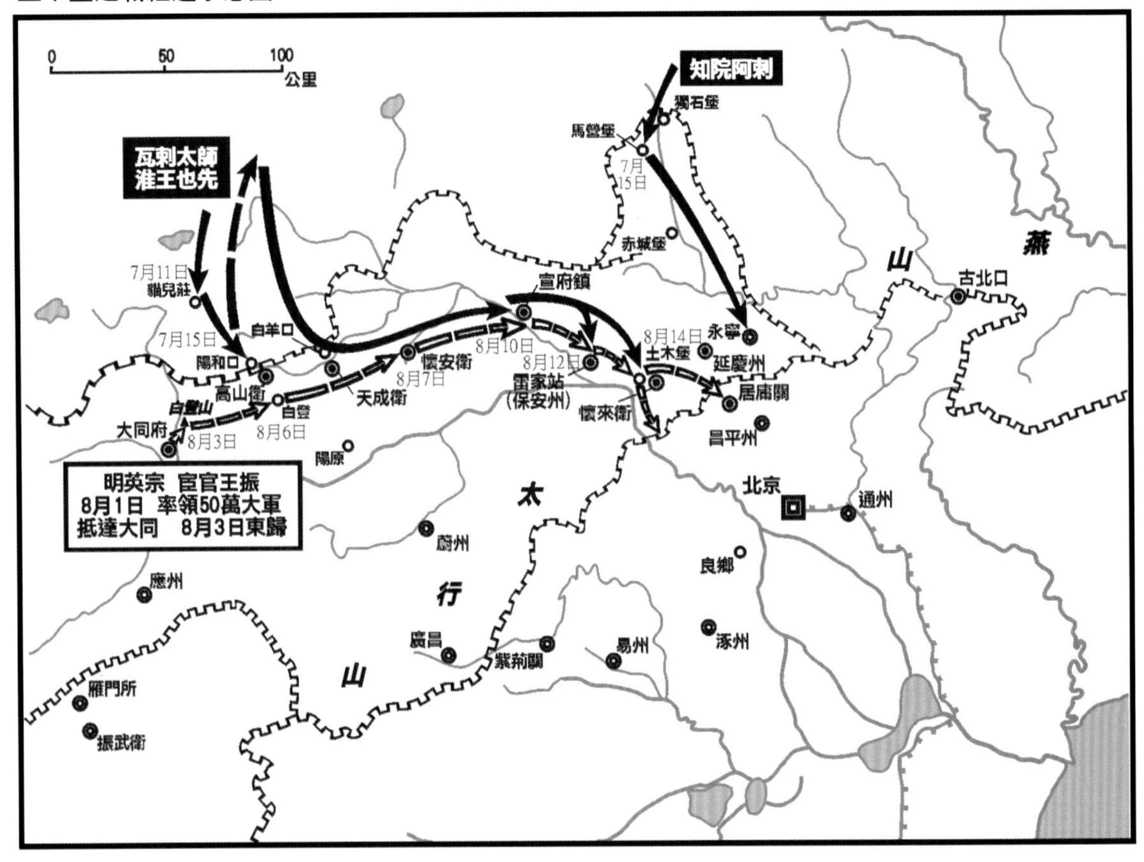

北京保衛戰

◆明景帝即位

正統十四年八月，英宗被俘的消息傳到朝廷，這時京師瘦馬、弱卒不滿十萬，上下一片恐慌。皇太后召集百官入朝，宣佈由郕王朱祁鈺主持政務。二十日，太后下詔立皇子朱見深為皇太子，命郕王輔佐，代理國政。二十一日，郕王下令兵部侍郎于謙晉升為兵部尚書。二十三日，郕王攝政朝會時，言官、大臣陸續彈劾王振，說王振危害國家，請求族滅來安定人心。哭聲響徹內外。郕王起身進入內殿，殿門將要關上，群臣一擁而入。不久，郕王下令查抄王振家產，並派遣錦衣衛指揮馬順前去處理。大家說：馬順是王振的黨羽。太監金英傳旨命令百官退朝。百官要毆打金英，金英逃走。馬順從旁邊喝令百官離去。大臣群起而上將馬順擊斃。大家又將王振黨徒宦官毛貴、王長二人捉出來打死，又將三具屍體拖到東安門陳列，軍士還不停地擊打屍體。不久，大家又將王振的姪子錦衣衛指揮王山捉來，叫他跪在廷殿上，加以唾罵。百官喧嘩雜亂，毫無朝廷禮儀。百官又因殺死馬順而恐懼。郕王意圖返回宮內。兵部尚書于謙上前拖住郕王衣服，說：王振是罪魁禍首，不處分便無法泄除大家的憤怒。於是，郕王下令：嘉獎百官，馬順有罪應當處死，百官的行為不必追究。大家才拜謝離去。二十九日，明廷查抄王振家產，王振家園有金銀十餘庫，馬一萬餘匹。明廷又在市街上將王山臠殺（割肉處死），並將王振、王山的族人不分大小全部處斬。

當時，大臣擔心國家沒有君主，請求太后立郕王為帝。九月六日，郕王即皇帝位，即明景帝，遙尊英宗為太上皇。

◆北京的防務

八月，明軍為了預防瓦剌軍進攻北京，在京城九門部署砲架、銃、石，並挑選餘丁、民壯等充當軍士，以便固守。同月，禮科給事中李實上奏說：京城城壕兩岸，樹木很多，妨礙明軍作戰，並可能會讓敵人利用，等到有警報時，建議命官軍加以砍伐；新挑選的餘丁、民壯等，都是承平時的安逸之徒，立即要他們手持兵器，恐怕難以使用，請選派精壯正規軍加以操練。郕王命有關單位商議執行。（軍戶中當兵的稱正丁，其餘子弟稱餘丁。）

九月一日，也先派遣使者抵達北京，說要送英宗回京師。瓦剌使者離去時，明廷賜給也先金一百兩，銀二百兩，綵幣二百匹。

當時，京師各營全部隨同出征，軍資、器械所剩不

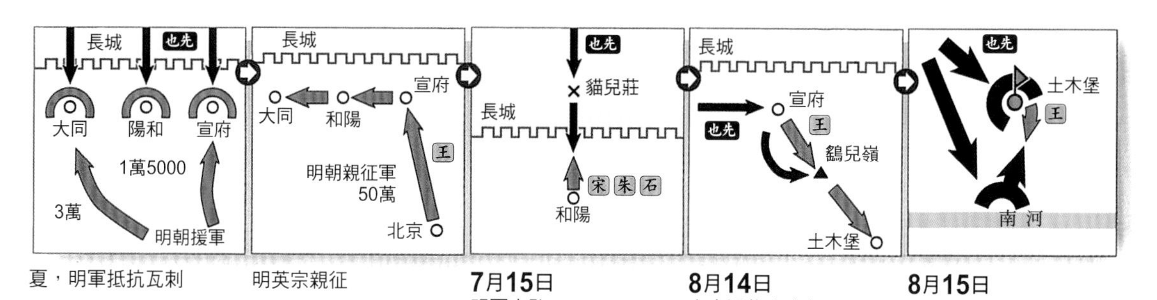

夏，明軍抵抗瓦剌

明英宗親征

7月15日 明軍大敗

8月14日 皇帝退往土木堡

8月15日 皇帝被俘

德勝門箭樓，位於德勝門大街立體交叉陸橋的北邊。在北、東、西3面開有82個方形射口（射箭用的窗子）。內部的城牆、城門現在是當作解說北京歷史的展示室。（照片提供：山口直樹）

明代的城牆遺跡。北京從15世紀開始成為明朝首都，留存至今的故宮、街道、城牆，都是在當時建設底定的。（照片提供：山口直樹）

到十分之一。于謙判斷也先勢必南侵，因而建議若干防禦措施：（1）派人分路募兵，收集餘丁、義勇，徵調附近民夫接替漕運的官軍，換下來的官軍則前往神機等營操練聽候調用；（2）趕造兵器；（3）京師九門，任用都督孫鏜等守護，領兵出城列營訓練；（4）派遣官員出城巡視，以免疎漏；（5）將城池附近居民遷入城內，隨地安插，以免被敵人擄掠；（6）通州壩上倉糧，不可讓敵人利用，命官司都給以一年糧餉，前往預先支領；（7）赦免石亨、楊洪罪過，和安同侯柳溥都擔任大帥。

明景帝採納于謙的建議。接著，明廷任命兵部郎中羅通、給事中孫祥等為副都御史，分別防守居庸、紫荊等關；任命薛瑄為大理寺丞，防守京師北門；任命侍講徐珵等為行監察御史事，分別鎮守河南、山東等處要地，安撫軍民；又令各處招募民壯，由本地官司率領操練，有警時調用。明廷又釋放楊洪、石亨，命楊洪仍舊防守宣府，石亨指揮京師兵馬。石亨有威望，當初駐守萬全，因不救英宗罪名而下獄。

明景帝又採納于謙的建議，下令兩京、河南備操軍、山東及南京備倭軍、江北及北京運糧軍立即前往京師。

當時，明廷又命宣府、居庸關等地明軍前往土木堡戰場拾撿明軍所遺棄的兵器。九月，居庸關明軍拾獲頭盔6000餘頂，鎧甲5000餘領，神鎗11000餘把，神銃600餘箇，火藥18桶。明廷下令運往京城。同月，宣府明軍拾獲頭盔3800餘頂，鎧甲120餘領，圓牌290餘面，神銃22000餘把，神箭（火箭）44萬枝，大炮800門。宣府總兵官楊洪酌量發給宣府、萬全、懷安、蔚州等衛以及萬全都司使用。

◆也先入侵

明景帝即位之後，皇太后即派遣使者前往瓦剌，晉見太上皇英宗，通報已經立郕王為帝。不久，明景帝又派遣使者去見英宗，又致函瓦剌太師淮王也先，說明即位的緣由。也先聽說後，便意圖入侵。明朝太監喜寧是韃靼人，土木堡之役，投降也先，將中國虛實全部告訴也先。這時，也先決定入寇，並用喜寧為鄉導。喜寧又建議：挾持英宗進抵邊境，脅迫守將開門，召守將出見，加以扣留。也先覺得很好，於是，便以護送太上皇回京為名，和韃靼可汗脫脫不花率領瓦剌、韃靼軍約五萬人南侵。

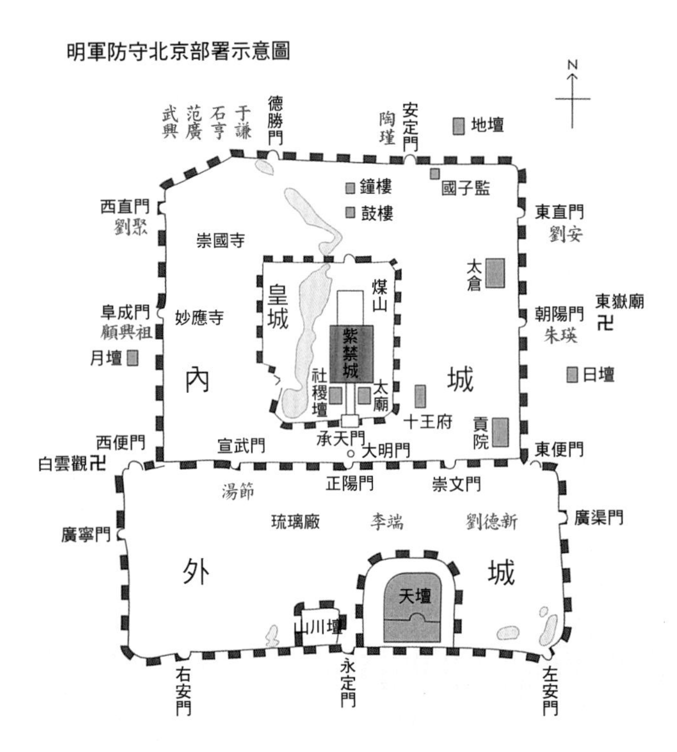

北京紫禁城。其佔地之廣，至今仍令造訪者乍舌。此處也是電影「末代皇帝」的舞台。

元朝首都大都是建設於金朝首都中都東北郊外的大都市，不僅是明朝首都的基礎，也是今日北京城的原型。附帶一提，明朝是於1421年從南京遷都至北京。

十月一日，也先領兵挾持英宗抵達大同東門。也先派遣知院阿剌等進到城下說：現在送上皇回京，如果得不到正位，雖然五年、十年也務必要仇殺。知府霍瑄出城去見英宗，獻上鵝酒等物。上皇秘密向他說：去和郭登（大同參將）說，固守城池，不可打開城門。郭登派人向瓦剌軍表示：賴天地祖宗神靈保佑，明朝已經有國君了。也先見大同有防備，便領兵離開。初三日，也先挾持英宗抵達陽和（今山西陽高）。陽和守將獻上牛羊酒給英宗。一支瓦剌軍又進攻白羊口（天成北）。守將謝澤領兵扼守山口，被瓦剌軍擊潰，謝澤被殺。接著，也先避開宣府，繼續領兵南下，向紫荊關前進。不久，也先攻陷廣昌（今河北淶源）。

初四日，也先領兵挾持英宗抵達紫荊關北口。副都御史孫祥派遣指揮劉深出見英宗。英宗隨從指揮同知岳謙向劉深說：此處達子（瓦剌軍）有三萬人，只有精壯二萬，另有二萬人從古北口入侵。

初八日，明廷命兵部尚書于謙為提督各營軍馬，統一指揮京師明軍。

副都御史孫祥防守紫荊關，和瓦剌軍相持了四天。初九日，太監喜寧引導瓦剌軍暗中從其他小路繞到紫荊關背後，腹背夾攻明軍，攻破紫荊關。孫祥和都指揮韓青戰死。

早在初六日，明景帝聽從大臣建議，派遣明軍二萬六千人，馬五千匹，命都督僉事孫鏜擔任總兵官，高禮擔任左副總兵，前往紫荊關增援；並晉升孫鏜為右都督，又命都督毛福壽率領明軍一萬人策應孫鏜。數日後，孫鏜等即將出發，聽說瓦剌軍已經入關，孫鏜等便留在都城近郊駐紮。

◆明軍列陣城外

京師聽到紫荊關陷落的消息後，朝野人心恐慌，沒有固有的意志。明廷赦免罪將成山侯王通，晉升為都督，又晉升鴻臚寺卿楊善為副都御史，協同防守京城。太監興安詢問王通有何計策。王通說要挑築京師城外城濠。興安瞧不起他。大監金英召侍講徐珵前來詢問。徐珵說：觀查星象曆數，天命已經離去，請退往南京。金英叫他出去。于謙上奏說：京師是天下的根本，如果一動，大勢就會完全喪失；徐珵亂說話，應當斬首。太監金英宣佈說：有再說要遷都的，皇上下令一定誅殺。又張貼佈告宣示。於是，明廷決定固守京師。于謙聽說瓦剌軍逼近，考慮城外各地糧草數以萬計，恐怕會被敵人利用，於是急忙派人加以焚燒，然後上奏。有人說等待奏報批示。于謙表示：如果稍微延緩，糧草就會落入敵人手中。

當時，戰守的策略，議論不一。石亨主張關閉九座城門，堅壁來避開敵軍的矛頭，等待敵軍疲憊。于

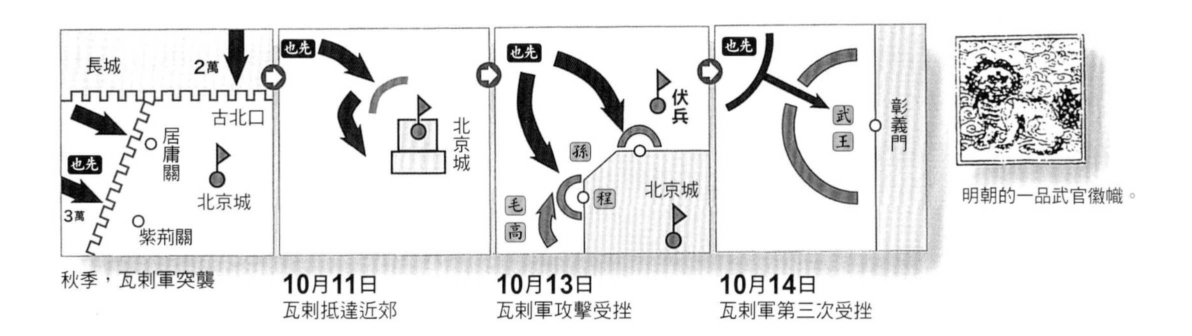

秋季，瓦剌軍突襲

10月11日 瓦剌抵達近郊

10月13日 瓦剌軍攻擊受挫

10月14日 瓦剌軍第三次受挫

明朝的一品武官徽幟。

謙說：為何示弱，使敵人更加輕視明軍。於是，于謙分派將領率領軍隊二十二萬人在京城九門外列陣。城北，總兵石亨率同副總兵范廣、武興在德勝門列陣，都督陶瑾在安定門列陣；城東，廣寧伯劉安在東直門列陣，武進伯朱瑛在朝陽門列陣；城西，都督劉聚在西直門列陣，副總兵顧興祖在阜城門列陣；城南，都督劉德新在崇文門列陣，都指揮李端在正陽門列陣，都指揮湯節在宣武門列陣。將領全部受石亨節制。于謙則和石亨在一起，坐鎮最為衝要的德勝門，親自督戰。

于謙又下令關閉城門。又下令：作戰時將領不顧軍隊而先撤退的，斬殺將領；軍隊不顧將領而先撤退的，後隊斬殺前隊。

也先率領軍隊挾持英宗經由易州、良鄉，十一日抵達京城近郊。十二日，也先挾持英宗登上土城，要求明朝大臣出來迎接。明景帝派遣右通政王復等出城晉見英宗。也先又要求于謙、石亨出見，並索求金帛數以萬計。明廷不答應。是夜，于謙派遣鎮撫薛斌率領明兵23人出城劫營。明兵射死瓦剌兵一人，奪回被擄民眾一千餘人。明廷晉升薛斌二級，獎賞銀二兩；其餘士兵晉升一級，獎賞銀一兩。

◆德勝門之戰

十月十三日，瓦剌也先派遣一部軍隊向德勝門進攻。于謙命總兵石亨派兵埋伏在德勝門外道路兩旁空屋中。瓦剌數名騎兵前來偵察，石亨首先派遣少量騎兵迎戰，接著佯敗後退，瓦剌軍出動騎兵一萬餘人前來追擊。明軍伏兵展開攻擊。明軍又用神炮、火器攻擊瓦剌軍，瓦剌軍敗退，也先弟弟孛羅、平章卯那孩中炮而死。

◆西直門之戰

接著，瓦剌移軍轉向西直門進攻。駐紮城外的總兵孫鏜領兵迎戰，擊敗瓦剌軍前鋒。瓦剌大軍趕到，圍攻明軍。孫鏜失利，要求打開城門退入城內。給事中程信在城西監軍，說：孫鏜小小失利，便開門進城，敵人就會更加囂張，人心更加恐懼。於是緊閉城門，督促孫鏜作戰。瓦剌軍逼近城下，孫鏜軍在死地，也背城死戰，程信和都督王通等也領兵在城上鼓譟，發射鎗炮支援孫鏜。都督毛福壽、高禮也領兵前往支援，加入戰鬥。高禮中了流箭。不久，石亨援兵也抵達，瓦剌軍便撤退。

◆彰義門之戰

十四日，瓦剌軍進到京城西方的彰義門（今北京廣安門西四里餘）。于謙命都督王敬、武興、都指揮王勇領兵前往迎戰。武興命明軍將神銃部署在陣前，其次部署弓箭、短兵，太監騎兵數百人排列在陣後。瓦剌軍抵達後，明軍首先用神銃擊退瓦剌軍。這時，太監騎兵數百人為了搶功，從後隊躍馬而出，致使明軍陣形大亂。瓦剌軍乘機攻擊，明軍敗退。瓦剌軍追擊到土城，武興中箭陣亡。明朝居民登上屋頂，大叫大喊，用磚瓦投擲攻擊瓦剌軍，瓦剌軍稍微停止前進。不久，都督毛福壽等率領援軍抵達，瓦剌軍遙遙望見明朝援軍旗幟，便向後撤退。

◆瓦剌軍撤退

北京之戰時，一支韃靼軍也向居庸關進攻，守軍使用火器將韃靼軍擊退。

也先在北京城外三戰三敗，又聽說明朝勤王援軍即將抵達，恐怕退路被切斷，於是領兵撤退。十五日，瓦剌軍主力挾持英宗經由良鄉西退，一路上大肆劫掠，又派兵散開掠奪京畿州縣。于謙也派遣明軍追擊也先。

十六日，一支瓦剌軍撤退到居庸關，居庸關明軍予以截擊，斬獲首級六顆，擄獲馬120匹、牛騾470餘隻，救回被俘男女500餘口。

十七日，也先軍主力挾持英宗通過紫荊關西退。

二十五日，明軍在霸州追擊擊敗一支瓦剌軍，奪回被俘民眾一萬餘人。

是月，也先率領主力挾持英宗經由蔚州、陽和、貓兒莊北退。十一月，瓦剌軍完全退出塞外，京師宣告解嚴，也先南侵之役結束，明軍贏得北京保衛戰的勝利。次年八月，也先釋放英宗返回明朝，雙方暫時恢復友好關係。

薩爾滸之役

明萬曆四十七年

國立故宮博物院圖書文獻處助理研究員
周維強

戰前態勢

薩爾滸之役（明神宗萬曆四十七年，清太祖天命四年，1619）是十七世紀影響東北亞政治發展的決定性戰役。在此役之前，明朝透過外交手段，成功的解決了蒙古部族長年南下侵擾的問題，接著順利的征服了遼東土蠻等部族，又透過援助朝鮮的軍事行動，壓制了日本的侵略，也建立了和朝鮮的穩固的關係。使明朝的北方邊境上，一時出現了難見的和平。但遼東建州三衛，卻出現了有勇略的部族長努爾哈齊（1559～1629，註：為常聞的努爾哈赤，近年來已遭正名，發音應為努爾哈齊），他逐步的統一女真各部，成為明帝國的新邊患。

萬曆四十六年（天命三年，1618）四月，努爾哈齊終於下定決心，在赫圖阿拉（今遼寧省新賓滿族自治縣永陵鎮）率師二萬，攻明朝領地撫順所和清河堡兩地，出師前在告天書上寫與明朝的「七大恨」，宣告與明帝國的決裂，揭開了明清戰爭的序幕。隨著撫順等地的陷落，使朝廷大為震驚，明神宗（1563～1620）下令九卿科道官會議，力主以武力討伐。朝廷調兵遣將，兵分四路，準備直搗努爾哈齊的根據地。

明軍討伐之準備與戰鬥序列

在明軍出征北伐前，朝廷令負責帝國東北方防務的薊遼總督汪可受（1559-1620）駐山海關，不可出關，並任命曾與援朝之役的楊鎬（?～1629）為遼東經略，負責征討。討伐軍以遼鎮和薊鎮援兵三萬餘為主，並選調其他軍鎮如宣府鎮、大同鎮、山西鎮、延綏鎮、寧夏鎮、甘肅鎮、固原鎮等七鎮兵馬共一萬六千人，薊鎮各路兵丁數千，遼鎮招募新兵二萬，及劉綎（?～1619）議調各土司漢土官兵近萬人，共不足九萬人。工部並以庫貯盔甲並銅鐵佛朗機、大將軍、虎蹲炮、三眼鎗、鳥銃、火箭等火器，挑選演試後解赴前線。薊遼總督汪可受並在山海關督造戰車。

至於討伐軍出戰的方式，山東承宣布政使司董啟祥建議各路軍的組成方式為：

> 須每路大兵發後，隨委驍將，用步騎驅戰車百餘輛，或三、四百輛馱載糗糧、火器、火藥以尾其後，驅火車三、四十里或五、六十里結陣以待，名曰：老營。仍多用哨馬，絡繹偵探，相機應援，路路皆然，此必勝之師也。

因此，各路討伐軍的出戰時，都有戰車擔任後衛和補給糧秣彈藥的任務。

萬曆四十七年（天命四年，1619）二月十一日，明軍於遼陽演武場誓師，分四路往征後金。除朝鮮軍外，明軍總兵力不及十萬。分為瀋陽一路（西）、開鐵一路（北）、清河一路（南）和寬甸一路（東）四路，由杜松、馬林、李如柏和劉綎分任各路主將，戰鬥序列和原本議定四路出邊時間和地點如表1。明軍原訂出口時間雖有差異，但瀋陽、開鐵、清河三路必須會師於二道關，然後合兵前進。

朝鮮軍戰鬥序列

明朝為了出兵討伐，也向朝鮮要求派遣援軍。據朝鮮史料的記載，萬曆四十六年七月，經略楊鎬曾要求朝鮮派遣銃手一萬人。朝鮮遂命刑曹參判姜弘立為都元帥，平安兵使金景瑞為副元帥。次年正月，由於努爾哈齊派兵搶掠北關，因此楊鎬又傳檄朝鮮派遣銃手五千名，支援在亮馬佃結陣的明軍都督劉綎。姜弘立屯駐於廟洞，派遣副帥和三營將前往亮馬佃。劉挺對於姜弘立沒有親自前來有微詞，稱：「將來舉事，元帥不可退在」。經略楊鎬又以教練軍卒為名，請朝鮮再派遣銃手。朝鮮因此派遣平壤炮手四百名。

二月，楊鎬於遼東定分路進兵，姜弘立也議定出師，其戰鬥序列如表2。其實際渡江參戰的兵力約為一萬三千人。編於劉綎一路，由喬一琦（?～1619）擔任監軍。

後金軍戰鬥序列

《山中聞見錄》稱建州人：「大抵女真諸夷并忍詢好鬥，善馳射，耐飢渴，其戰鬥多步少騎。」朝鮮人

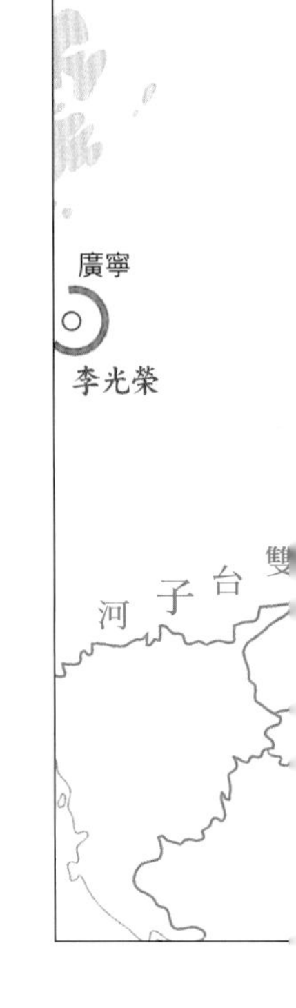

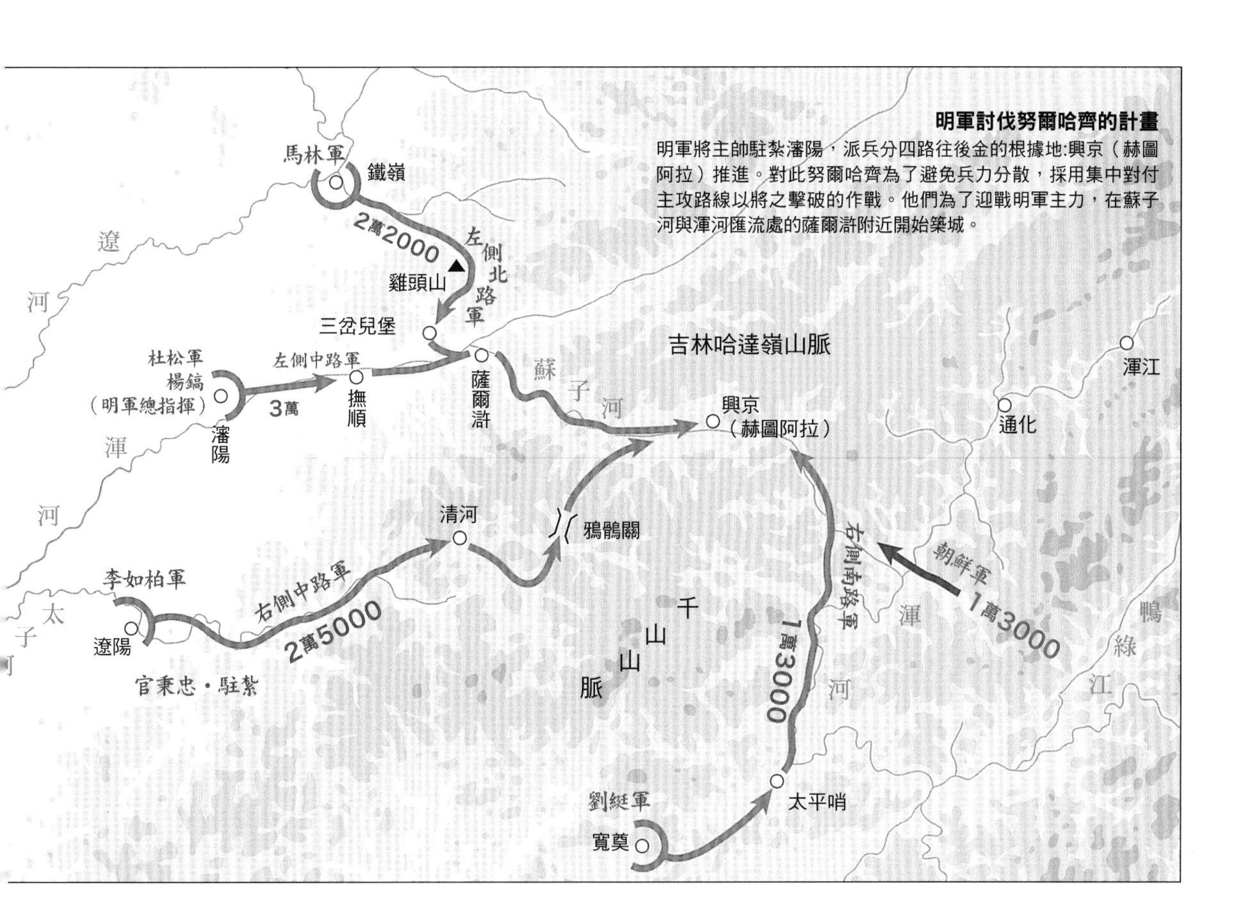

表1：薩爾滸之役明軍四路之戰鬥序列及出邊時間地點表

	兵力及主將	其他將領	誓師出邊時間地點表
開、鐵 **左側北路，北路**	主將：馬林（原任總兵） 兵力：《滿洲實錄》作四萬	潘宗顏 （開原兵備道僉事，監督）	2/28巳時（09：00-11：00） 出鐵嶺三岔口
瀋陽 **左側中路，西路**	主將：杜松（山海關總兵） 兵力：《滿洲實錄》作六萬	張銓（廣寧分巡兵備副使，監軍） 龔念遂（原任參將） 李希泌（後營遊擊）	2/29申時（15：00-17：00） 出撫順關口
清河 **右側中路，南路**	主將：李如柏（遼東總兵） 兵力：萬餘	賀世賢（管遼陽副總兵事參將） 閻鳴泰（遼寧分守兵備參議，監督）	3/1巳時（09：00-11：00） 出清河鴉鶻關
寬甸 **右側南路，東路**	主將：劉綎（總兵） 兵力：《滿洲實錄》作四萬	康應乾（海蓋道兵備副使，監督）	2/25寅時（03：00-05：00） 出寬甸小佃子口
寬甸 **朝鮮軍**	姜弘立（都元帥） 兵力：一萬三千	金景瑞（副元帥） 喬一琦（管鎮江遊擊事都司，監軍）	

資料來源：《明神宗實錄》，卷579，頁5b-7a（10962-10965）。萬曆四十七年二月乙亥日。

趙慶男於《亂中雜錄》書中曾轉錄姜弘立於戰後所上啟狀。啟狀中姜弘立敘明戰爭的過程，以及曾親至赫圖阿拉見努爾哈齊的情況。他對後金軍的作戰能力有很高的評價，稱：

> 臣等臨陣，目見其用兵，則其鋒甚銳，有進無退，矢不及連發，炮不及再藏，此胡之不可與野戰，難以形言。

可見後金軍的戰法，在於號令嚴明，只進不退。此外，後金軍也利用騎兵快速攻擊的特性，充分的把握射擊的時間差，在敵人重新裝填彈藥之前，就已經衝垮敵軍的陣營。

後金軍係依八旗制度來調遣，其八旗與旗主對照表如表3。

表2：薩爾滸之役朝鮮軍戰鬥序列表

都元帥 姜弘立標下	中軍前簽使	吳信男	領平壤炮手二百名
	從事官軍器副正	鄭應井	
	前郡守	李挺男	
	聽用別將肅川府使	李寅卿	
	折衝	李掬	
	別將昌城府使	朴蘭英	
	別將折衝	柳泰瞻	領馬軍四百名
	別將折衝	申弘壽	領京炮手及降倭并一百名
	响道將	阿耳	領土兵四十名
	萬戶	趙英立	
副元帥 標下	中軍虞侯	安汝訥	領隨營牌八百名
	別將折衝	金元福	
	別將折衝	黃德彰	領別武士新出身并八百名
	軍官	韓應龍	領自募兵百六十名
	軍官	金洽	領立功自效軍五十名
	响道將	河瑞國	領土兵八十名
中營	中營將定州牧使	文希聖	領兵三千三百五十名
	中軍江西縣令	黃德汝	
左營	左營將宣州郡守	金應河	領兵三千四百八十名
	中軍永柔縣令	李有吉	
右營	右營將順川郡守	李一元	領兵三千三百七十名
	中軍雲山郡守	李繼宗	
運糧	連營將清城僉使	李穳	馬兵五千（分為十營）

資料來源：李民寏撰，《柵中日錄》，頁446-447。

薩爾滸山之戰

據明軍監軍張銓（1577～1621）等人奏報，瀋陽路主將山海關總兵杜松等於二月二十八日，率兵三萬由瀋陽出撫順所，二十九日至撫順關，原應按申時（15：00-17：00）率兵出邊，但杜松違背約定，自行先出關。三月初一日，杜松所部抵達薩爾滸地區，掌車營槍炮的龔念遂（?～1619）部並未渡河，而駐紮於斡琿鄂謨。杜松渡河後為敵所引誘，生擒活夷14名，焚尅二寨，遂親率一部攻擊吉林崖（界凡山）後金軍，將主力屯駐於薩爾滸山，由監軍張銓指揮。

後金軍則於三月一日辰時（07：00-09：00）出兵，努爾哈齊得知瀋陽路明軍情形後，立刻派遣兩旗兵力增援吉林崖，並自率六旗攻擊薩爾滸山的監軍張銓所部瀋陽路明軍主力。雖然薩爾滸山的張銓部立刻加強工事，並使用火器，但仍未能阻擋後金軍的攻勢，終被擊潰。

杜松乘勝往二道關後，忽然出現後金埋伏騎兵三萬，杜松奮戰數十餘陣，並希望佔領山頭制高點，但又出現伏兵，杜松面中一矢，落馬而死。至此，瀋陽路明軍已不支潰散。

留在後方的龔念遂、李希泌領車營騎步兵一萬，在三日也至斡琿鄂謨處安營，繞營鑿壕列炮，龔念遂所部使用的是大戰車，防禦力較佳，但已無杜松部騎兵策應，無法抵禦後金騎兵的優勢進攻。後金軍皇太極（1592～1643）率騎兵衝入龔念遂戰車陣中，龔念遂等人皆陣亡。《滿洲實錄》卷五有〈四王破龔念遂營戰圖〉，描繪龔念遂車營被後金騎兵衝破的一瞬，是難得的圖像史料，但圖中明軍戰車係輕戰車，似有誤。

尚間崖、斐芬山之戰

開鐵路馬林（?～1619）部離開開原後，應於三月初二日抵達二道關與杜松部會師，但至初二日中午仍駐紮於三岔口外的稗子谷，當馬林部開始往二道關前進時，杜松部已被殲滅。馬林於當日晚間至王嶺關附近。初三日晨，馬林聞知努爾哈齊率兵前來，遂率兵萬人前往尚間崖，並派遣開原道監察御史潘宗顏（1582～1619）率領數千人前往尚間崖東面三里的斐芬山，與在斡琿鄂謨的龔念遂部互成犄角，相互聲援。明朝方面的史料對於馬林部的情況交代不多，但《滿洲實錄》對於馬林部次日戰前的描述是：

> 馬林方起營，見大王兵至，遂停，布陣四面，而立遶營鑿壕三道，壕外列大炮，炮手皆步立大炮之外，又密布騎兵一層，前列鎗炮，其餘眾兵皆下馬於三層壕內布陣。

可見馬林部未使用戰車，且馬林部的陣形是將大炮放在陣外，騎兵則在內，大炮和炮兵沒有任何的保護。交戰不久，後金軍迅速擊敗馬林部。《滿洲實錄》卷五有〈太祖破馬林營戰圖〉，繪有馬林部被後金騎兵擊敗後，明軍鎗炮四散委地的情形。

當馬林屯於尚間崖時，潘宗顏部一萬駐劄於三里外的斐芬山，以戰車和火器固守。努爾哈齊領下馬步兵向潘宗顏部仰攻，順利破壞戰車。雙方鏖戰至中午，潘宗顏中箭而死。而原定支援馬林之葉赫部聞知明軍敗訊，遂倉皇退兵。《滿洲實錄》卷五亦有〈太祖破潘宗顏戰圖〉，繪有後金以步騎協同攻擊潘宗顏車營的情況。

阿布達哩崗伏擊戰、富察之戰

努爾哈齊在擊敗杜松和馬林二部後，集結兵力攻擊寬甸路劉綎所部。劉綎所部明軍萬餘，並有朝鮮所派都元帥姜弘立和副帥所統領的萬餘朝鮮兵。二月十九日，朝鮮軍左右營開始渡江。二十三日，朝鮮全軍渡過。實際渡江朝鮮軍之數量，經姜弘立查勘，共為：「三營兵一萬一百餘名，兩帥標下二千九百餘名。」二十五日，大雪，朝鮮軍至亮馬佃。

二月二十六日，朝鮮軍與明軍劉綎部會合。姜弘立以糧食幾盡為由，要求等待補給前來，但為劉綎所拒。二十七日，明軍先行，至平頂山下營。朝鮮軍則在拜東嶺十里許下營，士卒因糧食幾盡和長途跋涉，狀況不佳。為了追上明軍，姜弘立下令各營留下六百人，設為老營，將步卒的負擔和難以運輸的軍器留下，其餘部隊全力追趕明軍。二十八日，朝鮮軍主力通過牛毛嶺。由於樹木茂密，加上後金軍於大路上砍倒樹木，阻絕明軍和朝鮮軍前進，一路並遭遇零散後金軍的偷襲，行軍十分緩慢。

因路途艱險，劉綎所部直至三月初四日才到達寬甸東北富察一帶。《滿洲實錄》載劉綎部在出寬甸時，先遭遇並包圍由牛彔額真托保、額爾、納爾赫三人所統領的守衛兵五百，明軍取得小勝，並四處野掠。

而努爾哈齊的防守策略，則是先留下四千兵力防守赫圖阿拉，派遣皇太極等率領右翼四旗兵，埋伏於阿布達哩崗山林中，阿敏則率兵埋伏於阿布達哩崗南面的谷地。計畫是待劉綎部通過一半時，追擊明軍的後部。代善則率領左翼四旗兵，在崗北隘口前迎擊明軍。

努爾哈齊派遣冒充杜松部的材官前去劉綎部，偽稱杜松部告急，催促劉綎前進。劉綎誤認杜松已進逼赫圖阿拉，遂命部隊疾行，進入已為後金軍埋伏的阿布達哩崗。後金軍所採的戰術與先前相同，充分的爭取制高點，由皇太極領右翼兵登山擔任先攻，阿敏則後攻，後金軍兵力約三萬騎，自密林中伏擊明軍。明軍則企圖佔領制高點阿布達哩崗，並結陣，但因受代善和皇太極夾攻，雙方激戰，直至酉時（17：00-19：00）。而尚未來得及布陣的二營，也為後金軍所消滅。《滿洲實錄》卷五有〈四王破劉綎營戰圖〉，圖版中描繪出地面棄置的佛朗機銃和潰逃的明軍。

同日，屬於劉綎部的康應乾（?～1619）所部步兵已經完成布陣，駐於富察曠野處，士卒「皆執筤筅、竹杆、長鎗，披藤甲，朝鮮兵披紙甲柳條盔，槍炮層層布列」。後金軍代善（1583～1648）遠發起攻擊。

兩軍接戰時，突然颳起大風，造成火藥煙塵反吹向明軍，而後金軍則利用此一時機，大舉衝入明軍陣中，明軍大潰康應乾僅以身免。而喬一琦所部亦被後金軍擊敗，逃入朝鮮軍營中。《滿洲實錄》卷五有〈諸王破康應乾營戰圖〉，描繪有兩軍交戰前的態勢，可見康應乾部雖有布陣，但並未設置障礙物或使用戰車，步兵是直接暴露於敵騎之前。

清河路明軍之撤兵與戰役之結束

南路的明軍由李如柏（?～1762）所統領，出鴉鶻關後，行軍緩慢，至虎欄關就按兵不動。雖然經略楊鎬在得知杜松和馬林兩軍潰敗後，即命劉綎和李如柏回師，但劉綎稍後即被後金擊潰，尚未能得知撤軍的消息。而李如柏雖被少數後金部隊騷擾，但仍能保存實力退回防線。

此役中，明軍損失據遼東監軍陳王廷御史查報疏所載：「陣亡文武等官共三百一十餘員，陣亡軍丁共四萬五千八百七十餘名，陣亡馬騾共四萬八千六百餘匹，陣亡戰車一千餘輛……。」。而後金僅損失二千餘人。

薩爾滸之役之戰術檢討

萬曆四十七年三月初一日到初五日，兩軍鏖戰了五日，最後由後金取得了大勝，遼東局勢自此產生了根本的變化。從戰略而言，由於明朝近十萬的討伐軍慘敗，使明朝喪失了撫順以東的控制權，後金的鐵騎主宰了此一區域的戰略主動，唯一能夠提供明朝支援兵

表3：八旗與旗主對照表

旗別	八固山旗主	兵裝
正黃旗	努爾哈齊	
鑲黃旗	努爾哈齊	
正藍旗	莽古爾泰（努爾哈齊三子）	
鑲藍旗	阿敏（努爾哈齊弟舒爾哈齊次子）	
正紅旗	代善（努爾哈齊次子）	
鑲紅旗	岳託（代善長子）	
正白旗	皇太極（努爾哈齊四子）	
鑲白旗	杜度（努爾哈齊長子褚英長子）	

力和物資的盟邦朝鮮也噤若寒蟬。

雖然後代史書中多將四路間不協調和爭功冒進視為最重要的敗因，但薩爾滸之役中，明軍裝備有相當數量的戰車和火器，何以收效甚微？並未受到應有的注意。《督師紀略》曾載：「遼東向習弓矢，置火器不講，至於車營，則九邊英銳，無不以為恥。」這種心態上的偏差，使得明軍放棄了自己的優勢，輕視了敵人的戰鬥能力。

戰後不僅經略楊鎬、巡按御史陳王廷和戶科給事中官應震（1568～1635）都提及杜松不應遠離車營，《明紀北略》也認為杜松渡渾河時放棄車營，致使無法有效防禦後來後金伏騎的衝擊。明季野史《山中聞見錄》則指出，是後金奸細將明軍戰車和火器焚燬，致使杜松部無法堅持下去。

《明紀北略》則說明了劉綎戰敗，為了加快行軍，而放棄使用鹿角，儘管劉綎火器冠於其他各軍，面對滿洲鐵騎，在沒有任何防護之下，其結果可想而知。杜松急於渡河放棄戰車，馬林布陣錯誤，也未使用戰車，而劉綎則連鹿角都不願使用。這些現象說明了各路主將對於戰車和防禦戰的忽視。

當時部分明朝官員也批判這些名將，如湖廣襄陽府推官何棟如（1572～1637）稱「曾知中國之戰長技在火與車，散則為陣，合則為城，近則可戰，退則可守，皆茫然不知也。」指出這些名將只懂武藝，不懂戰術優勢，更不懂得運用戰車。

另一個問題則是戰車部隊的缺乏訓練。提督學校御史周師旦上奏指出了車營訓練的不確實，「乃今之所為訓練者，臣知之矣，祇能襲其形似，擺一四門方陣，其金鼓震也，旗幟翩翩也……卒然有警，則又改為一堵牆，溝其地而塹之，置火器其上，奈軍士腳跟

與明軍交戰的鑲紅旗軍精銳。依照八旗制度劃分而成的8個集團，不僅是軍事集團，同時也是社會集團，並具有行政組織單位的功能。也就是說，這種制度是將軍事組織與社會組織結為一體，繼承自亞洲內陸游牧國家的傳統。

薩爾滸之役
插圖／伊藤展安

不定，每欲望敵先潰，猶然左右也，而心不知。故虜每見其營腳動，即撲馬直前，刃矢兩下，我兵率自相躪轢以死。」周師旦雖指出車營士兵訓練問題，但長期練兵的大量開銷，又非朝中所樂見。因此，兵員素質的問題始終沒有獲得解決。

在另一方面，《山中聞見錄》的作者彭孫貽也指出了兩個值得注意的現象。第一是劉綎出師前，因舊兵所攜佛朗機各火器、袖箭、藥矢等諸械船運未到，曾經向朝廷奏請等待兵器到齊才可出關，但兵部嚴旨令其即行。因此，劉綎所部在武器裝備上並未充分。徐光啟（1562～1633）在戰後的奏疏也指出「杜松矢集其首，潘宗顏矢中其背，是總鎮監督尚無精良之甲冑，況士卒乎？」可見明軍在戰前確實軍資準備根本不足。

可見明軍之敗，在於將領的素質、士卒的訓練和器械的準備都有致命缺失，這些因素都對薩爾滸之役的勝負產生影響。

薩爾滸之役是後金軍集中兵力打擊多路敵軍的經典戰役。而後金在戰術上的成功，主要得力於對四路明軍的偵察和監視工作甚為成功，因此得以掌控四路明軍的進程，並在必要時利用奸細操作明軍行進的速度。同時後金既知明軍騎兵和車兵的戰術特性不同，又瞭解遼東鎮士卒不喜戰車的性格，因此一直誘使明軍的騎兵和車兵分離，先將騎兵解決，然後圍困車兵，用優勢騎兵衝鋒失去騎兵翼護的戰車營。

無疑的，薩爾滸之役的影響極為重大。明軍自此不敢再輕視後金軍的實力，在遼東鎮大造戰車，並改良戰車戰術。部分有識之士開始尋求新的終極武器，轉而自海外引進大口徑的紅夷大礮並聘請葡萄牙傭兵教戰。而後金也積極的尋求火器的技術和戰術，明與後金開始走向新一輪的武器競賽。

李自成之亂

崇禎十四年至十六年的河南戰役

李自成 vs. 明／1641～44年

李天鳴

流寇的興起

明朝中期以後，由盛轉衰。明朝後期，明神宗（1572-1620）荒淫昏庸，不理朝政；寵信宦官，政治腐敗。外患又接踵而起（包括東北的滿洲），國家連年用兵。神宗又愛好享樂，大興土木，奢侈浪費，國庫空虛。因此，神宗加徵各種雜稅，又派遣宦官前往各地主持採礦，而宦官為非作歹，以致人民生活痛苦。朝廷又發生黨爭，致使上下離心。憙宗（1620-1627）寵信宦官魏忠賢，政治繼續腐敗。神宗、憙宗時，土地兼併情形嚴重，皇親貴戚、掌權宦官以及豪門士紳霸佔大量土地，人民生活更加痛苦。思宗（1627-1644）雖然除掉宦官魏忠賢，但缺乏才幹，仍然重用宦官。

思宗崇禎元年，陝西發生大饑荒，加上官吏貪污，苛捐雜稅，以致民不聊生，鋌而走險。張獻忠、高迎祥、李自成等紛紛聚集飢民起兵造反，到處抄家劫舍，殺人放火，攻城掠地，殘害官吏。若干逃兵、潰兵、叛兵也加入賊軍的行列。高迎祥自稱闖王，李自成自稱闖將。賊軍遭遇明軍剿捕，則四處流竄，因此被稱為「流寇」。流寇更竄入山西、河北、河南、江西、湖廣等地。明軍招撫戰略失當，流寇時而接受招撫，時而再次叛變。崇禎九年（1636），陝西三邊總督洪承疇、陝西巡撫孫傳庭在陝西大破流寇，高迎祥被俘殺，關中群寇共推李自成為闖王。崇禎十一年（1638），洪承疇、孫傳庭先後在四川、潼關大破李自成，李自成全軍覆沒，李自成逃入深山。同年，總兵左良玉也在河南大破張獻忠，張獻忠接受招撫，投降明軍。流寇之亂似乎即將平息。然而，是年清軍大舉入寇，明廷調派洪承疇前往關外抵禦清軍，擔任薊遼總督，孫傳庭調任保定總督。於是，流寇死灰復燃。崇禎十二年（1639），張獻忠聯合其他已經投降的羅汝才等十餘股流寇，一起叛變。崇禎十三年（1640），張獻忠等又從湖北竄入四川，大肆蹂躪。崇禎十四年（1641），張獻忠等又回竄湖北，攻陷襄陽、光州等地。

崇禎十三年，李自成經由湖廣竄入河南。這時河南一帶發生飢荒，饑民跟隨李自成的有數萬人。崇禎十四年正月，李自成攻陷河南府（洛陽），士民被殺數十萬人。李自成性情猜忌殘忍，每日以殺人斷腳割心作為消遣。這時，舉人牛金星、李巖投靠李自成，李自成用牛金星作為軍師。李巖勸李自成說：攻取天下要以人心為根本，請不要殺人，以便收取天下人心。李自成採納，因而屠戮稍微減少，而又拿出所掠奪來的財物賑濟饑民。李巖又製作歌謠說：「迎闖王，不納糧。」使兒童歌頌互相傳播，於是附從李自成的日益增多。

項城之戰—火燒店之戰 崇禎十四年9月

崇禎十四年（1641），明廷任命傅宗龍為陝西總督，討伐李自成，又命保定總督楊文岳前往會師。傅宗龍抵達關中，和巡撫汪喬年調遣軍隊，而陝西兵已經調發一空；於是，傅宗龍命在河南的陝兵李國奇、賀人龍部隸屬於麾下。

九月四日，陝西總督傅宗龍率領總兵賀人龍、李國奇部陝兵二萬人，和總督楊文岳所率領的總兵虎大威等部保定兵二萬人，在新蔡會合，並在洪河架設浮橋，準備前往項城（今河南項城南）。次日，

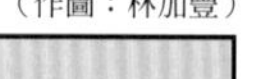
（作圖：林加豐）

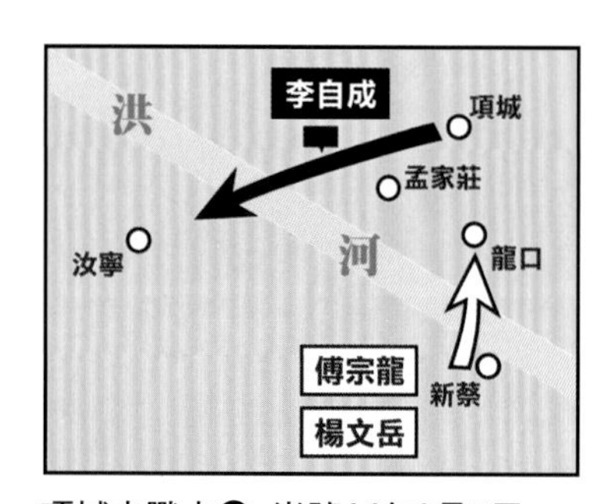

項城之戰之❶ 崇禎14年9月5日

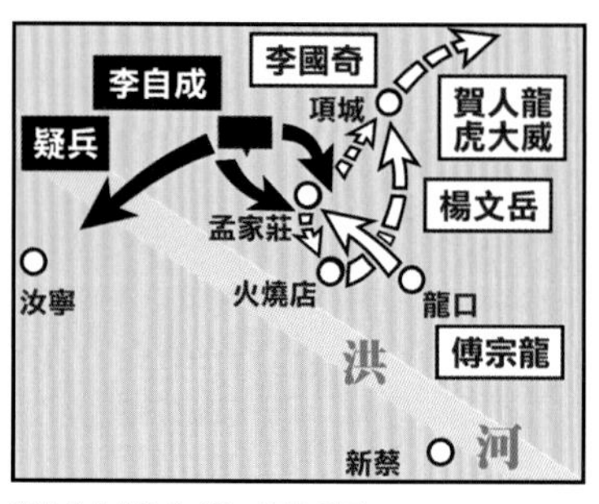

項城之戰之❷ 9月6日

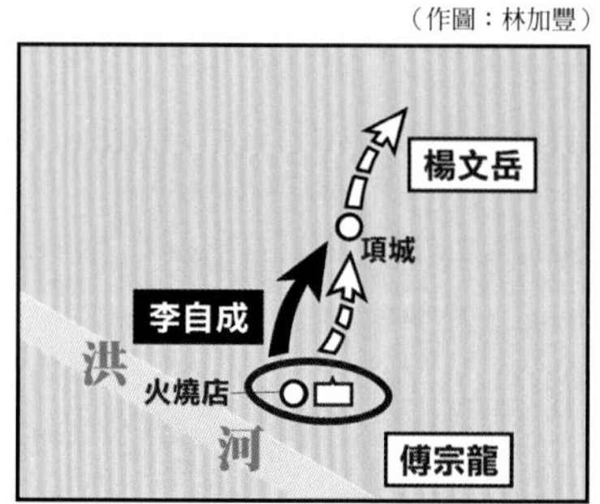

項城之戰之❸ 9月7-19日

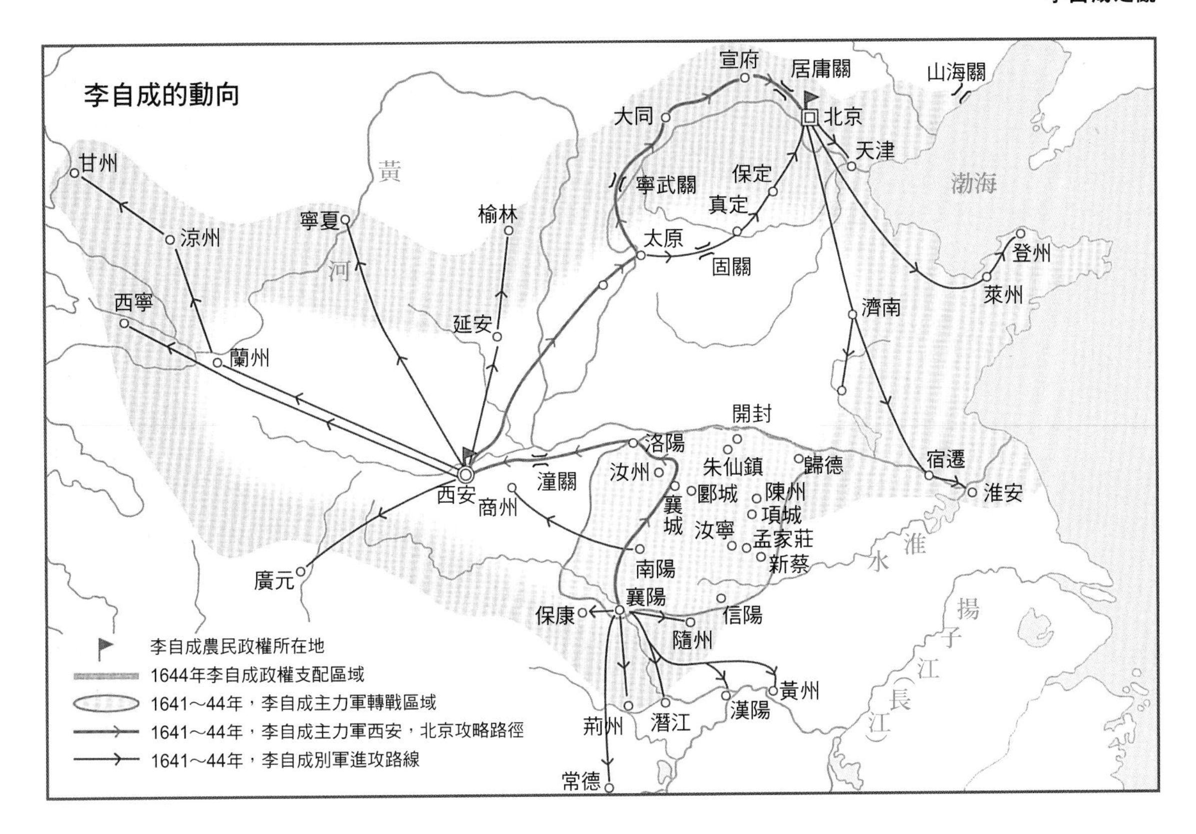

明軍渡過洪河，進到龍口（新蔡北）。是日，李自成也率領賊軍在洪河上流架設浮橋，準備前往汝寧（今汝南）。李自成偵知明軍抵達，便將精銳埋伏在孟家莊（項城西南）附近的松林內，而派遣一部賊軍假裝經由浮橋西進。傅宗龍以為賊軍要渡河進向汝寧，初六日，便和楊文岳領兵北進，意圖截擊賊軍。是日，明軍抵達孟家莊。賀人龍、虎大威說馬力已經疲乏，因此主張次日再行戰鬥。傅宗龍同意。明軍便解下鎧甲休息，並散開到附近村落放牧馬匹。樹林中賊軍伏兵乘機向明軍發起突擊。賊軍奮勇衝殺。賀人龍有騎兵一千人卻收兵不戰，李國奇迎戰未能獲勝，陝兵、保定兵全部敗潰。賀人龍、虎大威向北逃奔，李國奇跟著北退。傅宗龍、楊文岳率領親軍合兵退往火燒店（孟家莊附近），構築營壘。賊軍進攻傅宗龍營壘。明軍使用火炮擊退賊軍。傅宗龍駐營西北，楊文岳駐營東南。是夜，楊文岳的保定兵自動潰散，楊文岳被部將擁著逃往項城，次日又逃往陳州，剩下傅宗龍單獨對抗賊軍。初九日，傅宗龍傳令賀人龍、虎大威回頭救援自己，賀人龍等不理，而領兵退往陳州。賊軍挖掘壕溝圍困傅宗龍部。明兵糧食用盡，便宰殺馬騾以及割取賊軍死屍食用。十八日，明軍火器、箭隻用盡。是夜，傅宗龍率領六千人突圍而出，賊軍跟蹤追擊，明軍四散潰逃。十九日，傅宗龍被俘。賊軍挾持傅宗龍到項城城門外，大叫說是秦督親兵，要守軍開門讓秦督進城。傅宗龍大叫說：他是秦督，不幸被俘，左右都是賊兵。賊兵便抽刀砍擊傅宗龍，並砍掉他的耳鼻。傅宗龍終於遇害。接著，李自成攻陷項城，並進行屠城，又分兵屠戮商水、扶溝。

是役，是李自成進入河南後的第一次大捷。李自成運用佯動誘敵、伏擊等靈活戰法，擊敗明軍。明軍則將領膽怯，不聽號令，不肯互相救援。

襄城之戰—崇禎十五年1至2月

崇禎十四年，項城之戰後，流寇李自成率領賊軍先後攻陷商水、南陽、鄧州、許州、鄢陵等地。這時，流寇羅汝才等部都投靠李自成。十二月，李自成圍攻開封，開封明軍堅守。明將總兵左良玉則攻陷李自成軍所佔據的臨潁。崇禎十五年（1642）正月，李自成撤除開封之圍，領兵南下攻擊左良玉，並將左良玉包圍在郾城。明朝陝西三邊總督汪喬年奉令討伐李自成。汪喬年集結了步騎兵三萬人，由總兵賀人龍、鄭嘉棟、牛成虎率領，東出潼關，救援左良玉。二月，明軍抵達洛陽。汪喬年意圖前往襄城（郾城西北100餘里），引誘賊軍解除郾城之圍前來決戰，而汪喬年則和左良玉一前一後夾擊賊軍。於是，汪喬年將步兵和火器留在洛陽，而率領騎兵二萬人，日夜趕路抵達襄城。汪喬年領兵駐紮城郊，總兵賀人龍、鄭嘉棟、牛成虎則分別領兵駐紮城東40里處待命。李自成聞報，留下一部賊軍監視郾城，而親自率領主力數十萬人迅速前往襄城攻擊汪喬年軍。汪喬年軍紮營尚未穩定，突然遭到攻擊，明軍大敗潰散，總兵賀人龍、鄭嘉棟、牛成虎不戰而逃。左良玉則躲在郾城不敢出擊。汪喬年率領敗兵一千餘人退入襄城固守。賊軍圍攻五日，李自成命部眾挖掘牆洞，填埋火藥，炸開城牆，攻進城內。汪喬年被俘遇害。李自成氣憤儒生協助明軍守城，將一百九十名儒生處以割鼻、斷腳的酷刑。

是役，李自成在河南再度粉碎了明軍的圍剿計畫，並擄獲戰馬約二萬匹，收降秦兵數萬人，聲威大震。是年二月，明軍在松山之戰被清軍擊敗，洪承疇被俘。清軍南侵，流寇作亂，明朝在內亂外患的雙重打擊之下，情勢岌岌可危。

朱仙鎮之戰——崇禎十五年7月

崇禎十五年（1642），襄城之戰後，三月，李自成率領賊軍陸續攻破河南東部陳州、睢州、歸德等城池十餘座；四月，再次圍攻開封。明廷聞報，命督師丁啟睿立即救援開封。七月，丁啟睿和保定總督楊文岳率同總兵左良玉、虎大威、楊德政、方國安等軍十餘萬人，號稱四十萬，前往救援開封，在朱仙鎮（開封西南45里）會師。李自成聞報，留下一部賊軍繼續圍攻開封，而親自率領主力前往朱仙鎮。丁啟睿軍在朱仙鎮北方駐營，賊軍在朱仙鎮西方駐營，兵力號稱一百萬，雙方營壘相望。李自成為了切斷明軍的退路，又派遣一部賊軍前往朱仙鎮東南方，挖掘壕溝，深闊各一丈六尺，環繞一百里。這時，明朝援軍是從各路臨時拼湊來的，不能互相協同。丁啟睿要求各將領攻擊賊軍，左良玉見賊軍兵勢浩大，表示賊軍矛頭銳利，不能加以攻擊。丁啟睿說：開封被圍攻得很緊急，豈能持久，必須展開攻擊。將領都畏懼，而請求次日早晨再展開攻擊。是夜，左良玉趁機掠奪其他友軍軍營的馬騾，然後率領他的軍隊向南撤退，其他明軍跟著陸續潰逃。李自成命賊軍等左良玉軍通過之後，再從後方跟蹤加以攻擊。左良玉軍慶幸賊軍追擊緩慢，於是快速行進八十里，逃到賊軍預先所挖掘的溝塹地帶，李自成親自率領賊軍從後方展開攻擊，左良玉軍陣形大亂。左良玉的士兵紛紛下馬渡越溝塹，互相踐踏，賊軍從後方展開衝擊，左良玉軍大敗。

此圖是基於明代孫承宗所編的《軍營扣答合編》當中關於軍隊渡河的敘述，將渡河作戰模式化繪製而成。當軍隊渡河時，首先要在此岸組成狀似環抱河流的半圓形陣營，以保護渡河士兵不受敵軍攻擊。而渡河上到對岸的士兵，則會沿著河流擺出陣營，用以保護之後渡河上岸的士兵。若在此岸遭遇敵軍攻擊，便要讓此岸兵力的一部分前去防備，並派騎兵繞至敵人背後進行攻擊。而若是對岸遭受敵軍攻擊，就要讓已經渡河的士兵前去防備，並且趁敵軍不注意時讓此岸的兵力渡河，繞至敵軍背後襲擊。

左良玉軍遺棄馬騾一萬匹，器械不計其數。左良玉逃往襄陽，丁啟睿、楊文岳逃往汝寧。賊軍追擊了四百里，李自成又收降了明軍數萬人。接著，李自成繼續圍攻開封。明廷聞報，下令將督師丁啟睿逮捕下獄，總督楊文岳革職聽候查勘。

當時，總兵左良玉部是明朝在河南最強勁的軍隊。左良玉起初驍勇敢戰，多次擊敗流寇，崇禎十三年，明廷授予他「平賊將軍」印信，此後逐漸驕縱，不太聽上級指揮，並且玩寇自重。是役，明軍失敗主因，便是由於左良玉不服從督師丁啟睿進攻的命令，首先私自逃跑。而經過是役，左良玉的精銳喪失略盡。是役，李自成戰法靈活，基本上摧毀了河南明軍主力，在戰略上處於主動地位。

明代渡河作戰的要領

郟縣之戰—崇禎十五年10月

崇禎十五年襄城之戰陝西總督汪喬年遇害以後，明廷命兵部侍郎孫傳庭接任陝西總督。五月，孫傳庭抵達關中，召集將領前來西安開會。會中，孫傳庭下令將總兵賀人龍扣押綑綁，敘述他遇敵潰逃以致連續損失兩位總督的罪過，然後將他處斬。各將領才知道畏懼。接著，孫傳庭日夜整治軍隊，作剿平流寇的準備。不久，明軍在朱仙鎮大敗，李自成繼續圍攻開封，明廷命總督孫傳庭出兵救援開封。孫傳庭上奏說：軍隊新近招募，不堪使用。明思宗不聽，孫傳庭不得已出師；九月，抵達潼關。同月，李自成決開黃河引水灌城，開封被水淹沒，城內士人平民溺死數十萬人。開封一片汪洋。李自成見開封已無法作為打天下的基地，也就率領賊軍撤離開封，向西南方前進。這時，老回回馬守應、革裏眼賀一龍、亂世王藺養成等五部流寇也投靠李自成。

孫傳庭見李自成已經朝向西南方前進，便率領總兵牛成虎、左勷、鄭嘉棟、高傑等軍進向南陽，意圖攔截賊軍。李自成聞報，也轉向西方，準備迎戰孫傳庭軍。十月，雙方在郟縣遭遇。孫傳庭部署三支伏兵等待賊軍，左勷率領左軍，鄭嘉棟率領右軍，高傑率領中軍，準備伏擊賊軍。牛成虎率領前軍首先同賊軍交戰，接著假裝敗退引誘賊軍追擊。賊軍追擊進入明軍設伏地帶，牛成虎領兵掉頭戰鬥，高傑率領伏兵出擊，協助牛成虎。左勷、鄭嘉

（作圖：林加豐）

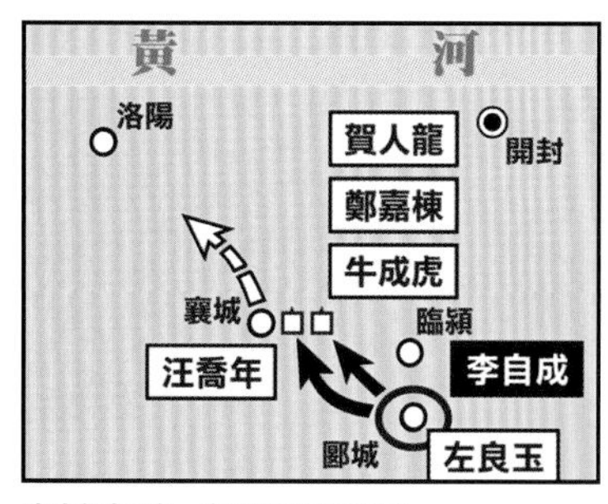

襄城之戰　崇禎15年2月

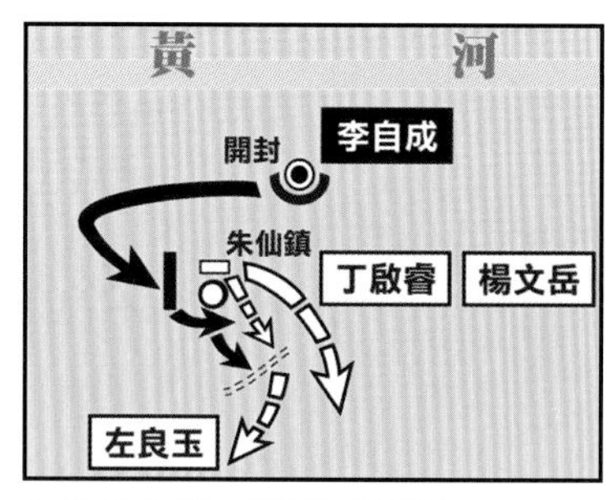

朱仙鎮之戰　崇禎15年7月

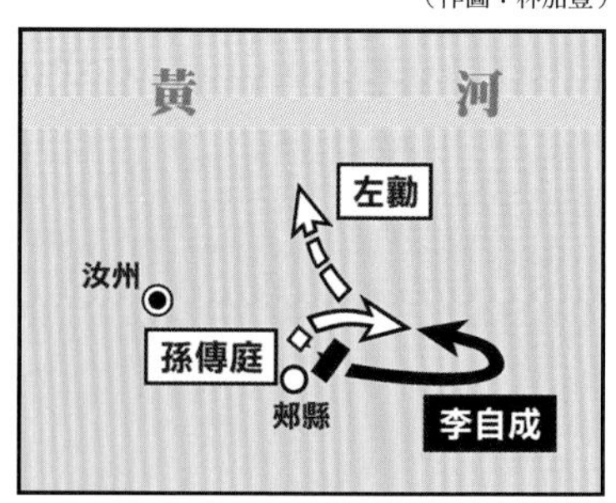

郟縣之戰　崇禎15年10月

棟又率領伏兵從左右兩方側擊賊軍。賊軍被擊敗，向東逃走。明軍斬獲賊軍首級一千餘顆，追擊了三十里。明軍追擊到郟縣的塚頭。賊軍故意在退路上遺棄大量的鎧甲、兵器、輜重，明軍見到，爭先恐後的奪取，無法維持隊形，指揮凌亂。賊軍發現明軍叫囂，隊伍雜亂，於是掉頭乘機展開反擊，左勷、蕭慎鼎部首先敗潰，其他各部明軍跟著潰退。明軍副將孫枝秀殺死了數十名賊軍騎兵，最後被賊兵包圍，孫枝秀騎馬衝擊突圍不成，坐騎跌倒而被俘遇害。參將黑尚仁也被俘不肯投降而遇害。明軍損失了數千人，其餘明軍小將小校戰死的有七十餘人。賊軍所擄獲明軍的戰馬超過本身所損失的。孫傳庭先逃往鞏縣，再退回關中。然後，孫傳庭將蕭慎鼎逮捕斬首，又罰左勷賠馬二千匹。由於左勷是左光先的兒子，所以免除死罪。（左光先曾在孫傳庭麾下擔任總兵，數度擊破賊軍。）是役，天下大雨，糧食補給不上，明兵採青柿食用，又凍又餓，這也是明軍戰敗的原因之一。河南人稱是役為「柿園之役」。

汝寧之戰──崇禎十五年閏11月

崇禎十五年（1642）十月，明軍兵敗郟縣。這時，清軍越過長城南侵，京師北京告急；明廷徵調各鎮（總兵）兵入援京師，無暇規劃討伐賊軍。李自成乘機收降其他各股流寇，兵力大為擴充。同月，李自成攻陷南陽，並實施屠城。接著，李自成轉向汝寧進攻。這時，朱仙鎮戰敗後遭到革職的前保定總督楊文岳和知府傅汝為駐守汝寧。閏十一月十三日，李自成主力進到汝寧城外五里處駐軍。楊文岳和總兵虎大威率領保定兵屯駐城西，四川兵屯駐城東。是日，李自成首先攻擊城東四川兵，雙方激戰一日夜，四川兵戰敗潰逃。然後，賊軍集中兵力轉向城西攻擊保定兵。總兵虎大威中炮而死，保定兵逐漸支持不住，楊文岳退入城內。次日，賊軍在四面使用雲梯強攻汝寧城。城頭守軍發射如雨般的弓箭、炮彈、擂石，賊軍死傷慘重，但攻擊仍然不停。不久，賊軍一百路同時進攻，終於攻上城頭，佔領汝寧，楊文岳被俘。李自成下令將楊文岳綑綁，用大炮加以轟擊，楊文岳被貫穿胸部骨頭靡爛而死。李自成又實施屠城，士人平民被殺的有數萬人。賊軍又將城內公私房舍焚毀殆盡。

是役，李自成殲滅了楊文岳軍；於是，黃河以南河南地區的明軍野戰部隊被消滅殆盡。接著，李自成率領賊軍朝西南方前進，經由泌陽進向襄陽。

襄陽之戰──崇禎十五年12月

總兵左良玉在朱仙鎮之戰大敗後，逃往襄陽。當時，明思宗命督師侯恂據守黃河，圖謀李自成，而令左良玉率領他的軍隊前往會合。左良玉畏懼李自成，遷延不敢前往。等到九月開封失陷，明思宗遷怒於侯恂，將侯恂免職，卻不敢怪罪擁兵自重的左良玉。左良玉屯駐襄陽後，強行徵發襄陽一郡人民當兵，補充他的軍隊。又有部分投降的賊軍歸附他，使他的軍隊達到二十萬人。但他的親軍愛將大半已經死亡，而投降的賊軍又不太接受他的節制，他本人也逐漸衰弱多病，已經不能同李自成軍對抗。而他的軍隊中，由官方正式供應糧餉的只有二萬五千名，其餘的軍隊都因糧於村落；因此，襄陽一帶民不聊生。

這時，李自成意圖攻佔襄陽作為奪取天下的基地。十二月，李自成和羅汝才合兵四十萬人，經由唐縣西進。左良玉屯駐襄陽近郊，又在樊城（襄陽北方漢水北岸）大量製造戰艦，準備逃往郢州。襄陽人怨恨左良玉剽掠，因此縱火焚燒他的戰艦。左良玉大怒，於是擄掠荊州、襄陽富商的船隻，裝載輜重、婦女，而親自率領他的軍隊在樊城高地駐營。這時，賊軍聲勢浩大，襄陽民眾都焚香攜帶牛酒去迎接賊軍。十二月三日，賊軍騎兵數萬人進到樊城，向左良玉軍進攻。左良玉從高地發射火炮，打死賊軍一千餘人。賊軍改變戰略，主力迂迴到樊城西方70里的白馬灘渡越漢水。左良玉退兵南岸，構築水柵，又派遣一萬人扼守淺灘。賊軍十萬人渡過漢水，明軍無法遏阻。左良玉乘夜拔營逃遁，率領舟師沿著漢水南下，步騎兵則在左右兩岸掩護跟進。初四日，李自成率領賊軍進入襄陽，民眾攜帶牛酒歡迎賊軍。接著，李自成分兵攻陷夷陵、宜城、荊門。同月，李自成領兵抵達荊州，士民開門迎降。

十二月二十四日，左良玉抵達武昌，縱容士兵大肆剽略，火光照耀江中。宗室士人民眾逃竄到山谷中，大多被土匪殺害。崇禎十六年（1643）正月中旬，左良玉才領兵撤離武昌；接著，李自成攻陷承天（鍾祥）。然後，李自成又派兵攻陷潛山、京山、雲夢、黃陂、孝感等州縣。左良玉繼續退往九江。李自成自號奉天倡義大元帥。

李自成在河南時，所攻陷的城池便加以焚毀。渡過漢江以後，圖謀以荊州、襄陽作為根基，改襄陽為襄京，整修襄王宮殿自己居住；又創設官署，分封部下官爵、名號。於是，河南、湖廣、江北各流寇都聽從李自成的號令。是年，李自成又先後殺害不太順從他的流寇頭目羅汝才、賀一龍、藺養成等人，合併了他們的軍隊，使李自成的賊軍確實在他的掌控之下。接著，李自成又自稱新順王。

汝州之戰和孫傳庭軍的覆沒——崇禎十六年7至10月

崇禎十五年，陝西總督孫傳庭在郟縣戰敗，退回關中以後，計劃防守潼關。因此，孫傳庭大規模的招募壯士，實施屯田，整修器械，囤積糧食，命每三家出壯丁一名充當軍士，又製造「火車」二萬輛。「火車」用來裝載火炮、器甲，作戰時又可以抗拒騎兵，停止則環繞自衛。工役苛刻緊急，日以繼夜，陝西人民不能忍受。而關中年年饑荒，屯駐大軍缺乏糧餉，士大夫不滿孫傳庭嚴峻的作風，不喜歡他在陝西，因此在朝廷傳播說陝西督師玩寇。於是，明廷一再催促孫傳庭出兵討伐李自成。崇禎十六年（1643），李自成在襄陽稱王。五月，明思宗又命陝西總督孫傳庭兼任督河南、四川軍務；不久又晉升為兵部尚書，改稱督師，又加兼任督山西、湖廣、貴州以及江南、北軍務，而催促他出兵愈加緊急。孫傳庭不得已，只好出師。這時，李自成已經佔據河南、湖北十餘郡。

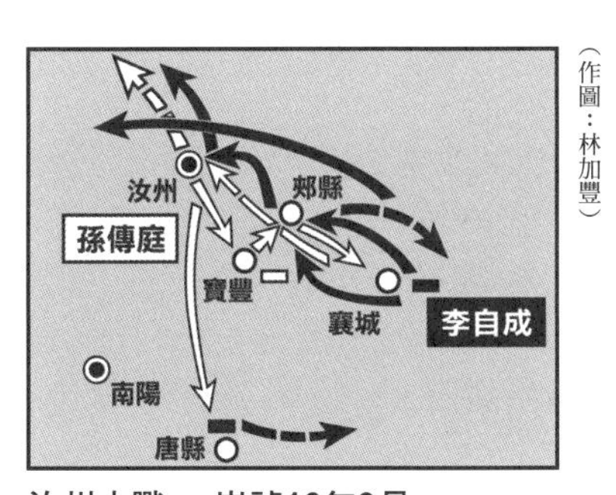

汝州之戰　崇禎16年9月

八月十日，孫傳庭領兵東出潼關。孫傳庭率領主力，由總兵牛成虎作為前鋒，副總兵高傑率領中軍，總兵白廣恩率領火車營，進向洛陽；總兵王定、官撫民率領延綏、寧夏兵作為後衛；河南將領陳永福防守新灘，四川將領秦翼明從商州前進，作為犄角。孫傳庭又命總兵左良玉前往汝寧夾擊賊軍。但左良玉按兵不動。九月八日，孫傳庭軍抵達汝州，賊軍守將投降。這時，李自成賊軍營寨在唐縣，精銳則全部聚集襄城，一部屯駐寶豐。孫傳庭軍首先攻破寶豐，又分兵攻佔唐縣，將賊軍眷屬殺害殆盡。明軍轉戰到郟縣，李自成率領一萬名騎兵迎戰，賊軍大敗，李自成幾乎被俘。明軍攻陷郟縣，李自成退回襄城，明軍進逼襄城。這時，賊軍士氣低落，但明軍一直露宿和賊軍相持，而長期下雨導致道路泥濘，糧車不能前進，明兵饑餓。攻破郟縣時，獲得若干瘦馬，立即被明兵啃光。李自成又派遣輕騎兵襲擊汝州西北的白沙，切斷明軍補給線。大雨又連續七日七夜不停，孫傳庭的後軍在汝州因缺糧而譁變，孫傳庭軍流言四起。孫傳庭不得已，只好退軍回去迎取糧食，而留陳永福殿後。孫傳庭撤離後，陳永福的士兵也搶著撤退，陳永福加以斬殺也不能禁止。賊軍展開追擊，不久追上明軍。孫傳庭率領明軍回頭迎戰。李自成列陣五層，第一層是饑民，其次是步兵、騎兵，再其次是驍勇騎兵，家眷在第五層。明軍擊破賊軍陣勢三層，賊軍驍勇騎兵拚命死戰，明軍陣勢稍微動搖。推運火車的明兵大叫說軍隊打敗了，接著棄車逃跑。火車有的傾倒，阻塞道路，賊軍向明軍展開衝擊，明軍大敗潰退，李自成軍展開追擊，明軍一日一夜狂奔四百餘里，逃到孟津，明軍死亡四萬餘人，損失兵器、輜重數十萬件。孫傳庭逃回潼關。

十月，李自成率領賊軍乘勝攻破潼關，再次大敗明軍，孫傳庭戰死，高傑逃走，總兵白廣恩投降。賊軍勢如破竹，攻陷西安。接著，李自成在西安建國號為大順，又佔領陝西全境。

崇禎十七年（1644）二月，李自成率領賊軍東渡黃河，攻克太原、大同、宣府，進入居庸關。三月，李自成攻陷北京，明思宗自殺，明朝滅亡。接著，清軍進入山海關，河山變色。

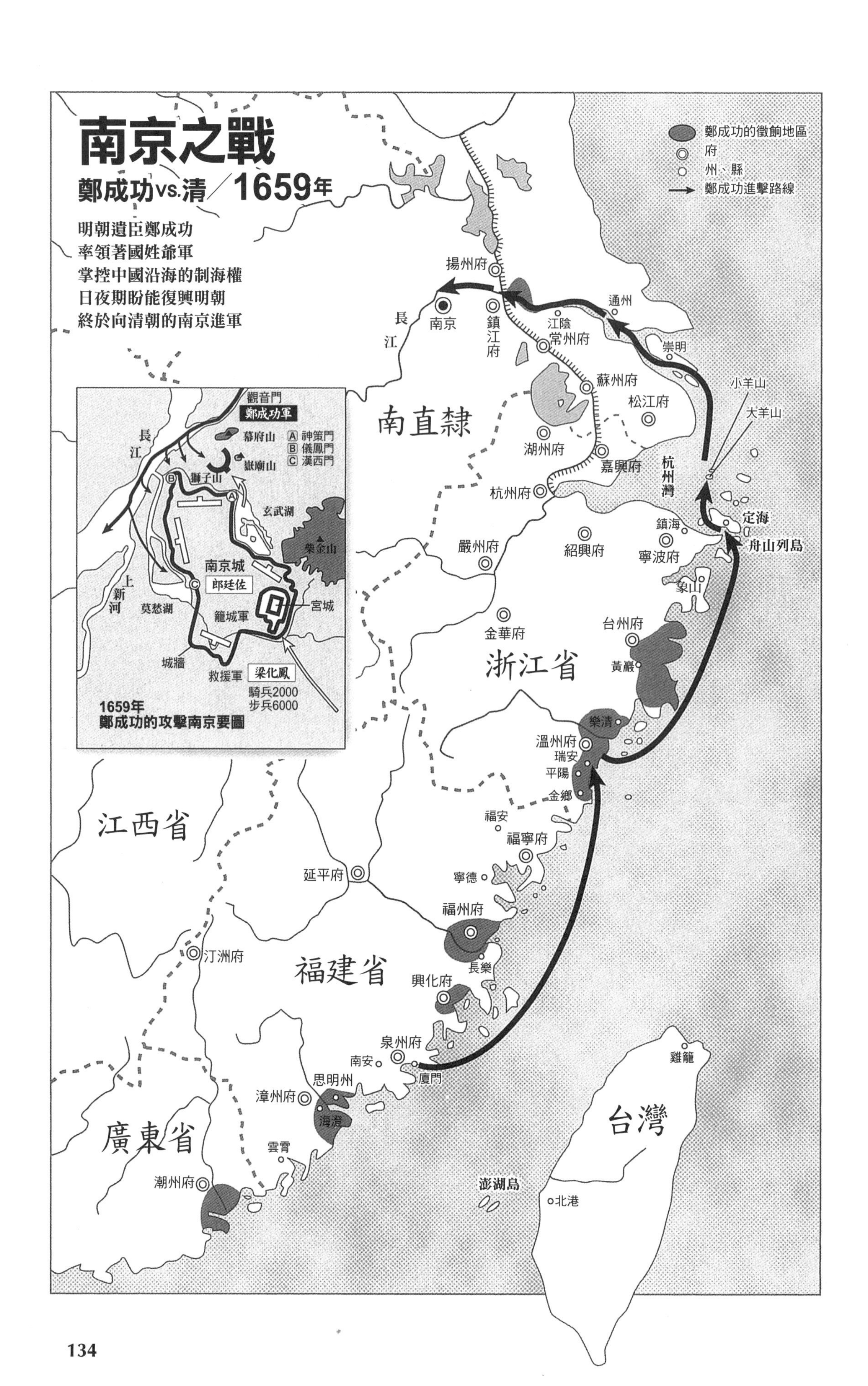
南京之戰
鄭成功vs.清／1659年
明朝遺臣鄭成功
率領著國姓爺軍
掌控中國沿海的制海權
日夜期盼能復興明朝
終於向清朝的南京進軍
鄭成功的徵餉地區
府
州、縣
鄭成功進擊路線
揚州府
南京
長江
鎮江府
江陰
常州府
通州
崇明
蘇州府
松江府
小羊山
大羊山
南直隸
湖州府
嘉興府
杭州灣
杭州府
定海
舟山列島
鎮海
嚴州府
紹興府
寧波府
象山
金華府
台州府
浙江省
黃巖
樂清
溫州府
瑞安
平陽
金鄉
福安
福寧府
江西省
延平府
寧德
福州府
長樂
汀洲府
福建省
興化府
泉州府
南安
廈門
思明州
漳州府
海澄
雲霄
廣東省
潮州府
澎湖島
北港
雞籠
台灣
觀音門
鄭成功軍
長江
幕府山
A 神策門
B 儀鳳門
C 漢西門
嶽廟山
獅子山
玄武湖
紫金山
南京城
郎廷佐
上新河
莫愁湖
宮城
籠城軍
城牆
救援軍
梁化鳳
騎兵2000
步兵6000
1659年
鄭成功的攻擊南京要圖

■期盼能捲土重來的再次北伐

清順治16年（西元1659）7月7日，鄭成功率領國姓爺軍抵達南京江寧府。他先在3月25日集結全軍於溫州附近的盤石衛，沿著海岸地區北上後進入長江，於扼守南京的瓜州、鎮江戰役中取得大勝，緊接著便在反清復明的士氣大為高漲中前進至南京。

雖然在前一年，他曾率領由300艘船、17萬人組成的大艦隊從廈門出發準備進攻南京，不過卻在杭州灣中的羊山海域遭遇大風，包括鄭成功兒子3人在內的大軍因此全軍覆沒，損失極為慘重。正因如此，這次再度北伐也可說是期望能夠捲土重來。

12日，鄭成功自己在嶽廟山佈陣，並且將精銳配置於獅子山、儀鳳門、第二大橋、漢西門（石城門）等處，將南京城完全包圍。另一方面，敵軍的防衛指揮官：江南總督郎廷佐，下令將城外的建築物全部燒毀，周圍的居民也全部進入城內並且完全封鎖，以堅壁清野之計防堵鄭成功。

而在國姓爺軍中，則有「倭槍隊」與「鐵人」等特殊部隊。不用說，前者就是使用從日本傳來之火槍的部隊，而後者也是穿著仿效日本的甲冑，並且持用銳利日本刀的無敵部隊。這些部隊不僅兵器與裝備是來自日本，據說其中的成員也可能包括從鎖國中的日本偷渡過來的武士。

不過，鄭成功在此則犯下了沒有立刻展開攻擊的錯誤。這是因為他接受了郎廷佐所提出的：依清律「守城過三十日，罪不及妻孥」請求，另外也相信了松江總督馬進寶會擔任內應的情報，因而等著要與他會師。

鄭成功最信任的心腹甘輝向他建言：「久屯城下，師老無功」希望盡速攻城，不過鄭成功卻因為不想單以力服人，而想讓對手心服口服，因此沒有聽取他的意見。但是國姓爺軍在此期間士氣低落，之前的勢如破竹反而使他們變成「狃於小勝，不用上命」（隨同北伐的朱舜水所言）的狀態。

■進攻南京失敗，轉而攻取台灣

7月23日，此日是鄭成功生日隔天，在軍紀因此稍有懈怠當中，他接到了崇明總兵梁化鳳部隊突破防線，朝著南京前進而來的急報。崇明島位於長江出海口，由於鄭軍在瓜州、鎮江打了勝仗，因此反而忽略掉了這個島。當時的判斷，造成了這種完全出乎意料的結果。

雖然《國姓爺軍》急忙加強守備，不過他們卻遭受到來自南京城內的意外反擊。關於這件事有兩種說法；一種是城內的清兵挖掘隧道通至城外，出現在儀鳳門外的草叢中且突襲鄭軍，也就是使用了「穴城」之計。

另外一種則是在《明季南略》等書中可看到，使用更具戲劇性的「突門」之計。在南京城北邊有座神策門，這座門後來被改為用磚頭塞起來，使其外表看起來跟一般城牆沒什麼兩樣。而城內的清軍則悄悄把外表的灰泥刮除，當發現鄭成功這方有機可趁時，便一口氣把磚牆推倒，讓部隊打出城外去。

不管是哪種方法，總之軍隊因為遭受奇襲而陷入混亂，而且後方又有梁化鳳部隊夾擊，國姓爺軍因此退至觀音山，打算要重整態勢。不過此時梁化鳳則進攻在該山上佈陣的左先鋒楊祖，使他們全軍覆沒。另外，先前的鎮江戰役中被鄭成功打敗，因而懷恨在心的管效忠，也在山上擊敗提督甘輝的部隊，與此同時位於山下的左虎衛陳魁及附近的各部隊皆吃了大敗仗。這都是因為嚴格的軍規不允許獨斷獨行，導致各部隊受限所致。

在如此悽慘的戰況中，身在觀音門的鄭成功無奈只好於7月24日讓殘存部隊撤退至鎮江。

此戰中，除了前述的甘輝、陳魁之外，包括後提督萬禮、五軍張英等國姓爺軍的中樞人才皆喪失殆盡。另外，清朝在之後為了封鎖鄭成功資金來源的貿易交流，便施行了強迫沿海地區居民遷移至內陸，可說是第二次堅壁清野的「遷界令」。

攻取南京的失敗，使鄭成功的反清復明作戰遭受極大挫折，因此便下達決心要移至新地點。兩年之後，他進攻荷蘭佔領下的台灣，並且將之解放，使政權在此地獨立國家化。

連環船（火藥攻擊船）的戰法

連環船是明代的軍船，因為船體可分割成前後兩個部分而得此名。這種船隻是為了要在水上戰鬥中更有效率的使用火器而發展出來的，出擊時在前方部位裝滿火藥，衝撞敵船之後會用船首的鉤子勾住敵船船身，然後再點燃火藥。只要把船體分離，留下前端之後撤退，勾在敵船上的前部船身上滿載的火藥就能引燃敵船，使其陷入火海中。由於是靠人來操作，所以成功率極高，設置完畢之後也能讓人員全身而退以減低損失。（廈門博物館藏。照片提供／CPC）

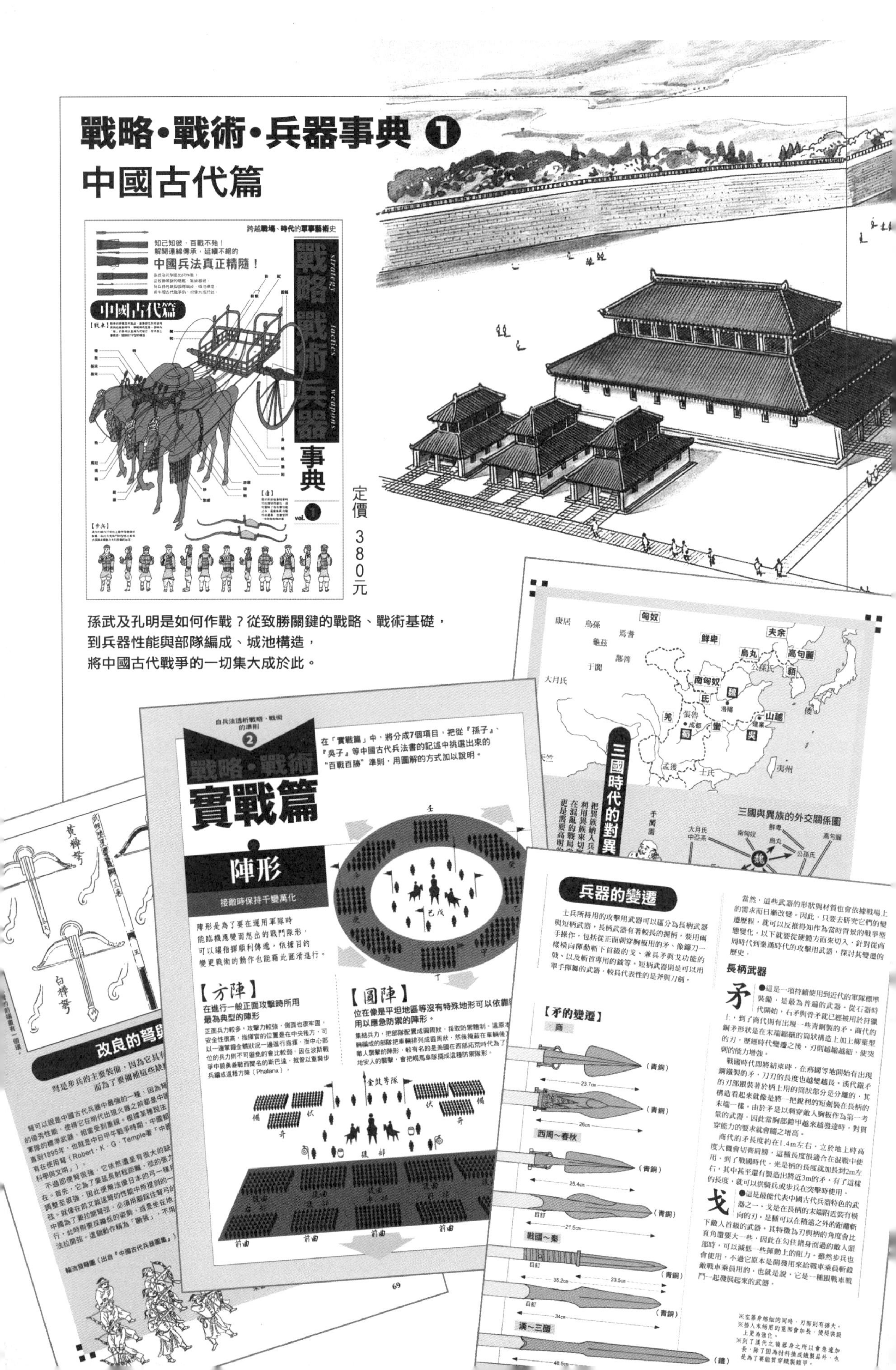
戰略・戰術・兵器事典 1
中國古代篇
跨越戰場、時代的軍事藝術史
知己知彼，百戰不殆！
解開連綿傳承，延續不絕的
中國兵法真正精髓！
戰略 戰術 兵器 事典
strategy tactics weapons
中國古代篇
vol. 1
定價 380元
孫武及孔明是如何作戰？從致勝關鍵的戰略、戰術基礎，
到兵器性能與部隊編成、城池構造，
將中國古代戰爭的一切集大成於此。
戰略・戰術 實戰篇
陣形
接敵時保持千變萬化
【方陣】
【圓陣】
三國時代的對異
三國與異族的外交關係圖
兵器的變遷
長柄武器
【矛的變遷】
改良的弩

【戰爭與中國】

實。踐

孫子兵法的影響力
觀天望氣與戰略
宗教叛亂與民眾起義

文／竹田健二
（p.138）
不二龍彥
（p.144）
澤 章敏
（p.150）

正因為是極具普遍性的軍事原則，因此更加注重讀者的資質

成書於遙遠戰國時代的經典兵書《孫子》，
它真的有對後來的戰爭造成影響嗎？
且看「軍事機密」之外的「秘密」！

雖然是最高機密…

春秋時代末期，仕於吳國而大展身手的孫武所傳下的《孫子》兵法十三篇，自古以來就是評價極高的兵書。不過在實際戰鬥中，《孫子》又是如何發揮作用的呢？在此除了要就《孫子》兵法與實際戰鬥的關係加以探討之外，也要探究《孫子》兵法對於後世所帶來的影響。

不過，要在中國史上進行過的無數場戰鬥當中，舉出確實有受到《孫子》兵法影響的戰役，實在是一件極為困難的事。因此本文決定一開始先不討論這個部分。

真要說的話，就算真的有某位主帥曾經基於《孫子》等兵書來進行實際軍事作戰，也不一定會把這樣的事蹟流傳至後世。因為作戰行動基於何種原則進行的這件事，本來在軍事上即屬於最高機密事項，因此當事人自然不會隨口說出自己是根據《孫子》的哪一篇記述來擬定作戰，所以也不用期盼會留下任何記錄。

另外，即使當事人真的說了些什麼，也不能全然相信。舉例來說：毛澤東有將《孫子》等傳統中國兵學應用在實戰當中，是眾所皆知的事情。但根據河田悌一氏所著的「毛澤東與《孫子》」一文中提到（加地伸行編，《孫子的世界》，中公文庫所收），在文化大革命如火如荼進行時，毛澤東卻說過自己根本沒讀過《孫子》的話。即使毛澤東於1936年寫的論文「中國革命戰爭的戰略問題」中，曾有三處引用自《孫子》。

在這樣的背景之下，筆者將針對能夠窺視的範圍，來探討《孫子》所造成的影響。

桂陵之戰。此役是假裝要攻擊敵人後方，然後先行佔據有利位置，進而採用能隨心所欲陣形以逸待勞的最佳範本。雖然魏軍先採取行動，不過後發的齊軍卻以「迂直之計」重挫魏軍。

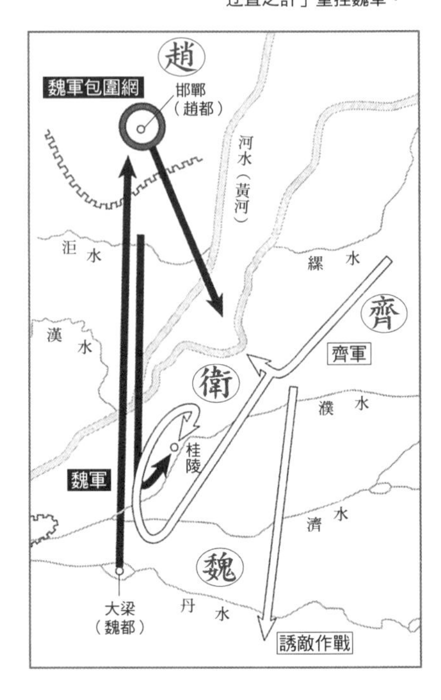

桂陵之戰與《孫子》

首先，要從戰國時代中期，仕於齊國的孫臏所指揮的戰爭說起。

孫臏的兵法，自從《孫臏兵法》於1972年在山東省臨沂縣銅雀山漢墓中出土之後，在研究上即有所進展，可以了解基本上它是繼承自《孫子》的十三篇兵學理論。

在《孫臏兵法》中的「擒龐涓」篇裡，對於孫臏所指揮的齊軍在桂陵地區擊敗龐涓指揮的魏軍，有著很詳細的戰況描述。以下，參考淺野裕一氏所著的《孫子》（講談社學術文庫），來說明這場桂陵之戰，並且探討孫臏的戰術與《孫子》有何關聯。

此戰役是因魏惠王欲攻取趙都邯鄲開始的。魏惠王首先命令龐涓以8萬兵力佔領一個名為茬丘的地方，而茬丘剛好位於齊國援軍通往邯鄲的路線上。因為魏惠王預測趙國在遭受魏國侵略時，應該會向齊國求援，所以便先下手為強。

另一方面，齊威王則命田忌率領8萬兵力出擊至齊國與衛國的邊境附近，從南邊迂迴推進至邯鄲。不過龐涓卻又佔領了衛國的北部地區，再度擋住齊

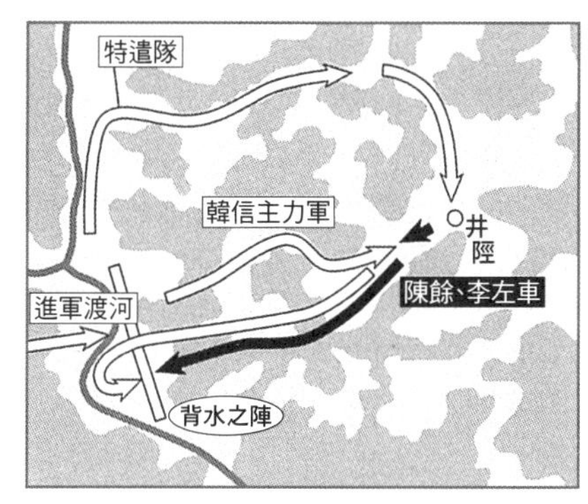

井陘之戰。先佯裝敗逃，將敵人引入「背水之陣」，然後又讓特遣隊自敵背後襲擊，韓信的戰略相當成功。士兵的士氣高昂，是打勝仗的最主要原因。

軍的去路。

此時田忌打算要先擊破位於衛國的魏軍，然後繼續挺進邯鄲，不過軍師孫臏卻建議他往更南邊迂迴，並攻擊魏國的城邑平陵。然而平陵不但是個難以攻陷的軍事都市，再加上齊軍如要攻擊平陵，補給線勢必需通過魏國的軍事據點—市丘，進而使齊軍有被孤立的危機。即便如此，孫臏仍堅持採用這項作戰，其最大主因是故意要讓龐涓以為齊軍對於軍事一無所知，才會做出這種拙劣的決策。

田忌遵行孫臏的策略，讓齊軍往平陵推進。孫臏另指示軍中最不擅長軍事的兩位大夫前去攻擊平陵。他之所以下達這樣的指令，就是故意要讓攻擊失敗。果然，兩人的部隊果真大敗。這時，孫臏則親自率領由輕戰車構成的部隊推進至魏國都城大梁的郊外，進行激怒龐涓的作戰。而且在這支輕戰車部隊中，還伴隨一部分從平陵齊軍分出來的步兵部隊，當然這也是要讓龐涓誤以為是齊軍自行把兵力分散。

當龐涓得知齊軍部隊已經來到大梁郊外，勃然大怒，便決定要將齊軍一網打盡。他捨棄了腳程較慢的輜重部隊，以強行軍的方式往平陵南下。孫臏此時則秘密轉移，在桂陵地區等待魏軍自投羅網。最後，齊軍生擒龐涓大獲全勝。以上就是記載於「擒龐涓」篇中的桂陵之役經過。

在「擒龐涓」篇裡，並沒有提及孫臏一連串的作戰跟《孫子》兵法有什麼關聯，不過兩者卻有著完美的契合。首先可以確定的是，繼承了孫武兵學的孫臏，在此巧妙地應用了《孫子》軍爭篇中談到的「迂直之計」。

所謂的「迂直之計」，就是「故迂其途，而誘之以利，后人發，先人至，此知迂直之計者也」，意思是要採繞遠路的方式，同時以小利誘使敵人上鉤，才能讓之後採取行動的我軍，比先行動的敵軍還要早抵達戰場，也可用「以迂為直，以患為利」來表現。

雖然若能在戰場上以逸待勞，當然就能使戰鬥往對自軍有利的方向進行。不過要比先採取行動的敵軍更早到達戰場，在實行上卻是一件非常困難的事，絕對沒有想像中容易。不過，孫臏又是如何運用「迂直之計」呢？

首先，孫臏在通往邯鄲救援的道路兩度被阻擋後，決定要往更南邊迂迴，往平陵方向推進，便是符合「迂其途」的敘述。不過從結果來看，最後這些齊軍又朝向與魏軍爆發戰鬥的桂陵而去，成了走在直行路線上，此為「以迂為直」。

而孫濱故意往補給線會被截斷、部隊會陷入孤立危險的地方前進，再攻打難以攻陷的平陵，還刻意損失兩位大夫，就是故意要表現出自軍不利、敵軍有利的情勢，讓魏軍誤以為對於軍事一無所知的齊軍已經陷入絕境，好誘使他們發動總攻擊。也就是說，孫臏採用了各式各樣的欺敵方式來佈局，隱藏自己真正的意圖，誘導敵人往自己選好的戰場而去。最後，他之所以率領輕戰車部隊挺進至大梁郊外，也是要藉此激怒龐涓，讓他下達進行總攻擊的決定。

龐涓因為敵軍出其不意地推進至國都，使他頓時失去冷靜，下定決心立刻對平陵的齊軍進行攻擊，讓部隊南下。

在《孫子》的軍爭篇中，有這麼一段文字：「日夜不處，倍道兼行，百里而爭利，則擒三將軍，勁者先，疲者后，其法十一而至；五十里而爭利，則蹶上將軍，其法半至；三十里而爭利，則三分之二至。」被激怒的龐涓，採取了在《孫子》中最忌諱的強行軍，使他在戰力一邊急遽減弱之下，一邊往齊軍以逸待勞的桂陵急速前進。

如此一來，後採取行動的齊軍先抵達了戰場，形成可從容等待魏軍到來再攻擊的狀態，漂亮地將「迂直之計」成功發揮。

■韓信的背水陣與《孫子》

秦帝國滅亡之後，項羽和劉邦相互爭奪霸權，不斷進行著劇烈戰鬥。在這之中最為有名的，則是韓信與趙國交手的井陘之戰中所採用的背水陣，而這項戰術是應用了在《孫子》九地篇中所提及的戰術。以下，即根據《史記》的淮陰侯列傳，一邊介紹井陘之戰的經過，一邊探討此役與《孫子》的關係。

漢王劉邦在彭城之戰中被項羽打敗後，魏、齊、趙等國便陸續背叛劉邦改投項羽。而韓信則奉劉邦之命，前去平定魏國，接著又率領數萬兵馬與張耳一起攻破代國，並繼續往趙國推進，準備通過位於穿越太行山脈道路上的井陘。

趙軍為了要防堵來襲的漢軍，由趙王在井陘的出口處集結了號稱20萬的大軍。而廣武君—李左車則對趙軍主帥成安君—陳餘進言：「由於井陘之道較為狹窄，漢軍的隊列必會拖長，輜重部隊定被擺在主力後方很遠之處。我可率領3萬士兵繞道而行，切斷他們的輜重部隊。在此期間，則要加強我軍主力陣地的防禦，避免跟漢軍主力交戰。只要拖成持久戰，不出十日便能將糧道截斷、將因遠征而疲累不堪的漢軍擊垮，取韓信、張耳兩將。如果不採用我提的策略，反而會被他們抓走。」不過，重視義軍而不打算採用奇計的陳餘，認為韓信兵力不過數千，根本無須放在眼裡，而否決了李左車的計策。

韓信得知李左車的策略不被採用之後相當高興，讓部隊推進至距離趙軍前方30里之處，然後就停了下來。入夜之後，韓信命輕騎兵2千人繞道至可看見趙軍陣地之處，然後潛伏於此。韓信說道：「一旦我軍主力開始敗退，趙軍一定會追出來，屆時陣地兵力不足，你們要趁此機會奪其陣地，然後把手上的漢軍紅旗通通插起來。大破趙軍之後，就讓我們一起飽餐一頓吧！」。部下雖然皆不相信韓信所言，不過還是聽命行事。

另外，韓信又派1萬名部隊先行出發，在背對河川的地方佈陣。趙軍看到這種截斷自軍退路的愚蠢佈陣，皆放聲大笑。

翌朝，由韓信、張耳率領的主力出沒於趙軍的陣地前方，趙軍接受挑戰出陣攻擊，雙方展開激烈的對戰。接著，韓信與張耳便開始佯裝敗走，前去與背對河川佈陣的部隊會師。趙軍此時出動全軍前往追擊，不過漢軍因為背對河川已無路可退，所以拚死奮戰，趙軍踢到鐵板之後便停止攻擊，準備撤回陣地。

此時，趙軍陣地早已被韓信派出的2千騎兵所佔領。看到自軍陣地被插滿紅色漢旗的趙軍因而陷入慌亂，並遭到前後漢軍夾擊，吃了大敗仗。

戰鬥過後，韓信曾如此說道：「兵法中不也說過『陷之死地而後生，置之亡地而後存（讓軍隊陷入危險的狀況，才能使他們有生還的力量）』嗎？我至今尚未取得下屬信任，只是強迫隨便在市場召集來的眾人去作戰罷了！因此，若是在生地（還有退路之意）作戰，我軍士兵必會逕自逃之夭夭，故選之於死地戰鬥」。

韓信在此引用的句子，雖然有幾個字句不一樣，不過應該是指《孫子》九地篇中的「投之亡地而後存，陷之死地然後生」。等於說，韓信將《孫子》九地篇中提及的戰術應用在井陘之戰裡，且取得了勝利。

事實上，《孫子》兵法本身是依據春秋末年的吳國戰爭局勢、形態為背景來撰寫。而吳國戰爭形態的特色之一，就是徵集大量農民作為步兵，編入軍隊讓他們作戰。因此，關於針對沒有作戰意識的士兵，要如何讓他們拚死奮戰的這個問題，在《孫子》中相當重視，並於九地篇裡提到如何讓士兵們能夠拚命作戰。也可以說，若戰爭發生於自國領土，或是與自國邊境距離較近的敵國領土內，那麼自軍士兵多會抱持著苟且偷生的心態，紛紛棄械逃亡。因此，孫武認為在進攻時就要深入敵國領土內部，讓士兵們陷入「投之無所往」，也就是無處可逃的狀況。唯有如此，才會讓士兵們覺悟到：只有取得勝利才有生還的機會。因而無所畏懼，確實聽命奮戰。

因此，回歸正題。當時韓信所率領的士兵在戰意上已十分低落，所以藉著背水佈陣，讓士兵們了解已沒有退路了，要生存就只能拚死奮戰。

或者也可以說，韓信之所以能成功以寡擊眾，即是活用了九地篇的戰術所致。

■曹操與八幡太郎義家

魏的曹操曾經整理過《孫子》篇章，且還加以注釋，因此推測在實戰中也有將《孫子》兵法加以應用的實例。舉例來說，曹操在官渡之戰中，就曾運用巧妙機動的方式以少量兵力成功戰勝袁紹。

當時的曹操為了救援被孤立在白馬的劉延而出擊至官渡，但他並沒有直接前往白馬。他首先在延津渡過黃河，假裝要繞至袁紹後方，然後再回頭急襲正在圍攻白馬的顏良，取得了勝利。曹操所採用的戰術是基於荀攸的建議，而這也是《孫子》始計篇

孫子13篇中的名句

始計篇——總論。說明開戰的基本要符合政治、季節、地利、指揮官、法律等。

作戰篇——以經濟的觀點來說明戰爭。「兵聞拙速，未睹巧之久」等。

謀攻篇——解說理想的獲勝方法。裡面有像是「知己知彼，百戰不貽」等許多有名的句子。

軍形篇——立於不敗態勢的方法。「兵法：一曰度，二曰量，三曰數，四曰稱，五曰勝」。

兵勢篇——指導將領如何取勝。「故善戰者，求之于勢，不責于人，故能擇人而任勢」。

虛實篇——唯有能夠掌握左右戰爭的無形虛實變化法則，才有辦法獲勝。「存亡在虛實」。

軍爭篇——說明如何在戰役中取勝。除了本文中的「迂直之形」外，較有名的還有「風林火山」。

九變篇——解說如何對應戰場上的各種狀況。「城有所不攻，地有所不爭」等。

＊除此之外，還有行軍篇（敵情分析）、地形篇（地形作戰）、九地篇（地形對應）、火攻篇、用間篇（事前調查）。

中所提到的「近而示之遠」（其實是在接近敵人，不過卻要裝作正在遠離敵人）戰術應用（請參考湯淺邦弘氏「孫子的戰爭論」〔前述《孫子的世界》所收〕）。

至於，曹操之所以在赤壁之戰中吃了敗仗，其原因之一就是太小看孫權、劉備聯軍，在沒有充足準備的狀態下進入對戰所致。這也犯了在《孫子》軍形篇中所提到的「敗兵先戰，而後求勝」之錯誤，可見曹操並沒有將《孫子》兵法完全加以應用。

另外，在日本也有將《孫子》兵法運用的實例。例如：「後三年之役」中，八幡太郎義家進攻由清原武衡把守的金澤城（秋田縣橫手市）時。

當一排野雁飛降至剛收割完稻穀的田野上時，卻突然受到驚嚇而四散飛走。義家觀察到這個現象後便得知有伏兵，於是反過來將之包圍，經過激戰後以勝利收場（《古今著聞集》）。義家之所以能夠察覺伏兵，是因為他想起老師大江匡房曾說過：「當軍隊在野地埋伏時，會打亂飛雁的行列」，而匡房所教的這個知識，正是《孫子》行軍篇中的「鳥起者，伏也」。

因此，如此能將《孫子》融會貫通的人、在實戰中進行兵法應用的例子，絕對不在少數。

《孫子》的特性

由於在《孫子》中並沒有寫到具體的戰鬥與戰爭實例，因此不能否認《孫子》兵法與實際戰鬥的關係的確較難掌握。不過若因此批評《孫子》對實際作戰全無用處的人，在見解上太過於淺薄，沒有確實了解到《孫子》這本著作的內涵。

《孫子》這部著作，不是任誰讀了之後都能馬上加以實踐的具體戰術指南。《孫子》兵法，是作者孫武根據自身的軍事知識與經驗，將軍事上的大原則擷取出來所集合而成的。在《孫子》中未將具體戰鬥實例列出，其主因是為了要避免一旦提出個案，讀者將會深限此實例上，而忽略掉本質上的問題，不會加以運用（參照淺野裕一氏《孫子》）。

如同先文所述般，《孫子》是由春秋末年仕於吳國的孫武所寫成的兵法，因此這部兵法的背景是以當時吳國的戰爭形態為主。隨著時代推移，《孫子》中預想的戰爭形態，勢必會跟實際上所進行的戰爭產生落差。例如：在孫臏、韓信的時代之中，戰場上已出現孫武時代所沒有的騎兵，且戰爭的規模也逐漸擴大。戰爭形態上已和孫武預想的不一樣了。

即便如此，《孫子》仍然廣為流傳，普遍受到各將軍的青睞。包括孫臏、韓信、曹操，甚至遠在日本的義家，都能將《孫子》兵法運用於各式各樣的戰爭中。可見《孫子》在中國兵學上已穩坐於經典地位，且擁有相當大的影響力。《孫子》之所以能有這樣的影響力，完全即因《孫子》中所敘述的軍事原則，具有極高的普遍性。若《孫子》兵法只適用於特定狀況的戰爭，那它就會跟其它大部分中國古代兵書一樣，隨著戰爭形態的演變而消失於時代的洪流中。

戰爭是謂何物？人、國家又該如何？這些在今日仍被人們感到疑惑之處，在《孫子》中皆有提供一種解答。

借用出現於《孫子》開頭始計篇中的句子來說，就算每位將軍都有聽過《孫子》兵法，但是在這些將軍當中，仍會出現打勝仗與打敗仗的人。至於為何會如此，《孫子》中寫道：「知之者勝，不知之者不勝」。也就是說，光只是聽過記載於《孫子》中的軍事原則，卻沒有徹底加以理解的將軍，即無法取得勝利；反之，能將所學的原則融會貫通，內化為本身智慧的將軍，才會獲得勝利。

而今而後，《孫子》兵法這本誕生於中國的優秀軍事思想典籍，相信也會繼續被人們閱讀下去。其中不能忘記的一點，就是能否將它活用於現實當中。這是不管是在哪個時代，都是讀者本身需面對的課題。

宋代的陣形

以方陣為基礎
防禦最堅強的
宋代陣形盡在此！

文／來村多加史

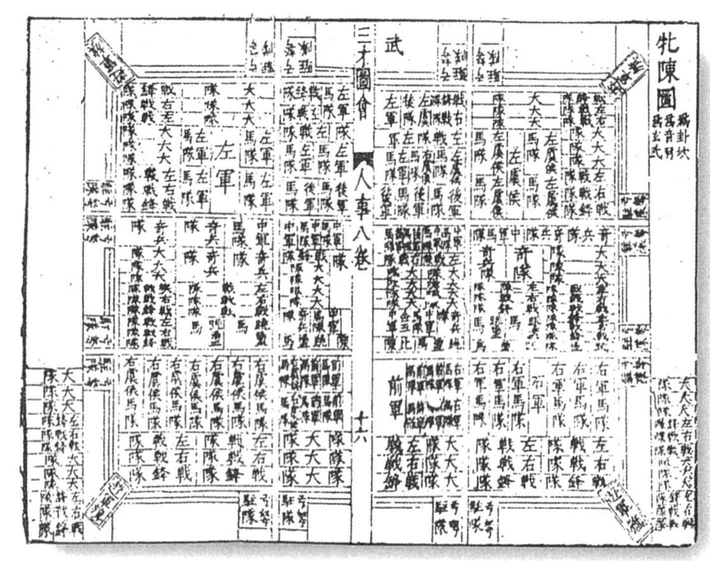

牝陣

➲U字形或是V字形的陣式，是箕陣的發展形。其兩翼向著前方展開，可以從三個方向攻擊敵人，最適合用來包圍。在宋代則變形成為從方陣前方的兩個角讓隊列斜向突出的形式。

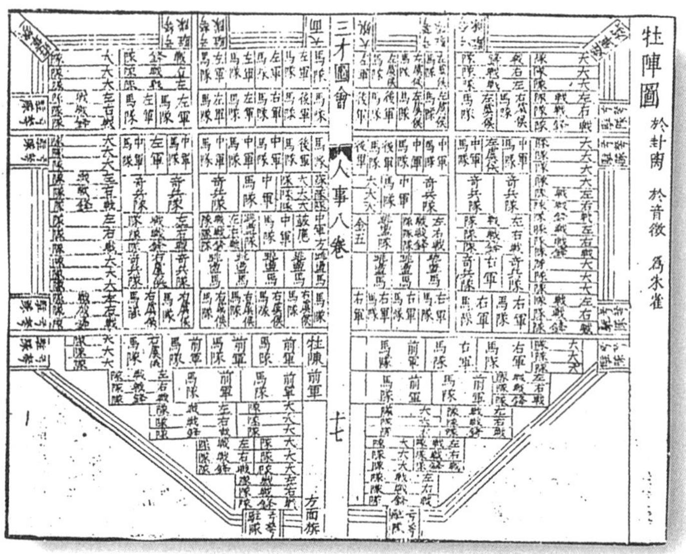

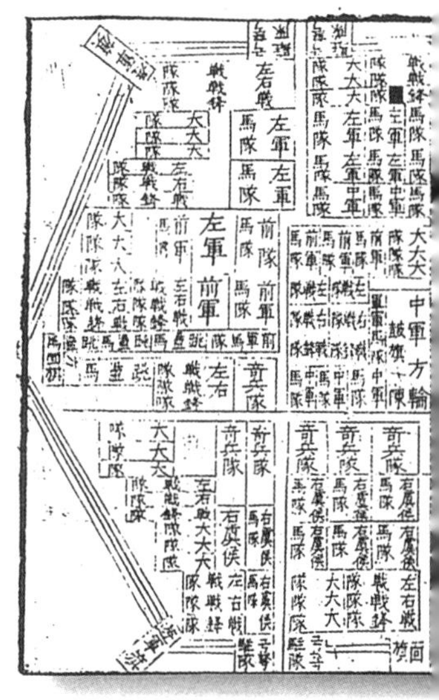

牡陣

➲V字形的陣式，是錐陣的發展形。展開方向跟牝陣相反，適合用來進行突擊。在宋代會以前軍與右軍的一部分來構成錐形，本隊則保持可以四面防禦的方形陣。

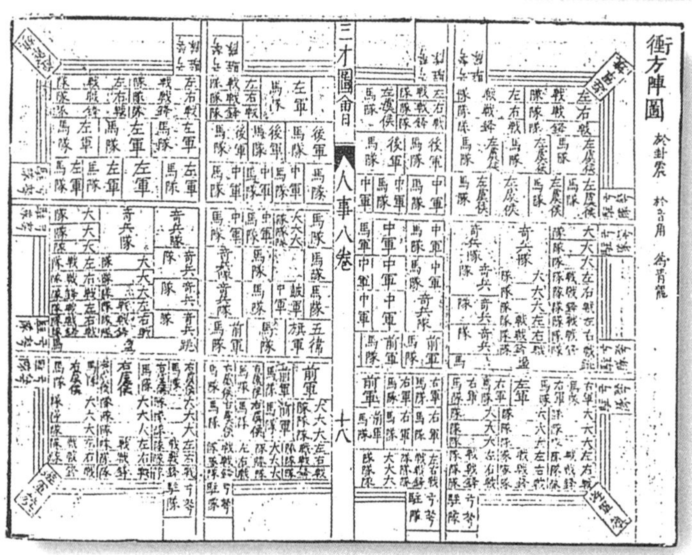

衝方陣

➲堅陣或直陣的發展形，適合用於發生在狹小土地的戰鬥上。宋代是以四面防禦的方陣作為基礎，將陣形稍微拉長變形構成。

＊這些陣形的總兵力為：
步兵：110,280人
騎兵：30,650人
其中前、中、後軍的步兵各為680人，其他則為240人
前、後軍騎兵：10,000騎
（其中前、後偵察隊：40騎）
左右兩翼：20,000騎
左右兩翼偵察隊：650騎

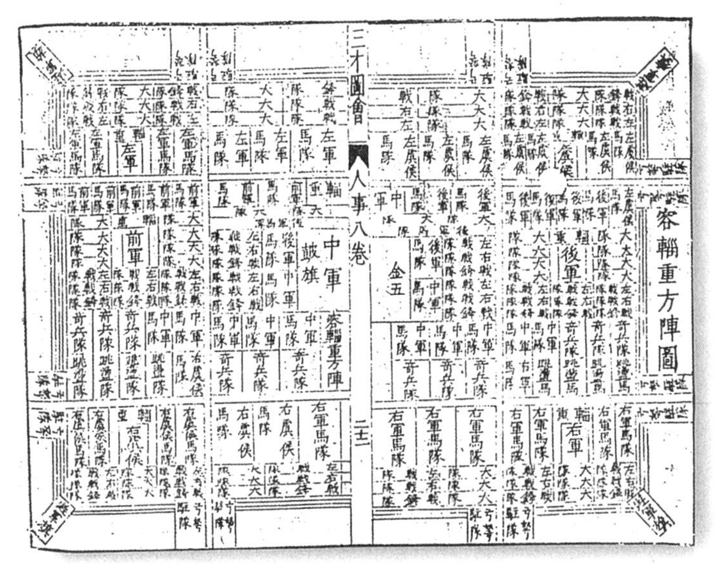

容輜重方陣

也就是所謂的方陣。這原本是攻擊型的陣式，不過在宋代卻把它變化成將輜重隊置於中央保護的四面防禦型方陣。

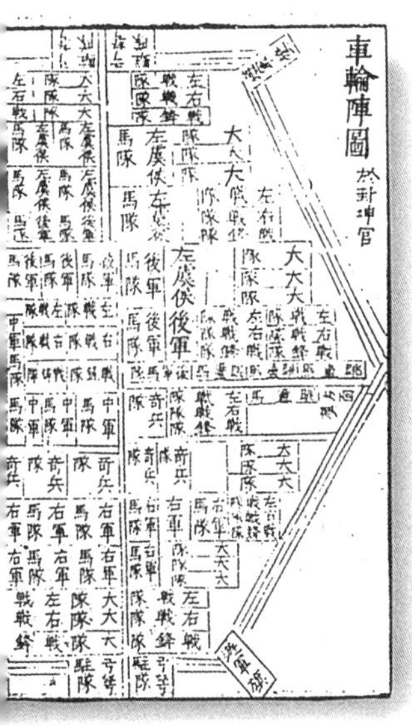

車輪陣

圓陣的發展形，適合用來防禦。原本是環形的陣式，不過在宋代則變化成將方陣的前後略往斜向突出，形成龜甲形的陣式。

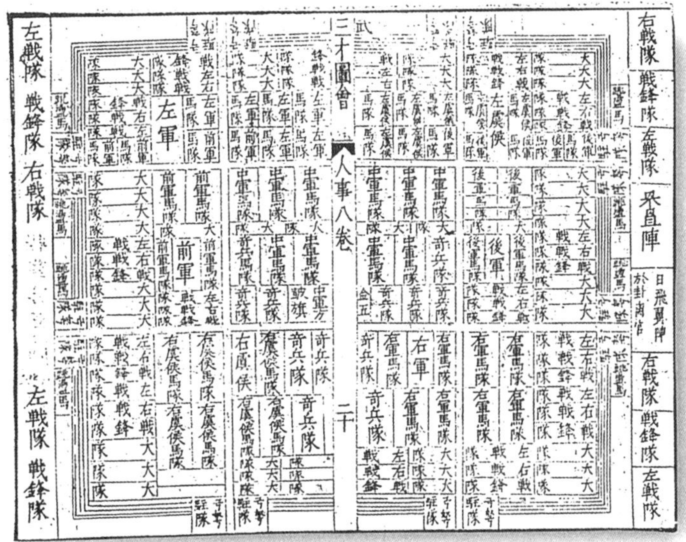

罘罝陣

罘罝是捕獸網的意思。這是一種讓前後的兩翼往橫向展開，在因草木茂盛而視野較差的地區，一邊探察敵人的動靜一邊行軍的陣形。原本位於中央的本隊應該要採取適合攻擊的縱列隊形，不過在宋代則變化為將四面防禦型方陣的前後兩端略往左右擴展的形式。

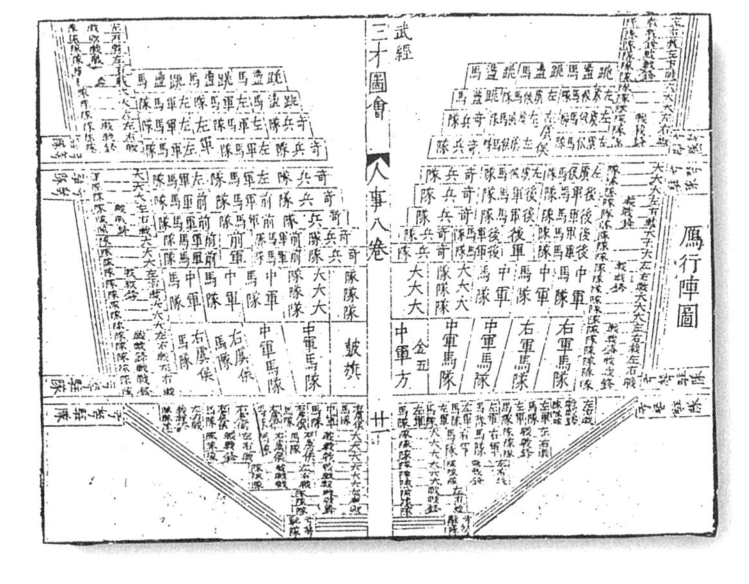

雁形陣

將前後展開成梯狀，適合往左右迂迴的陣形。宋代依然是以四面防禦型方陣作為基礎，讓前軍的一部分突出為錐形，殿軍的一部分往斜後方張開雙翼的形式。

司星曆
候風氣
知人心去就之機

➲（圖1）馬王堆西漢墓陪葬品中的「天文氣象雜占」帛書。這是一本講述觀天望氣的書，剪影是雲的形狀，以圓形為主的圖像則是代表出現於太陽或月亮周圍的氣。

古代的中國，不論是在國家經營還是用兵戰略上，
觀天望氣都是不可或缺的一項技術。
然而觀天望氣具體而言又是一種什麼樣的技術呢？

觀氣是軍事戰略的要點之一

傳有《六韜》、《三略》兵法的傳奇軍師：姜太公，據說也是一位能夠透過觀察星辰動向與讀取雲氣的方式，將戰爭導向勝利之路的觀天望氣專家。在《開元占經》中，曾經如此引述姜太公所說的話：

「凡興軍動眾陳兵，天必見其雲氣，示之以安危，故勝則可逆知也。其軍中有知曉時氣者，厚寵之。……察氣者，軍之大要。」

不管姜太公是否真的有講過這樣的話，但在軍隊中有觀天望氣的專家，且負責一部分的戰略責任，則是不爭的事實。

在古代中國，人們認為上天的意志 （訊息）會於地面、人事上顯現。如果違逆上天意志的話，各種事情就會出現延遲、腐敗、毀壞等狀況；而若順應天意，勝利與富貴榮華就會自己送上門來。正因如此，同理用在軍事上，察知天意也被認為是獲取勝利的關鍵。那麼，到底又該如何察知天意呢？古人認為仰望星宿、讀取流雲、察知風動是其方法，他們深信在這些現象中會反映出天意。

就觀察天意來說，最重要的就是天文現象。天文的意思是記載於「天」上的「文樣」，除了代表「上天旨意」之外別無他解。因此不僅是中國，在各個古文明圈中，都會培養出掌管天文、占星的專家，並將之重用為管理時間的掌權人。而從天文裡發展出來的其中一個部份，就是本章所要講解的望氣術。

所謂望氣，指的是讀取隱藏於氣象現象背後之天意的技術，具體而言，其所觀察的對象包括雲、太陽以及月亮的光暈（後述）。

在引起全世界話題的馬王堆西漢墓陪葬品當中，有一本稱作「天文氣象雜占」的帛書（寫在絹布上的書冊）。由於墓主推定為西漢初期的官員，因此這本書至今已有2千2百年的歷史了。

這本著作的風格相當特殊，內容畫有各種類似動物的形象，配上以圓形為基礎的圖形，並且加以註解。事實上，這是一本說明觀天望氣的書，各種形象其實是雲的造形，而以圓構成的圖形則是代表太陽和月亮所顯現出的氣（圖1）。

至於其中比較有趣的部分，例如：趙國、中山國會是牛形的雲氣，而衛國則是狗形雲氣，越國的話就是龍形雲氣，依此，每種顯現出來的雲氣會對應到戰國時代的不同國家。

由於在帛書中並沒有記載這些雲氣的判讀方法，因此無法得知實際上是如何使用的。不過既然國家會與雲氣相呼應，因此應是藉著雲勢和色澤的變化，來推知該國的現狀。

包括哪個國家抱持有野心、哪個國家打算背叛、國力狀態如何、若與該國作戰何者會勝利等，應該都能以該國雲氣作為理由來推斷。事實上，在馬王堆的帛書中，還有記載與國家雲氣不同的其它幾種雲氣，至於對這些雲氣的解釋，有些是說位於這種雲氣方位者能獲勝，有些則說若猛獸狀的雲氣位在城池上方，該城就無法輕易攻陷。

讀取千變萬化的雲氣

對於沒有固定形狀的雲來說，它不僅可以變成任何造形，也會因為大氣的狀態、時間、氣候、觀測場所等各種條件而呈現出各種不同的顏色。因此，

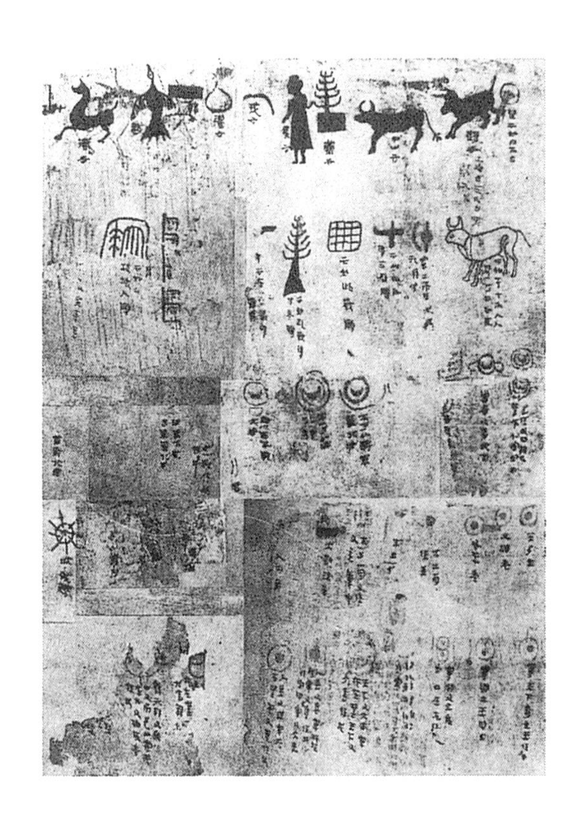

在實際應用於戰場上時，為了要對應這種千變萬化的雲氣，會因此出現相當詳細的解釋法。

至於真的有這麼一回事嗎？或許看來還真有幾分可信。具體的實例，我們可在唐太宗於貞觀年間（西元627～649年）編纂的《晉書》「天文志」中看到。此書中不僅有解釋各種各樣的雲氣，且從觀測法到跟距離有關的知識都有記載。雖然這並不全都跟軍事有所關連，但是在解釋的核心中依然包括著與軍事有關的問題，因此雲氣占卜主要是應用在戰場上的這點，即能從這本書中獲得應證。以下就舉幾個例子來看看：

有一種氣稱為「猛將之氣」，會以狀似龍或猛獸的形象、火煙形象、白色的沸騰形象等方式出現。另外，有時也會呈現為上黑下紅，像是黑旗一樣的形狀，或是狀似張弩，這些全都稱為猛將之氣。只要出現這些氣，然後轉變為山狀的話，就代表將軍抱持著深謀遠慮。

還有一種是稱為「軍勝之氣」。這種氣會像堤防、坡道一樣，前後附著在地面上，一旦這種氣出現，將軍與士兵都會勇氣倍增。因此如果這種氣出現在我方，戰鬥就會具有十足勝算；而若出現在敵方，就代表此敵相當難纏。

至於「負氣」的色澤接近馬肝色，或是呈現出死灰色。它有時會像蓋子一樣籠罩，或是像躺著的魚。如果當這種氣出現，那麼此軍便無法獲勝。

而若在堅固的城郭上有黑雲如星，即稱為「軍精」的現象，代表吉兆、有大喜事。

反之，若城中聚氣如樓並顯現於城外，或在軍營上產生狀似多數人頭的雲，且呈現出紅色的話，就是所謂的「屠城之氣」，代表該城或軍營即將被攻陷。若是敵方軍營出現此氣，意謂正是我軍發動攻擊千載難逢的好時機。

若「氣如雄雉臨城」，那麼該城就會出現投降者。「黑氣」代表有伏兵、「戰氣」則為青白色的膏狀之氣，要是如人無頭，如死人臥，如丹蛇等之狀，此氣出現必引發大戰，使將軍被殺……。

雲氣並不只是光看形狀與顏色就行，還要注意觀測的時辰。

如果敵軍在東方佈陣，要在日出時觀測；若是敵軍在南方佈陣，要在太陽位於南方中天時觀測；西方要等日落、北方須在半夜觀測，以要確認敵方之氣在該時間點是處於何種狀態。

此觀測時辰，是基於五行之說。東方是萬物萌發的方位，相當於五行之中的「木」，時辰是日出時分。因此若敵軍於東方佈陣，就會受到東方之氣影響，所以要在東方正氣出現的日出時分讀取雲氣。至於其它方位的佈陣，也是依據相同理由來決定觀測時辰。

不過，若氣同時出現於對峙中的兩軍之上，又該如何解釋呢？碰到這種狀況，氣位於較高處的勝於較低處的一方、氣較厚的一方勝過較薄的一方、較長勝過較短、較飽滿充實勝過較空虛的一方。

獲知敵方動靜的指引

雖然雲氣的解讀法還有後續，不過因為實在講不完，因此就在此打住。雖然以現代人的觀點來看，會認為這根本就是無稽之談的迷信，但在古代中國這對於要在戰場上取勝而言，確實是一種不可或缺的技術。因此「司星曆，候風氣，推時日，考符驗，校災異，知人心去就之機。」（《六韜》）的專門之人就會隨軍而行。

坂出祥伸氏寫道：

「望氣與軍事可說是密不可分，特別是對於在塞外地區與匈奴作戰的部隊來說，推測這（跟雲氣占卜相關的望氣書）應該會被用來當作得知敵軍動靜的指引書。……經過戰國時代的兵荒馬亂，望氣術因而急速發展，雖然沒有確定是在什麼時間，但在戰國至秦漢這段期間，推測應已出現讓望氣者隨軍

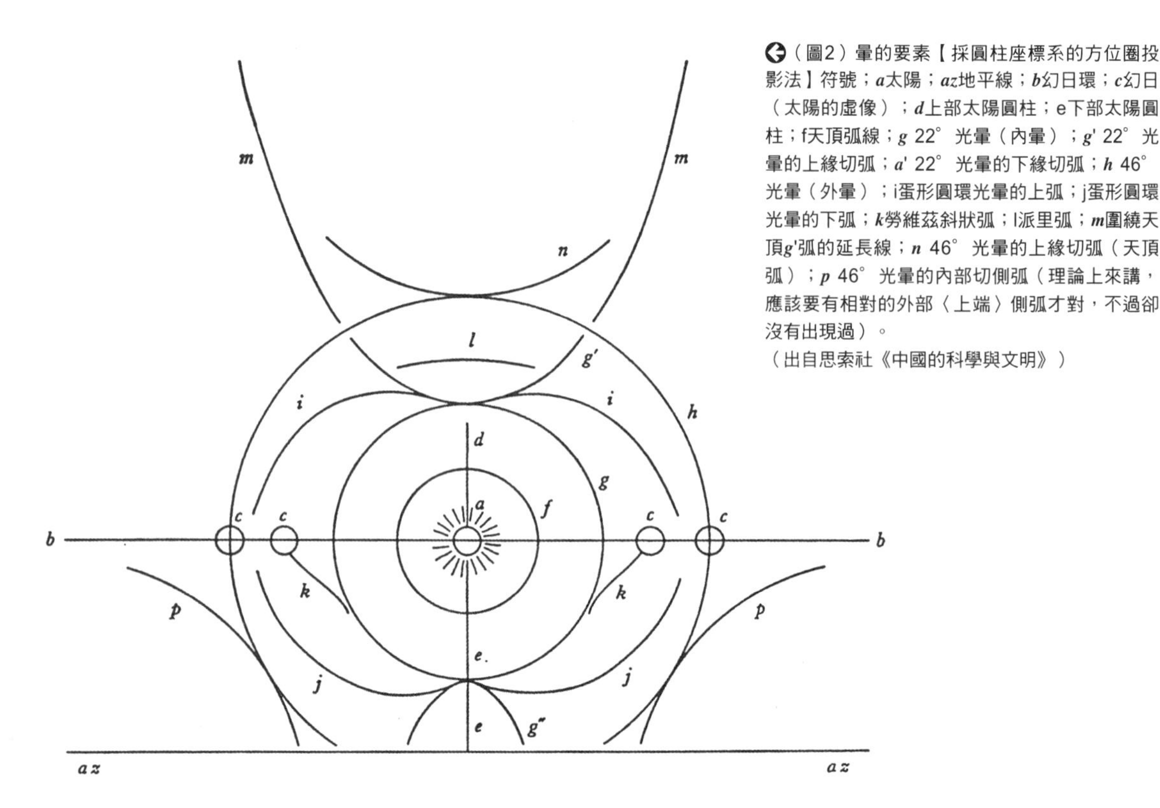

(圖2)暈的要素【採圓柱座標系的方位圈投影法】符號；*a*太陽；*az*地平線；*b*幻日環；*c*幻日(太陽的虛像)；*d*上部太陽圓柱；e下部太陽圓柱；f天頂弧線；*g* 22° 光暈(內暈)；*g'* 22° 光暈的上緣切弧；*a'* 22° 光暈的下緣切弧；*h* 46° 光暈(外暈)；i蛋形圓環光暈的上弧；j蛋形圓環光暈的下弧；*k*勞維茲斜狀弧；l派里弧；*m*圍繞天頂*g'*弧的延長線；*n* 46° 光暈的上緣切弧(天頂弧)；*p* 46° 光暈的內部切側弧(理論上來講，應該要有相對的外部〈上端〉側弧才對，不過卻沒有出現過)。
(出自思索社《中國的科學與文明》)

而行，並擔任將軍的輔佐之制度」(《古代中國的占卜法》)

坂出氏是根據《淮南子》一書來推論望氣者隨軍行動制度。《淮南子》成書於戰國與秦漢時代的著作，由淮南國王劉安(西元前179～前122年)編著。在書中的「兵略訓」裡，即有提到望氣。根據該書所言，對於將軍來說若要妥善執行用兵、行軍等職務，有八種技術是不可或缺的，其中之一就是「天道之術」，說明如下：

「明於奇正賌、該陰陽、刑德、五行、望氣、候星、龜策、禨祥，此善為天道者也。」

在此列舉上述技術可分為：

①基於陰陽五行說的戰術……代表包括奇襲戰法等奇策意義的奇正賌，以及代表治兵術的刑德。

②觀天望氣術……相當於占星術的候星，以及讀取雲氣、暈、風等的望氣術。

③占術……龜策就是占卜，禨祥則是預言。

奇賌與刑德對於戰術來說當然是必備能力，不過候星、雲氣也被並列在其中，這點則相當值得注意。而前文曾提及的馬王堆西漢墓天文帛書所出現的時代，正好也跟這本《淮南子》是同時代的產物。因此可以理解對於當時來說，解釋雲氣是相當受到重視的。

當太陽相鬥時都城就會被攻陷

在望氣占卜中，除了天上的雲氣之外，還有另外一個重要的觀察對象，即為出現於太陽或月亮上的氣。古代的中國人認為，在太陽等天體的周圍會圍繞著一股氣，而這股神祕的氣，其實只是一種稱為「暈」的現象罷了！這是光在通過大氣中各種冰晶的時候，因為受到冰晶形狀的影響而發生折射、反射，所形成的光暈現象。

根據李約瑟(Joseph Terence Montgomery Needham)所言，歐洲最早出現光暈現象記錄是在1630年。不過中國卻早在紀元前就已經開始觀察並記錄暈氣，用來當作國家與戰爭的吉凶指引。前面提到的馬王堆西漢墓天文帛書，其內容有三分之二以上都是在講這種暈氣占卜，而之前所提的《晉書》當中，也有對暈氣占卜詳細解說。

暈氣可分為出現在太陽周圍的、月亮周圍的，及出現在其它星體周圍的。其中若以太陽作為中心，則可如上圖(圖2)中所畫的那樣，有許多種暈氣。

古人把這種暈氣細分成很多種類，並且各自賦予獨特的名稱，將潛藏在其中的訊息應用於經營國家及戰爭上。在《中國的科學與文明》(5卷「天之科學」)中，李約瑟語帶驚訝地如此寫道：

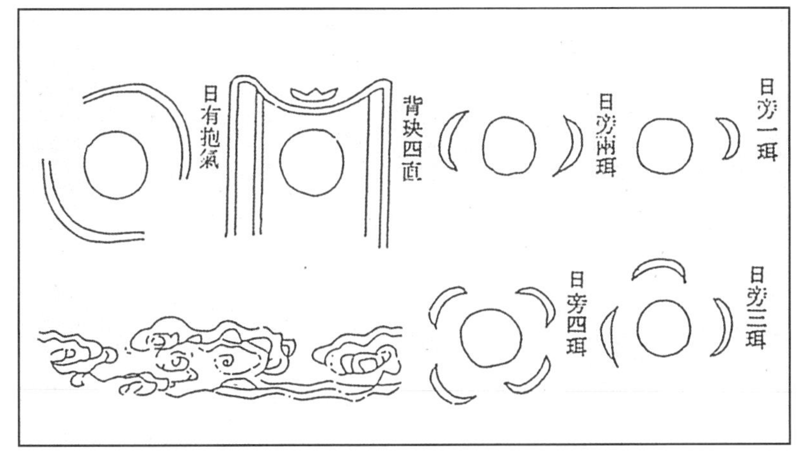

（圖3）《天文大成管窺輯要》第九卷所記載的「日旁之氣」（出自《中國古代的占法》，坂出祥伸著，研文出版）

「在《晉書》中敘述「10種暈氣」（十煇）的頁面中，幾乎把構成太陽光暈的要素全部都冠上了專用名稱……。其命名包括將完整的光圈稱為暈，多個太陽（數日）會排列在彌（「完整的形狀」，也就是幻日圈）上。46° 的光暈一部分側弧稱為珥，22° 光暈則稱為抱，整圈光暈稱為璚（大拇指用的戒指，圖2的f）……當然，各種預言占卜，都是從這些光暈的狀態來推斷的，而其觀測的正確性著實令人驚訝！就這樣，一共有26個專有名詞流傳到了17世紀，以結論而言，的確無法否認這已經大幅超越17世紀歐洲人對於太陽光暈現象進行的精密研究」。

上文只有提到一部份，其實記載於《晉書》中的暈氣其它還有日載、背、直、履、序等許多種類，然而這些又是如何被解釋的呢？

舉例來說，在《晉書》裡將「珥」（圖2 h的側弧）解釋為「青赤氣員而小，在日左右為珥」，若是位於太陽西側，西軍就會獲勝，位於東側則由東軍取勝。

「數日」（圖2 c的「幻日環」）是屬於最不吉利的暈氣之一。在《晉書》中如此寫道：

「數日俱出，若鬥（註：看起來很接近），天下兵起，大戰。日鬥，下有拔城」。

「抱」（圖2 g）的說明為「日旁如半環向日為抱」，在解釋上比較困難，以下是用顏色來說明解釋範例：

- 日抱黃白潤澤，內赤外青，天子有喜，有和親來降者。
- 色青黃，將喜。
- 赤，將兵爭。
- 白，將有喪。
- 黑，將死。

上述只有對單獨暈氣進行解釋，不過基於引起暈氣現象的氣象條件，因此實際上暈氣可能會同時出現好幾種。

不管是在《晉書》，還是之後的望氣相關兵書、占術書中，畫出的暈氣也會變成由多種光暈組合而成（圖3），並且各自冠以名稱。若要舉個例子，則有以下解釋：

- 若是出現太陽旁邊有「抱」，加上兩個「珥」、一條「虹」，及貫穿「抱」而直達太陽的暈氣時，順從虹的方向發動攻擊者即可獲勝，並殺敵將。

當解釋變得如此複雜時，實在無法由沒有受過訓練的人來判斷。因而出現負責專門察看望氣之人，並跟隨軍隊行動，漸漸的就變成理所當然的事。

至於靠著這種暈氣來預言的歷史實例，在《晉書》中也有引用多個實例。其一，就是愍帝建興2年（西元314）正月辛未日辰時（上午7～9時之間），太陽掉落至地上，接著連續有3個太陽從西邊出來往東方前進。建興5年正月庚子日，有3日同輝，虹橫貫天空，太陽周圍有多重光暈，左右帶有兩珥。根據占卜，表示「白虹，兵氣也。三四五六日俱出並爭，天下兵作」。

在丁巳之日，也有出現相同數量的太陽，占卜的結果則為「三日並出，不過三旬，諸侯爭為帝。日重暈，天下有立王。暈而珥，天下有立侯」。果不出其然，三個月之後，江東便改建武為元號，成立漢國佔據曹操與劉備的領域，並接連引發戰亂。

如同上述這般觀天望氣對於古代中國來說，不論是在國家經營、用兵戰略上，都是不可或缺的技術，且相當受到重視。進而衍生出包括觀察天文與操作干支的占星術、相地的地理風水師、占術的易占，再加上作為一切理論基礎的五行占術，形成一套幾乎可以稱為「森羅萬象解讀學」的複雜占術體系，並且長年支配著中國。

文／不二龍彥

明代的北疆防衛

總圖

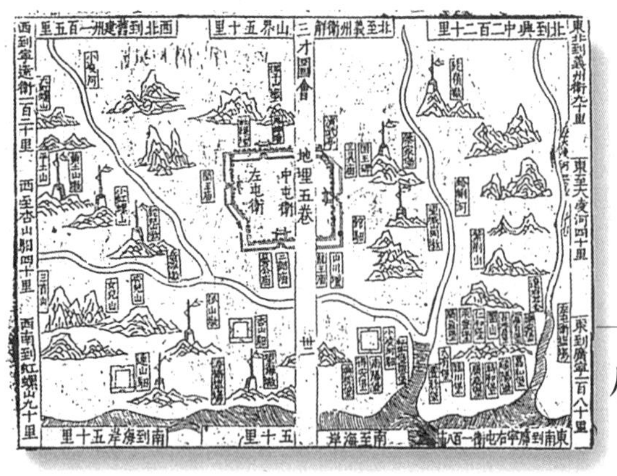

廣寧中屯衛、左屯衛

義州衛
廣寧中屯衛、左屯衛
廣寧右屯衛
遼
海
寧遠衛
蓋州衛
廣寧前屯衛
復州衛
金州衛
旅順

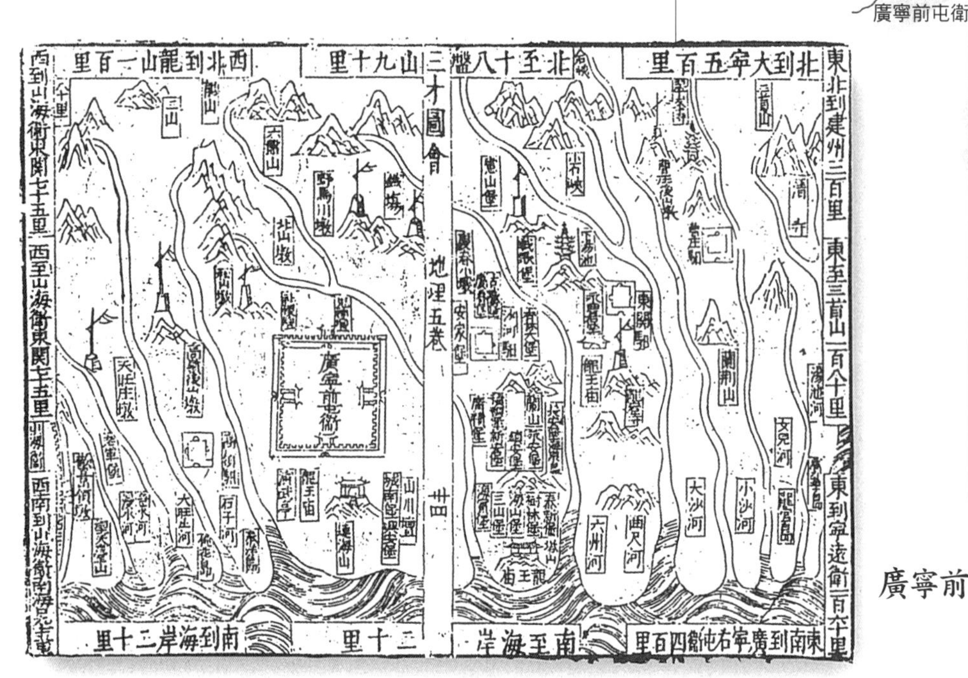

廣寧前屯衛

與北方的少數民族拮抗，自古以來就是中國歷代王朝的重要之事。這裡舉出的圖片畫的是明代遼東方面的防衛，透過在普通地圖中無法看見的防禦網，可以清楚看到以據點為中心，圍繞著許多瞭望台與要塞的狀態。

寧遠衛

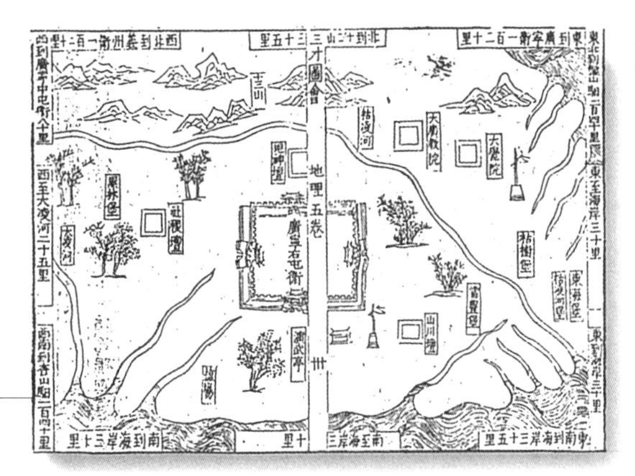

廣寧右屯衛

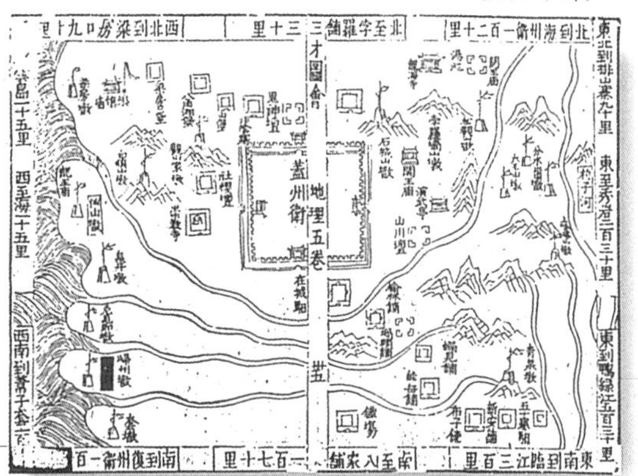

蓋州衛

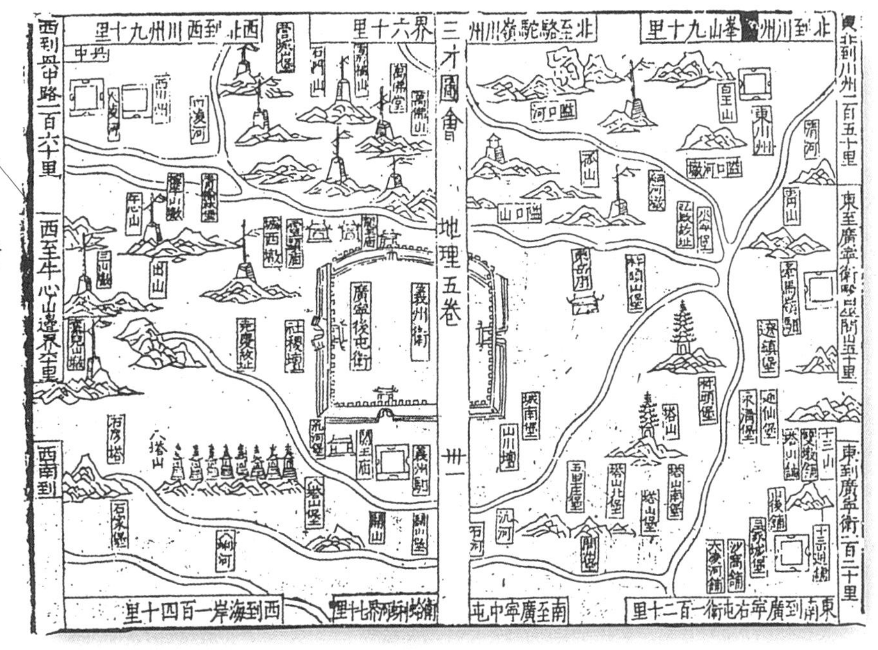

義州衛

旅順南城

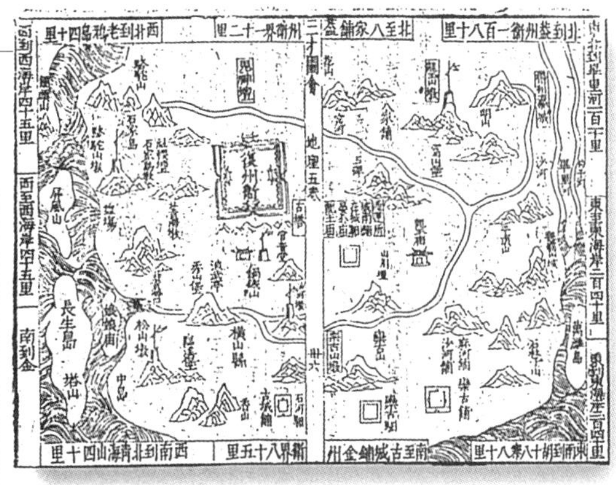

復州衛

強大的民眾力量
被教義賦予方向
成為改朝換代的原動力

打著新世界觀點
組織起為苛政所苦的人民
引發社會變革的兩次大亂

■宗教叛亂是中國歷史的特徵

縱覽悠久的中國歷史，可以發現民眾三不五時就會發動叛亂，而若叛亂擴大至全國，便會使當時的皇朝產生動搖，甚至導致皇朝因此走向滅亡。雖然每一場叛亂的發生原因、叛亂經過，及最後的結果皆不盡相同，但事實上也具有許多共通點。其中最大的一點，即是民眾的力量來源皆導因於飽受政治、社會的混亂所苦。其二，則是這些叛亂常常會與宗教扯上關係。

從出現暴虐皇帝、輔佐愚昧皇帝或年幼皇帝的人在政治上恣意妄為、官僚勢力的派系鬥爭等原因引起的政治混亂，到因治水不力而引發的洪水、為彌補政府浪費所課的重稅，再加上發生其它各種天然災害…等等。人民多會在這種情況下，尋求心靈上的寄託，進而走入宗教，這是相當合理的事情。當然，並不是所有的叛亂皆屬於宗教叛亂，不過的確有許多叛亂皆或多或少帶點宗教性色彩。

因為限於篇幅所致，無法將歷代宗教叛亂逐一介紹，但若只列舉出叛亂名稱、宗教名稱，及核心人物，也沒有太大的意義。因此，筆者以兩場規模最大、足以影響當代產生重大變革的叛亂作為代表說明，讓讀者間接了解當時人民所受的悲慘遭遇及處於亂世之中的小小心願。

■黃巾之亂

東漢時代末年的中平元年（西元184），在現今的山東、河北、河南、江蘇、安徽、湖北省等地，有新興宗教「太平道」的信徒數十萬人一舉起事。由於他們頭戴黃色頭巾，因此這場叛亂被稱為「黃巾之亂」。然而這個太平道，又是以什麼宗教作為號召來起事呢？

引發黃巾之亂的原因，可以從太平道的教義中略知一二。太平道的教主，也就是黃巾之亂的首領張角，只知他出身於冀州的鉅鹿（中國河北省南部），其它事蹟不明。他不知道透過何種管道，取得了秘藏於宮中的《太平清領書》。現在道教重要經典之一的《太平經》與《太平清領書》可說是關係匪淺。以下就要依據這本《太平經》與《後漢書》等史書，來看看張角的教法與活動。

張角行黃老之道，自稱「大賢良師」，並培育弟子。黃老之道的「黃」是指黃帝。黃帝是中國制度、文物的創始人，也是位實踐無為自然的理想型帝王，因為習得不老長壽之術而受人崇拜。把這個跟老子崇拜相互結合，便成為流行於東漢時期的黃老信仰。張角在黃老信仰中加入了新元素，編出符合新興宗教之名的教誨，因而獲得了數十萬信眾，而這個新元素就是「治病」。

張角曾經治療在亂世中生病的眾人。事實上宗教人士行醫的例子並不罕見，時間若往後推移至明清，當時在明清時代造訪中國，以耶穌會為主的傳教士們，也同樣帶來了西洋醫術。不過張角治療疾病的方法，並不是以精湛的醫療技術進行治療，而是重視病人的精神、心理層面，且採用兩種獨特的修法—「跪拜首過」與「符水咒說」。

這到底是什麼樣的修法呢？

所謂的「跪拜首過」，就是要病人跪在地上，再以讓頭敲擊地面的方式，反省自身的過錯，請求神明原諒。等於說，太平道的教義主要強調舉頭三尺有神明，一旦神明發現人們犯罪，就會下達懲罰使人生病。因此若想把病治好，就要懺悔告白進行徹底自我反省才行。這種想法在從前的中國思想中並未出現過。另外，還要加上「符水咒說」的修法。把自白的罪狀寫在符紙上，然後摻入聖水中喝下，並且詠唱咒文祈求治癒。

綜上所述，太平道是透過強調精神、倫理的跪拜首過，及具有咒術性質的符水咒說這兩種相輔相成的修法來治療人們的疾病，且累積出相當多的信徒。

張角把透過此法獲得的信徒，依照地域組織成一種名為「方」的集團，人數以6千人～1萬人為單位。舉例來說，若在鉅鹿郡則為「鉅鹿方」。這種「方」除了在信仰方面之外，也成為相互扶助的基礎。而當發起叛亂之後，「方」也會直接構成軍團。當時，由於豪族大行土地兼併，因此農民賴以生活的鄉里社會逐漸崩壞。農民們正為自身的生存空間感到迷惘時，透過配屬至「方」，使他們得以加入新的社會共同體。同時在信徒之間，廣為流傳著：「蒼天已死，黃天當立，歲在甲子，天下太平。」這句口號，使信徒們在潛意識中深植著在甲子之年，黃天之世即將降臨的暗示。

「太平道」原打算在甲子之年（西元184）的甲子之日（3月5日）起義，與宮中的宦官約好到時密切呼應。不過後來出現了背叛者，有一位弟子向朝廷密告，使幾位幹部遭到逮捕並處刑，迫使張角須提前決定下一步，要中止、還是要馬上動手？張角選擇了後者。還沒等到預定的3月5日，他就對全國的「方」下達命令，按照預定計畫舉兵。雖然變更得相當倉促，不過指令仍確實執行，可知太平道教團的組織命令系統相當確實。舉兵之後，張角便將自己的名號從宗教上的「大賢良師」改成「天公將軍」，其弟張寶則為「地公將軍」、張梁稱「人公將軍」。

黃巾軍燒毀了各地的官府且擊敗東漢軍隊，在起兵初期立下了很大的戰果，不過後來張角因為生病（尚待確認）而死亡，兩位弟弟也接連陣亡，因此鎮壓部隊的皇甫嵩將軍一口氣將戰局逆轉，於年內就把黃巾軍的主力殲滅。不過各地以黃巾為名的餘黨，依舊在各地持續叛亂，使東漢皇朝逐漸步向滅亡。

紅巾之亂

雖然蒙古人擁有壓倒性的軍事力量，不過當元朝來到中期時，中央的權力鬥爭浮上檯面，使政權開始產生動搖。又加上統治階級篤信西藏佛教（喇嘛教），使財政也出現拮据情況，元朝只好採用大量發行紙幣作為對策，卻反而導致物價飛漲，近一步對農民的生活造成壓迫，對蒙古人統治的反感情緒也越來越沸騰。而這種情緒，最後終於爆發成為紅巾之亂。

眾所皆知，紅巾之亂是由白蓮教引發的叛亂。中國從很早之前就已出現這個以白蓮為名的宗教組織，他們尊信彌勒佛，相信一旦天下陷入大亂，彌勒佛就會降臨亂世救濟眾人，其中也有參雜摩尼教的思想，認為當彌勒佛降臨後，明王也會跟著出現。

白蓮教為了獲取信徒，會施展所謂的「術」。較具代表的術包括：鍊金術、符術、治病術、幻術、照水術等。鍊金術是一種從劣等金屬冶鍊出金的技術；符術是用符咒來預言吉凶禍福，並且執行降福消災；治病術所用的方法不明，不過治病在太平道也被當作核心；幻術是以焚香的方式製造出幻覺，讓人看見金銀寶山，說服他們信教之後即可一輩子衣食無缺；照水術是先預言「彌勒佛降臨，新世界到來之後，某甲就會成為將軍，某乙則會成為妃子」，然後水面上就會浮現出將軍姿態的某甲，以及穿戴華美服飾的某乙容貌。而這些法術，有很多都是自古便流行於民間，且被道教吸取。而鍊金術也不僅限於中國才有。

對於深受統治之苦的農民來說，會沈醉在擁有這種教義與法術的白蓮教當中，也是很自然的事情。

西元1351年黃河發生大氾濫，元朝的統治者們依然沉浸於西藏佛教中，且致力鬥爭政權，在治水上出現怠慢。雖然當時元朝也有展開治水工程，不過這都是以徵集農民的方式來進行的。最後，被洪水所害的是農民、被酷吏鞭策去收拾善後的也是農民。當下他們對於元朝的負面情緒，已經到達了極限。白蓮教的首領韓山童認為，此時正好是進行反蒙古、反元朝的最佳時機。而在他舉兵之前，恰好有一則「石人一隻眼，挑動黃河天下反」的歌謠流傳，沒想到最後真的在黃河的治水工程挖出了一尊只有一隻眼睛的石人，更使得人心大為動搖。不過也傳聞說這尊石人其實是韓山童在老早之前先埋下去的。

如前文所述，白蓮教認為彌勒佛降臨救濟世人的條件，首先得需具備「天下大亂」的前提才行。雖然事情已經順利進行至此，但後來因為計畫提前走漏，韓山童被捕處刑。

失去首領之後，便改以他的弟子劉福通、杜遵道為中心舉兵造反，除了信徒之外，連農民都陸續加入他們的行列，使叛軍數量很快就攀升到5、6萬人。他們為了識別友軍，在頭上會包有紅色頭巾，因此被稱為紅巾軍或是紅軍。另外有如前述，白蓮教擁有焚香之術，所以也被稱為香軍。

有一種說法則認為，這是因為當時「紅」與「香」兩字的發音相同所致。雖然現在以北京話為基礎的普通話裡，這兩個字的發音不同，不過「香」在廣東話的發音則是香港「Hon」。舉兵於華北的紅巾軍，似乎是在將廣東地區的「紅」巾與燒「香」混合為「香軍」。當然，當時與現今的發音已有所變化，而且就算拼音都一樣是「Hon」，不過北京話的「紅」與廣東話的「香」也不盡然是完全相同的發音，因此這項說法不太被接受，不過依然是個有趣的觀點。

回歸主題。為了呼應劉福通的紅巾軍，全國各地都掀起了叛亂。這些叛軍喊著打倒元朝的口號，並且自稱為紅軍。其中起義於安徽省的郭子興麾下，有一位後來建立明帝國的人，他就是朱元璋。起義後第5年的1355年，劉福通擁立韓山童的兒子韓林兒於亳州稱帝，並依據白蓮教明王出世的教義，稱他為小明王。另外，由於韓山童是宋徽宗的第八世子孫，因此原本應該作為中國主人的血脈也連貫了起來，遂將國號取為「大宋」。但實權其實掌握在劉福通手上，且劉福通相信一旦有了小明王這個魁儡，便能確保他在各地紅巾軍的核心立場。果然，在起義後的數年之間，叛軍的確勢如破竹。不過好不容易佔領的地區卻無法妥善維持，等到元軍展開反擊時，大宋國即土崩瓦解，各地的紅軍也各自分散，呈現出群雄割據的狀態。

在這期間，朱元璋開始嶄露頭角迅速擴大勢力，最後終於滅了元朝，把蒙古人趕回北方，建立明朝帝國。從統一的過程，及他所採行的現實政策——偏向儒教而不是白蓮教，中途甚至還鎮壓白蓮教這點來看，即無法斷定朱元璋到底是不是白蓮教信徒，事實上這點仍有所爭議，至今無法單純論定。

■宗教叛亂的共通點

所有的民眾叛亂，都可導因於民眾不滿情緒爆發所致，但卻很少有叛亂可以明確看到其本身最後形成的走向。

不過，這裡所舉出的兩場宗教叛亂則不然，它們都擁有相當明確的遠見。在黃巾之亂中，太平道喊著黃天世界即將到來；紅巾之亂則是為了讓白蓮教所說的彌勒佛救世實現而發動起義，因此這兩者都不是突然發動的暴亂。

主要的宗教、民眾叛亂

西元	事項	王朝
前209	陳勝、吳廣之亂	秦
18～27	赤眉之亂	西漢～東漢
184～	黃巾之亂	東漢
874	王仙芝起義	唐
875～884	黃巢之亂	唐
1351～66	紅巾之亂	元
1465～87	白蓮教之亂	明
1622	徐鴻儒（白蓮教）起義	明
1627	陝西農民起義	明
1628	高迎祥與農民起義	明
1631～45	李自成參加農民叛亂	明～清
1796～1805	白蓮教起義	清
1813	天理教徒在華北起義	清
1850～64	太平天國之亂	清

太平道不僅把信徒組織成軍團，還喊出「蒼天已死，黃天當立，歲在甲子，天下太平」的宣傳口號，將迎接黃天之世到來的起義日期，定為甲子年=中平元年（西元184）的3月5日=甲子日。甲子是天干地支六十種組合中的第一順位，象徵曆法已轉過一輪，開始新的周期。另外，寫在官府牆上的「甲子」兩個大字，也喚起了非教團民眾心中在甲子之時會有大事發生的暗示，進而發起了叛亂。

至於，掀起紅巾之亂的白蓮教其基本教義就是建立在彌勒佛降臨之說上，對於身陷苦難的民眾而言，正好符合他們打從心底盼望救世主的期待。接著，他們又宣傳「若要彌勒佛降臨，天下必須先大亂」，將發動叛亂的理由正當化。另外，因為韓山童也繼承了漢族皇朝宋朝的血脈，所以紅巾之亂的目的，便同時帶有打倒蒙古人的元朝，以建立新的漢民族國家之色彩，如此在發動叛亂時便能藉此獲得民眾支持。

黃巾之亂與紅巾之亂，都是以民眾在苦難中作為心靈寄託的宗教為基礎，並且對於叛亂之後出現的新世界有著明確的願景，也相當致力於事前宣傳活動，讓人們相信新社會到來在望。同時，叛亂軍也以有秩序的方式加以組織，在準備上可說是相當周到。

上述幾點是宗教叛亂的共通特徵，也正因如此，才有辦法讓社會產生巨大變革的結果。

文・澤 章彥

【名將的智慧】

兵家

李世民
李靖
郭子儀・李光弼
岳飛
忽必烈
朱元璋
秦良玉
戚繼光
努爾哈齊
鄭成功

監修／村山吉廣
文／島村 亨
（p.154p.156p.158p.160）
田中邦博
（p.162p.170）
川田 健
（p.164p.166p.168p.172）

598～649

李世民

作戰中不可或缺的就是主帥的資質。
在此要從中國歷代「兵家」中，
舉出10位具有謀略的兵家人物，介紹他們的戰略眼光。
首先便要從打下大唐帝國基礎的唐朝第二任皇帝開始說起…

李世民（西元598～649）的廟號「太宗」在歷史上廣為人知，是唐朝的第2任皇帝（在位626～649）。他的治世期間以年號稱為「貞觀之治」，被譽為中國史上難得一見的盛世。不過，他除了是一位優秀的統治者之外，同時也是一名傑出的軍事家，對唐朝建國有著決定性的影響。

李世民是李淵（後來的唐高祖）的第2個兒子，由於李氏自北魏以來便是名門世家，因此李世民自幼便通曉軍事且善於騎射。隋末，各地掀起了叛亂烽火，群雄割據於州郡，李世民也強烈建議當時擔任太原（中國山西省）留守的父親李淵舉兵。

而關於李淵舉兵，曾有這樣的傳聞。李世民曾跟隋煬帝行宮晉陽宮裡的官吏串通，讓宮女等在李淵的寢室中而有不潔之事。李世民拿這件事情威脅父親，終於讓他決定舉兵。

西元617年5月，李淵決定從太原舉兵進攻關中，率領3萬兵馬沿汾水南下，李世民則以右領軍大都督的身分參戰。他們在霍邑（山西省霍縣）打垮了隋將宋老生的抵抗，但卻數度為之後的推進方向煩惱。李淵當時曾想要回師太原，不過李世民卻決定要繼續策馬進軍，部隊便因此進入了關中，並於11月攻擊隋都長安。翌年，618年煬帝在江都被殺，李淵因此登上帝位，宣布唐朝建國。李淵任命李世民為尚書令，並封他為秦王。

在唐朝建國的一連串戰鬥中，李世民一直都活躍於最前線。而這些戰鬥的特徵，就是它們皆屬於對付堅固壁壘的持久戰，以及靠騎兵進行的突擊、追擊戰。

在唐朝建國的618年6月，盤據於隴西，自稱秦帝的薛舉，對唐的涇州（中國甘肅省涇川以北）展開襲擊，逼近至高　（中國陝西省長武以北）。李淵命李世民為元帥，帶領八總管之兵前往迎擊，不過卻在淺水原吃了大敗仗。此戰失敗主因是李世民突然生病而陷入混亂，且麾下的將領因為恃其兵力而輕敵所致。8月，薛舉死亡，改立其子仁杲（有一說是仁果）。薛仁杲在折　城（甘肅省涇川東北）設置本營，繼續對唐進攻。

李世民下令若敵方再度進軍，要堅守壁壘，禁止交戰，讓戰況陷入持久戰。因為李世民已經看穿薛軍在補給上有所困難。

兩軍對峙60餘日後，薛軍便陷入飢餓當中，早先打勝仗的高昂士氣已消耗殆盡。這對於唐軍來說，便是展開反擊的時機。李世民向淺水原派出誘餌部隊，引誘薛軍出動。果然，薛軍在攻打誘餌部隊時，還是難以攻下堅固的壁壘。此時，李世民算準時機進行左右夾擊，薛軍十萬餘部隊因此潰滅，留下數千名死傷者，逃回了折　城。這時，李世民不聽部將的制止，親自率領兩千輕騎兵展開追擊。李世民的騎兵超越敗逃的薛軍，一舉衝向折　，佔領涇水南岸，截斷通往折　城的道路。薛仁杲因此無法收容敗兵重建部隊，最後向唐投降。

西元619年9月，隸屬於突厥馬邑（山西省朔縣）的劉武周佔領太原，且揮軍南下河東。劉軍的攻擊使唐軍陷入苦戰，李淵甚至因此想要放棄河東，不過李世民則反對並選擇出擊。11月，他自龍門渡過結冰的黃河，在柏壁與劉武周的大將宋金剛對峙。

李世民得知宋金剛的部隊是孤軍深入，因此有著兵糧短少的弱點。他分派部隊前往切斷宋軍糧道，並讓主軍徹底進行防禦，不踏出壁壘一步。對峙半年之後，宋軍的兵糧終於見底，必須撤退。李世民見時機成熟，便開始展開前所未見的猛烈追擊戰。他在呂州（山西省霍縣）大破宋軍，又以一晝夜200里（約110公里）的疾速猛追，在雀鼠谷（山西省）攔到了宋金剛。兩軍在此1日8戰，唐軍大獲全勝。據說在這場追擊戰中，李世民兩天沒吃東西，三天沒脫下鎧甲。

劉武周因為害怕戰敗，便自太原退兵逃回突厥，太原宣告收復。

西元620年7月，李世民前往討伐在洛陽稱帝的隋朝將軍王世充。他首先花了8個月的時間把洛陽四周全部控制，並於翌年2月把王世充包圍孤立於洛陽。

3月，在河北自立為夏王的竇建德率領十萬餘兵馬前來救援王世充，戰局因此急轉直下，唐的將軍

昭陵（中國陝西省醴泉縣）
唐太宗李世民的陵墓

插圖／諏訪原寬幸
（p.155～p.172）

們開始主張撤退，不過李世民則果決地以兵分兩路的方式迎戰。他將主力部隊交給弟弟李元吉，讓他留下來包圍洛陽，再自己親自率領3萬5千精兵奔向虎牢（河南省滎陽的汜水鎮）。

此時，李世民仍是憑藉著虎牢的險阻地形堅守陣地按兵不動，雙方持續對峙了一個多月。竇軍幾次前來挑釁，唐軍皆不為所動，因此士兵的士氣便開始衰弱。眼看勝機到來，李世民親自率領輕騎兵渡過汜水，迂迴過敵陣，從背後襲擊竇軍本營。遭受李世民突擊時，竇建德正在召開軍事會議。因為唐軍趁虛而入，使竇軍陷入大亂，竇建德被捉。李世民的部隊回到洛陽後，認清援軍已無希望的王世充宣告投降。至此，河南、河北全都納入了唐的勢力範圍。由於李世民的果敢決斷，使唐朝得以平定華北地區。

李世民認為作戰要先能持久，以等待取勝的機會，並要靠猛烈的追擊戰徹底殲滅敵軍。因此，曾跟他打過仗的敵人都無法東山再起。像這樣固守陣地進行持久戰，及有效活用騎兵進行的突擊、追擊戰，就是李世民的作戰特色。但更重要的一點，就是李世民就算陷入不利的狀況，或在戰況有劇烈變化時，依舊會不斷評估敵我力量以尋求勝機，且憑著自身的勇氣與行動力身先士卒將作戰付之實行，可說是位智勇兼備的將軍。

在戰場上立下許多汗馬功勞的李世民，接著又須面對新的挑戰，也就是皇位繼承鬥爭。由於李世民的功績顯赫，因此兄弟之間的鴻溝很深。他的兄長皇太子李建成與弟弟齊王李元吉，私下協議要聯手排除李世民。李世民與其幕僚對此深感危機，因此便打算要以武力解決。626年6月4日，李世民派兵埋伏在長安宮城的北門─玄武門。

這場稱為「玄武門之變」的政變，最後由李世民獲勝。李世民被立為太子，並於8月逼迫父親退位，讓自己登上皇位，時年29歲，他終於將自己以軍事手段建立的唐朝掌握在手中。

而過去一直與士卒一起馳騁在戰場前線的李世民，在即位之後，只能於宮中等著聽麾下眾名將的勝利捷報。

這些力抗周邊民族強勢壓境的名將中，包括李靖、李世勣（李勣）、尉遲恭等人，從前多數都屬於與唐敵對的勢力，但是他們後來皆臣服於李世民所具備的人格魅力。另外，其它還有許多優秀的臣子，支持著李世民的外征與內政，為貞觀治世的繁榮做出貢獻。

李世民作為一位將軍實屬優秀，同時也具有難以比擬的君主資質。

文 島村 亨

571～649

李靖

年紀輕輕便精通《孫子》、《吳子》兵法，
擁有敏銳的洞察力，採取積極果敢的行動趁虛而入。
在轉瞬之間刺殺對手咽喉的「出其不意」戰法，其精髓又是如何？

李靖（西元571～649）字藥師（《舊唐書》將藥師當作本名），京兆三原（中國陝西省三原東北）人。是唐太宗李世民麾下的眾多將軍中，唐朝初年最為仰仗的名將。

他自幼即通曉兵法，隋朝名將韓擒虎是他的舅舅，當他跟李靖討論兵法時，曾感嘆道：「除了你之外，根本就沒有其它人可以和我討論孫吳的兵法」。左僕射楊素也認可李靖的才能，他曾撫著自己的席子說到：「總有一天你會坐上這個位子的」。不過李靖並沒有在官場上有太多作為。隋朝大業末年，李靖即將進入五十歲時，才當上馬邑郡丞。就當時來說，他走的是完全偏離於出仕的道路。

在任職馬邑時，李靖查覺到太原留守李淵（後來的唐高祖）意圖造反，便打算向煬帝報告。不過因為李淵進攻長安而斷了道路，使李靖被抓。

李淵毫不猶豫的決定要將李靖斬首，不過李靖卻在送上刑場時，喊到：「公起兵為天下除暴亂，欲就大事，以私怨殺誼士乎？」。

此時站在李淵身旁的李世民（後來的唐太宗）善於挑選良將進入自己幕僚，當時他看李靖膽識過人，便強烈要求父親將李靖納入自己麾下。

因此，李世民便獲得了在他即位之後，一身肩負起軍事成功的名將，而李靖也擁有了比他年輕近30歲的終生君主。

李靖以將帥來說最具特色的一點，就是頗具效果的奇襲戰法。

所謂奇襲，就是趁敵方「不注意」時加以攻擊的方法。李靖能夠確實洞察敵方將帥的心理，迅速看穿他們因疏忽而產生的軍事漏洞。一旦發現敵軍疏漏，便要趁此「不可失機」，立刻發動攻擊。由於在攻擊上是採用遠距離迅速移動的急襲戰法，因此敵軍通常根本沒有足夠時間反應就被擊破。以下就來看看著名戰役的實際情況。

西元619年，李靖奉唐高祖之命入蜀，攻擊當時控制長江流域、號稱南方最大勢力蕭銑。

李靖首先討伐在蜀地作亂的外族，以鞏固地盤，然後開始建造艦隊，以從蜀順長江而下攻擊蕭銑。621年2月，李靖被任命為行軍總管，並兼任蕭銑平定軍主帥趙郡王李孝恭的長史（參謀長）。以實質而言，全軍的指揮已全掌握在李靖之中。

9月，長江進入秋季的增水期，原夏季的穩定水面變為激流。不管是不是熟悉長江水流的人，只要看到此時江面的狀況，都不會想在這時出船。蕭銑因此認為唐軍不會挑這時從蜀展開攻擊，所以便解散士兵們，讓大家回歸農村。不過，李靖就是在等使蕭銑鬆懈於軍備的增水期到來，他對因看到長江上游激流而恐懼的眾將斥叱道：

「兵貴神速，機不可失!」

李靖親自率領2千餘艘軍船駛入危險的激流，軍船們飛也似的衝過了長江三峽。

李靖的進攻完全命中了蕭銑軍的虛處，蕭銑根本還來不及再次統整部隊，就直接向壓境而來的唐軍投降。

李靖對蕭銑的常識性判斷採取反其道而行，順著長江水流，一舉將部隊刺向蕭銑咽喉，因而取得了勝利。

李世民即位後的629年，李靖踏上了最能讓他留名青史的戰場，前去攻擊令唐朝隱憂多年的東突厥。

是年11月，李靖被任命為定襄道行軍總管，成為攻擊東突厥的總帥。他率領五總管兵，加起來總共有十幾萬。在總管當中，還有位和李靖齊名的優秀名將李世勣（李勣）。

翌年，630年正月李靖自馬邑（山西省朔縣）出擊，朝惡陽嶺（內蒙古的和林格爾縣之南）前進，由李靖親自率領精挑細選出的3千輕騎兵。此惡陽嶺緊鄰於頡利可汗的根據地定襄（和林格爾縣西北）。

抵達惡陽嶺後，李靖便趁著深夜襲擊定襄。遭到突襲的突厥軍瞬間崩潰，轉調馬首向北方逃走。此時李世勣也自雲中（山西省大同）出擊，在白道（內蒙古呼和浩特市西北）攔截到從定襄撤退的突厥軍，因而大獲全勝。

李靖 墓（中國陝西省醴泉縣）
身為唐朝的功臣，而陪葬於昭陵之側。

頡利可汗一直退至陰山北邊的鐵山（內蒙古白雲鄂博一帶），才終於有辦法停下馬並收容敗兵。這場戰役過後，頡利可汗便表態歸順唐朝。

唐太宗接受他的歸順，一邊派遣鴻臚卿唐儉等人前往突厥安撫，一邊指示李靖收起刀槍，率兵去迎接頡利可汗。

不過當李靖在白道與李世勣部隊會師，並商討爾後對策時，卻突然決定要趁頡利可汗因唐朝派出使者而有所輕忽時對他進行襲擊，以趁此機會一舉殲滅突厥。這不僅大大違反太宗指示，也會讓唐朝使者陷入危險，因此有些將軍便表示反對，而李靖則說到：

「此兵機也，時不可失。韓信所以破齊也。如唐儉等輩，何足可惜!」

李靖讓1萬騎兵攜帶20天分的糧食，往鐵山急奔而去。

陰曆2月初，蒙古高原依然籠罩在嚴冬的勢力下。在嚴寒當中，李靖軍持續往北奔馳，越過了陰山。如同李靖想的一樣，頡利可汗因為唐朝使者的前來，因而有所疏忽。

李靖軍在霧中前進，當頡利可汗終於發現唐軍騎兵出沒時，李靖軍的先鋒部隊已經推進至距離可汗帳篷僅7里（約3.8公里）的距離了，頡利可汗只得倉皇逃走。當李靖率領的主力部隊衝進戰場後，突厥軍便完全崩壞。在這場戰役中，突厥軍有1萬餘人陣亡、十幾萬人成為俘虜。幸運的是，使者唐儉最後平安無事。

頡利可汗依舊率領著超過1萬兵馬逃至往更北方的磧口（內蒙古二連浩特市西南），不過當地卻早已有李世勣的部隊在那裡等待。突厥的大酋長們已經全部向李世勣投降，使頡利可汗最後也被抓起來並護送至長安。

因為李靖的當機立斷，才打了這場大勝仗。在此之後，唐朝北邊數十年都沒有再發生大規模戰鬥。

李靖藉由推知敵人心理趁虛而入，並確實獲得勝利。而且在這場對突厥戰役中，選的還是最困難的時期，尤其在面對騎馬民族時，更是破天荒採用了以騎兵進行遠程偷襲的戰法，可說是場史無前例的作戰。

李靖後來被封為衛國公，即使辭官後，太宗還是會徵詢他的意見。不過他並不誇耀權勢，直到649年過世之前，都緊閉家門謝絕訪客。

在唐朝杜佑的《通典》中有「衛公李靖兵法」的篇章，引用了李靖的兵法，對於研究唐初軍隊編制與戰術來說是價值極高的資料。宋朝元豐年間，神宗把《李衛公問對》（又稱《唐太宗李衛公問對》）跟《孫子》和《吳子》等兵書，一起收進《武經七書》當中。這本書是以太宗對李靖進行軍事上的提問，而李靖回答的對話形式所構成的兵法書。雖然被認為是宋朝的阮逸的偽作，不過後世的兵家依然相當看重。

文：島村 亨

郭子儀 李光弼

郭子儀在游擊戰時展現出了優秀的用兵法，
李光弼則於守城戰中發揮出卓越的才能。
他們並肩作戰，把唐朝從滅亡的深淵中救出來。

潼關十二連城遺址
（中國陝西省潼關縣）
由於長安最大的屏障潼關被安祿山所破，長安因此而陷落。

郭子儀（西元697～781）與李光弼（西元708～764）都是活躍於安史之亂中的武將，他們的青年時代是在玄宗皇帝的「開元之治」盛世年間度過，而當時代由勝轉衰之際，便開始以武將身分大顯身手。

郭子儀出身於華州鄭縣（中國陝西省華縣），字也是子儀。雖然其父歷任各州刺史，不過郭子儀則選擇了武將之路。天寶初年，他參加武舉並及第。安史之亂前一年，郭子儀被任命為天德軍使，同時兼任九原太守與朔方節度右兵馬使。他的身材相當高大，史書評其為「體貌秀傑」。他的身影總是出現在戰陣中，而人格則獲得了超越民族的信賴。

李光弼是營州柳城（中國遼寧省朝陽）人，字不詳。他的父親楷洛原是契丹族的可汗，在武則天時入朝仕唐，因為立下武勳而被封為薊國公。其子李光弼被史書形容為「嚴毅沈果，有大略，幼不嬉弄」，性格相當認真。他治軍非常嚴格，只要有人打破軍規，即使無視敕命也要將其斬首。不過他的度量也很大，即使是從敵軍投降來的將軍，也會不帶偏見地加以任用。另外，當他出戰至河北時，看見遺棄的屍體覆滿荒野，還曾將酒倒至地上痛哭哀悼。

李光弼除了善於騎射之外，對於班固的《漢書》也讀到手不釋卷。他一開始是被任命為左衛郎，在安史之亂之前則升至朔方節度使副使，不過卻決定辭職。當亂事爆發後，他在郭子儀的推薦之下出任河東節度使副使，與郭子儀並肩出擊河北地區。

西元755年，安祿山率領15萬兵馬在范陽（今北京附近）叛亂，河北地區在瞬間被叛軍鐵蹄蹂躪，叛亂爆發後只過了1個月，東都洛陽即被攻陷。在一開始的戰役中，唐軍只能無力地懼怕著賊軍西進。不過，安祿山部隊後來即踢到鐵板。被任命為朔方節度使的郭子儀，在朔方擊破賊將，點燃了反擊的烽火。翌年，郭子儀與李光弼意圖要奪回河北。郭子儀展開巧妙的游擊戰，李光弼則以寡兵固守要衝。靠著他們倆人的活躍，奪回了河北十餘郡。不過就在此時，扼守關中東側的潼關被擊破，賊軍攻陷長安。玄宗逃亡至蜀，其子肅宗則於遠方的靈武即位。郭子儀趕赴肅宗麾下，李光弼則率軍返回太原防守。

李光弼在游擊戰中展現出了優秀的用兵技巧，而守城戰方面更是獲得後世相當高的評價。他在安史之亂當中，堅守常山、太原、河陽等城市不被叛軍攻陷，其中最有名的是太原守城戰。

西元757年，李光弼被任命為唐的北都太原留守。此時，史思明從西北壓迫范陽與洛陽防線，準備進攻太原，且打算繞至北方威脅肅宗的根據地靈武。史思明與蔡希德、高秀巖一起率領十幾萬兵馬進攻太原。當時李光弼手上只有不到1萬名士兵，但需防守的太原城牆卻長達40里（約20公里）。

李光弼首先動員太原居民在城池周圍挖掘壕溝，然後將挖出來的砂土製成數十萬個日曬磚，以用來修復與補強被破壞的城牆。另外，他還製造出需要靠200人驅動的「抛石車」，聽說這種可以抛射巨石的兵器，一次就能擊殺數十人。

同時，他還指導礦山技師，在太原城內挖掘數條地道，遂行所謂的「地道戰」。

某天夜裡，史思明在城下開設宴會，並讓小丑在舞台上愚弄天子。這是為了引誘李光弼出城作戰，不過李光弼卻利用地道抓走了這個小丑。而對著城池大罵的賊軍將領，也被守軍靠著地道抓走，拉至城牆上砍掉首級。像這樣從地底下出其不意發動的攻擊，著實使賊軍傷透腦筋。

後來，安祿山被自己的兒子安慶緒殺掉之後，史思明便將包圍太原的任務交給蔡希德，自己則回到范陽。史思明離開後一個月，屢遭地道突襲的賊軍

回長安。15萬唐軍與回鶻軍，一同在香積寺（長安南邊）北邊與李歸仁率領的賊軍對峙。此時郭子儀讓僕固懷恩率領回鶻騎兵迂迴戰場繞道賊軍背後去，使賊軍被擊垮，成功奪回了長安。

接著，唐軍乘勝東進，想要一舉光復洛陽。

安慶緒讓嚴莊帶領洛陽兵馬，與從關中撤退的張通儒會師，兩軍則在新店（中國河南省三門峽市）爆發激烈衝突。正面迎戰15萬賊軍的唐軍，被敵方勢力所壓倒，因此郭子儀又再度讓回鶻騎兵進行迂迴攻擊。據說強大的賊軍在背後遭受突襲時，也驚叫道：「回鶻人來啦！」，且迅速敗逃。唐軍靠著這場勝利，迫使安慶緒放棄洛陽。郭子儀以巧妙的騎兵運用，成功進行了夾擊戰，打贏精強的敵軍。而在這場勝仗中，當然也不能忘記大力相助的回鶻軍。幾年之後，成功阻止回鶻軍進攻唐朝的並不是唐軍勢力，而是郭子儀單槍匹馬前去說服。

兩京收復之後，肅宗便把第一等功績給了郭子儀，不過這項功名引來了宦官勢力的嫉妒。翌年，在包圍安慶緒逃入的鄴城（河南省安陽）作戰中，郭子儀只以一名節度使的身分參戰。他沒有擔任包圍軍的主帥，而是由不熟悉軍事的宦官魚朝恩執掌指揮，史稱鄴城之戰，最後戰敗。戰敗後，郭子儀一時被解除兵權，而繼郭子儀之後挺立於唐軍最前線的，就是李光弼。不過他因為朝廷強行要求出戰而遭致敗北，使得平定叛亂又因此多花了數年的時間。

安史之亂後，在與賊軍的戰鬥中一直讓作戰指揮陷入混亂的宦官們，跟李光弼之間的鴻溝越來越深。李光弼因不想與宦官們的同流合汙，因此數度不理會入朝命令。

即使李光弼與郭子儀齊名，戰功也被世人譽為「唐中興第一」，但卻因朝廷懷疑他想擁兵自立，因而抑鬱地留在徐州幕府，並就此終其一生。聽說他是「憤死」而亡，得年57歲。

在李光弼死後，就只剩郭子儀能夠繼續支撐已經傾斜的唐朝。他鎮壓住僕固懷恩的叛亂，在吐蕃與回鶻聯軍逼近長安時，郭子儀也前去說服回鶻，化敵為友，將敵軍擊退。

郭子儀身在朝廷擔任宰相時，也發揮出了優秀的政治手腕，致力於重建唐朝，第9代皇帝德宗甚至還尊郭子儀為「尚父」。781年6月，郭子儀以85歲高齡病逝。

士氣衰弱，而死守太原的士兵則戰意高昂，欲出城一戰。李光弼此時便編組敢死隊出擊，將失去戰意的賊軍打垮，蔡希德留下了7萬屍體逃之夭夭，太原成功守住。

李光弼的守城戰術並非消極地打持久戰等待援軍，而是積極想辦法讓敵軍疲勞與濺血，藉此自行製造反攻機會，在沒有援軍的情況下打垮包圍軍。這場勝利維持住了唐軍的左翼，對同年唐軍展開的反攻戰做出貢獻。

至於郭子儀方面：郭子儀在游擊戰中展現出了優秀的用兵，特別是他能巧妙善用出身邊境的士兵與回鶻士兵，讓他們充分信任指揮。其中最值得一提的作戰，就是757年9月開始的兩京（長安、洛陽）奪還戰。

肅宗任命郭子儀為天下兵馬副元帥，將軍隊的指揮權交到他手上，在4千回鶻騎兵的支援下前去奪

岳飛

率領勇猛果敢的岳家軍力抗金軍入侵，
為了達成光復祖國的宿願，將後半生獻給戰場，
最後卻因莫須有的罪名被捕下獄，死於非命。

岳飛廟中供奉的岳飛像
（中國河南省湯陰縣）

曾經有一群英雄，被人們稱作「抗金名將」。他們在面對強大的金軍時挺身力抗，就算身後有官僚說三道四，依然還是驍勇善戰，把宋朝從滅亡邊緣救了回來。在這些英雄當中，既創下無與倫比戰果，又慘逢悲劇性結局的，就是最受眾人擁戴的岳飛（西元1103～1141）了。

岳飛字鵬舉，出生於相州湯陰（中國河南省）的貧窮農家。他自幼訓練武術、槍術、騎射等武藝，同時也不忘學問，能詩善賦，就當時的武人而言相當難能可貴。

北宋宣和四年（西元1122），岳飛曾加入義勇軍與遼兵作戰。等到北方新勢力金開始南下之後，他又再度參加募兵，將自己的後半生奉獻於對金作戰的戰場上。

南宋的軍勢，因為接連打敗仗，及眾將軍的背叛、抗命，使軍隊體制整個崩壞，導致對南宋效忠的幾位將軍，也只能以自身實力來對抗金軍。岳飛就這樣一邊轉戰各地，一邊培養自己的軍隊。著名的「岳家軍」是南宋最強的軍團，兵力最強時曾達10萬。

岳飛作為一名軍事主帥的特色，是在戰略上採取積極防禦，於個別戰役中採用果敢的攻勢；戰術上是採用「先謀」—於戰鬥前擬定周詳的作戰計畫，及「出奇」—出乎敵人意表之外發動攻擊。

對於軍事能力較差的宋朝來說，面臨金軍攻擊時，總是處在被動的立場。南宋的課題與其說是要收復失土，還不如說是防衛中國南部，因此，這時改採用什麼樣的防禦方法就會是個問題。

岳飛並不贊同只沿著淮水和長江拉起防衛線，並默默承受敵軍攻擊的消極性防禦。他所提倡的是以進攻的方式衡量敵軍力量，如果情勢轉為對我方有利的話就反攻、追擊，並趁機收復宋朝失土的積極性防禦法，且還將之付諸實行。

對於個別戰鬥來說，其它將軍基本上都是靠著城池或天險來阻止敵軍進攻，等敵軍自行因損傷過重撤退，這屬於以防禦為主的作戰。不過岳飛則採主動進攻，讓部隊於前進展開，在游擊戰中重挫敵軍意圖。這種作戰方式並不只光憑勇氣作戰，而是必須在事前先擬定好具有勝算的計畫，以確實獲得勝利。以下就來看看岳飛所參與過的著名戰役。

西元1133年冬，金與其魁儡政權齊（劉予）軍隊進攻南宋的北方防衛要地襄陽（中國湖北省），並且擊敗了襄陽鎮撫使李橫的部隊，齊將李成佔領襄陽及周邊諸郡。金軍控制襄陽之後，便繼續往四川與陝西東進，企圖要踏平南宋。

岳飛在此時對朝廷主張應該要收復失去的襄陽等6郡，並且進一步規劃出光復中原的策略。這個意見遭到採納，因而展開宋朝南遷後的第一場大反攻作戰。翌年4月，岳飛從江州（江西省九江）率領3萬餘兵馬開始北上。而韓世忠與劉光世也自兩准出擊，牽制防守襄陽的李成部隊。5月6日，岳飛一舉攻入郢州（中國湖北省鍾祥），並且在此兵分兩路，派部將張憲等人攻擊東方的隨州（湖北省），自己則率領主力朝襄陽前進。李成接獲這消息之後便棄城逃亡，17日，岳飛進駐襄陽。

6月初，李成獲得了增援，於新野（河南省）集結眾多兵力，企圖要奪回襄陽。岳飛對此先派遣部分兵力出擊清水河（襄陽西北），以充當誘餌引誘敵軍攻擊。李成軍不疑有他進攻而來，此時岳飛則親自率領部隊迂迴至李成軍背後進行夾擊，於數量佔上風的李成部隊因此潰亂，岳家軍成功擊退敵軍。

7月，岳飛向鄭州（河南省南鄭縣）進軍。金為了阻止南宋軍繼續北上，派出了援軍與李成部隊會師，兵力加起來共增強至數萬。另外，他們於鄭州西北構築了三十餘處防禦陣地，打算與南宋軍進行決戰。岳飛首先派遣王貴與張憲從東西兩翼進軍，

以夾擊的方式衝擊敵陣。接著再派王萬與董先的部隊進行突擊，攻破了敵軍。17日，南宋軍控制鄭州。之後，岳飛還乘勢奪回了唐州（河南省唐河）與信陽軍（河南省信陽），失去的6郡因此得以光復。不過對於岳飛來說，這些戰爭只不過是光復中原的前哨戰罷了。他把這些地方當做進攻中原的策源地，開始進行屯田。

西元1135年夏季，岳飛前往鎮壓控制洞庭湖一帶的湖賊楊么。楊么擁有內藏人力驅動車輪型船槳的外輪船大船團，因此擊敗了裝備較差的南宋軍。而前往討伐的「岳家軍」則以步兵為主體的部隊，原本就不慣於水戰，且也無能與之對抗的船艦，此時岳飛便想出一計。首先，他鼓勵賊兵投降。因為當時岳家軍已在連年戰鬥中培養出不敗神話，而且對待降兵也一直都很寬容，再加上岳家軍是當時的軍隊中少數絕不會出現掠奪暴行的護民部隊，所以許多賊兵直接不戰而降。所以在開戰之前，楊么的部隊就已損失過半。對戰開始時，岳飛用浮草與流木阻塞賊軍港口，使外輪船無法航行，完全封鎖住敵軍優勢。楊么雖然擁有多艘優秀的戰艦，但卻完全敗給了搭乘簡單竹筏進攻而來的岳家軍。

西元1140年，金朝宗弼撕毀締結於1137年的和約，兵分4路開始南進。岳飛打的最後一仗，即是與宗弼的對戰。

岳飛派遣部將，與在河北持續抵抗金軍的義勇軍取得聯繫，讓他們擾亂金軍的後方，然後親自率領10萬岳家軍北上。北進從6月底開始進行，才過不到一個月，便收復了黃河以南的廣大領土，並且包圍了盤踞在汴京（開封）的金軍。岳飛在郾城、穎昌地區集結兵力，準備與金軍主力決戰。

在這場郾城、穎昌戰役中，宗弼善用了一種稱為「拐子馬」的重裝甲騎兵，以往對戰的軍隊根本沒有辦法抵擋得住這種攻擊。但岳飛卻要步兵看準馬腳砍擊，成功擊退了「拐子馬」。金軍的強大騎兵部隊在此地消耗殆盡，使金軍的主力遭到擊破。

不過，在這南宋軍正處於優勢，將戰事順利推進的當下，南宋皇帝高宗卻聽從宰相秦檜的建議，準備要與金和談。不僅對追擊金軍的各部隊下達撤退命令，好不容易收復的失土也因此被迫放棄。

「十年之功，毀於一旦!」

岳飛的悲痛叫喚並未傳到高宗耳中。過去如此積極等待收復失土的機會，在用盡戰略、拚死搏鬥後好不容易才到手的勝利，就這樣因為遭到讒言而全數喪失。

翌年，回到臨安的岳飛不僅被奪去兵權，還被羅織冤罪逮捕下獄。同年12月29日，岳飛在獄中遭到殺害，年僅39 。

韓世忠得知岳飛死訊之後，便向秦檜提出逼問原因，秦檜在無計可施之下，脫口說出了「莫須有」這三個字，從此之後，「莫須有」就成為了冤罪的代名詞。

傳說岳飛的背上刺有「盡忠報國」四個大字，而他的生涯也完全沒有偏離這四個字，成為南宋主戰派最右翼的最大武勳功臣。不過以朝廷官僚為主體的和議派，則打算要活捉岳飛獻給金，已達成和議目的。甚至還想要解散岳飛軍，且重新編組出中央軍。

文：島村 亨

忽必烈

**任用漢人知識分子為側近，
欲脫離蒙古過去靠殺戮與掠奪維生的歷史，
讓騎馬民族首次統治中原。**

忽必烈（西元1215～1294）是由外族首次統治中國全土的元朝之第一任皇帝。若以祖父成吉思汗建立的蒙古帝國而言，他則是第5代領袖。

在他的兄長蒙哥繼位為蒙古帝國第4代領袖之後，忽必烈被任命為漠南漢地大總督，將中國方面的統治權交到他手上。

西元1252年，忽必烈受蒙哥之命，以兀良哈台為副將，前往進攻大理國（中國雲南省）。忽必烈的7萬大軍沿著四川與西藏東側的交界南下，於10月搭乘竹筏渡過金沙江。雖然部隊飽受疫病之苦，但卻依然挺進至大理國，包圍太和城。忽必烈派出了勸降使者，不過大理國重臣高祥卻將使者斬殺，然後自己逃走。蒙古軍內部原本對此主張進行報復性殺戮，不過忽必烈卻聽取漢人側近張文謙的建言而全力禁止。後來，高祥在被抓到後因為拒絕投降而被斬殺，不過也被視為忠臣而給予厚葬。兀良哈台進攻昆明，抓到了國王段興智，制伏了大理國。1254年，忽必烈將後續事項交給兀良哈台，自己則回到了北方。

在這場大理遠征中，忽必烈並未執行以往對於蒙古軍來說是理所當然的殺戮與掠奪。自幼少時期即親近漢人文化的忽必烈，從很早開始就有招募漢人知識分子當作幕僚，並聽取其建言，學習中國式的統治方法。

回到根據地的忽必烈，下令劉秉忠於開平府開始築城。這是身為遊牧民族的蒙古人繼哈拉和林城之後，新建立的定住據點。

與此同時，蒙哥決定要進攻南宋。兀良哈台將部隊推進至安南國（越南），如此一來，北方有忽必烈軍、西方有蒙哥軍、南方有兀良哈台軍，從三面將南宋包圍起來。1257年9月，蒙哥將首都哈拉和林交給么弟阿里不哥，親自率領4萬本隊往四川出發。他將陣營設於祖父成吉思汗的臨終之地六盤山（甘肅省），並繼續往合州前進，預計沿著長江東進。

忽必烈自開平府出擊，是在翌年11月的時候。當時到達汝南（河南省）已是翌年7月12日，進軍有些遲緩。忽必烈在汝南讓部隊停下腳步，暫時按兵不動。他對兄長蒙哥的想法略有疑慮，感覺自己在平定南宋後將會身陷危險，同時麾下也有一些漢人抱持著侵略反對論。

就在此時，傳來了蒙哥在攻擊四川的釣魚城作戰中陣亡的消息，使蒙哥欲使3軍自北、西、南進攻，並於鄂州（武昌）會師，然後進攻南宋首都臨安（杭州）的戰略面臨頓挫，不過忽必烈卻讓部隊開拔，開始往鄂州進軍。他們渡過淮水，突破大勝關，又渡過長江，包圍了鄂州。其作戰目標是要切斷長江流域的南宋軍，擋住來自下游的援軍，並與西軍和南軍取得聯繫。

不過，當時在西邊的本隊已開始準備進行撤退的時間點上，忽必烈又為何要冒著危險進軍呢？其一除了不要讓兀良哈台的部隊被孤立，當然另外還有其它目的。其中最重要的，即是繼位問題。

為了要在蒙哥死後與留在哈拉和林的弟弟阿里不哥對抗，忽必烈勢必要把兀良哈台的部隊納入自己麾下才行。9月29日，位於合州的本隊開始撤退，不過在忽必烈旗下卻有多支部隊會合，10月之後，兀良哈台軍終於也挺進至潭州（長沙）。南宋朝廷因此為之震驚，命令宰相賈似道前往鄂州救援。不過賈似道則打算談和，使忽必烈趕忙撤退。回到開平府的忽必烈召開了部族會議，於1260年6月宣布即位。

於隔月宣布在哈拉和林即位的阿里不哥，開始和忽必烈進行了長達4年的繼承人戰爭，阿里不哥幾乎喪失所有的兵力，糧食與物資也消耗殆盡，最後終於宣告投降。

確實繼承皇位的忽必烈，在1268年開始侵略南宋。他採用了南宋降將劉整的獻策，進攻位於漢水中游的襄陽與對岸的樊城。

江南地區跟以往的草原地帶不同，是個充滿大河與湖沼的地方，而且南宋還有優秀的水軍。等於說，不善於水戰與在濕潤夏季作戰的騎馬軍團，較難以投入作戰。而且更大的問題在於，南宋城郭都市的防衛能力強盛。如果針對高聳堅固城牆與護城河守護的都市以短期決戰方式進行攻擊的話，就會產生許多死傷者，這點在兄長蒙哥於四川的敗北中已有前車之鑑。

蒙古軍首先在距離兩城周圍100公里以上的地方展開包圍，為了要與南宋水軍對抗，還建造出了5千艘船，且培養出7萬水軍。南宋命范文虎帶領10萬援軍前往支援，但還是被擊破，使得守將呂文煥所率領的襄陽守軍完全陷入孤立。

雖然呂文煥相當能撐，不過蒙古軍卻在這場攻防戰中投入了新兵器回回砲，成為勝負的分水嶺。這是一種彈射式的巨大投石機，由伊兒汗國旗下派遣來的伊斯蘭技術人員所打造。可見蒙古軍在遠征各地時，也學習到許多兵器知識。這種投石機所發射出的巨石雨，著實讓城中的守軍陷入恐慌。1273年2月，襄陽終告陷落。投降的將兵們受到厚待，呂文煥因而宣示效忠忽必烈。

攻陷最大軍事據點襄陽之後，由伯顏所率領的20萬部隊在呂文煥的引導之下沿著長江進擊，南宋諸城陸續不戰而降。因為降將呂文煥告訴他們蒙古軍是嚴禁殺戮與掠奪，且會保障投降者生命安全及身分地位。因此，在沒有遭遇激烈抵抗之下，南宋首都臨安於1276年2月無血開城。

根據傳言，成吉思汗曾經在死前留下進攻南宋方法的遺言，內容為「從北進攻會因河川與山岳形成險阻，較為困難，應從西邊沿著河川進攻」。

蒙古軍以強大的鐵馬軍團而聞名，尤其擅長騎射，主要武器為射程距離可達數百公尺的弓。他們會攜帶遠射用及近射用的箭各30枝，也會使用環刀與槍。一個分隊是以先鋒隊、本隊、後方部隊3隊編組而成，先鋒隊會進行突擊殺戮敵軍，然後讓後方的本隊去掠奪所有物資。不過這種戰法僅集中於成吉思汗時代，且只限於平原地形上所進行的戰爭。

在此時期，忽必烈也對日本提出朝貢要求，不過鎌倉幕府則再三拒絕，因此進行了兩次遠征。在日本稱為「元寇」，從留存於日本的資料中，可以看到元軍採用集團戰法，有一種可以發射稱為震天雷之手榴彈的鐵炮，也會使用毒箭等武器。

另外，在元朝成立初期造訪中國，於忽必烈底下當了十數年官的馬可波羅所寫的《馬可波羅遊記》中，也有記載蒙古騎馬部隊的戰鬥過程。

「他們不以退卻為恥，而是會先假裝撤退，然後在馬上向後放箭，使敵軍蒙受重大損害。箭雨會降臨在因為心想已取勝而掉以輕心的追擊軍頭上，且倏然調轉部隊，開始大聲嘶喊進攻。當敵軍以為他們已撤退而覺得勝券在握時，事實上就已輸了。」

西元1294年，忽必烈過世，被評為「亂用武力之心依舊沒有改變」。

文：田中邦博

記載蒙古軍威容的「蒙古襲來繪詞」
（日本宮內廳三之丸尚藏館館藏）

1328～1398

朱元璋

以一介草民投身於農民叛亂軍，最後爬上皇帝高位的少見英傑。並能巧妙運用幕下的優秀人才。

明太祖朱元璋（西元1328～98）出身於貧苦農家，最後卻成為統治中國全土的帝王，在中國歷史上是相當稀有的人物。當朱元璋的母親陳氏懷有朱元璋時，曾經夢到有人給她一個放出紅光的藥丸並吞了下去。而當朱元璋出生時，整個房間也壟罩在紅光之下。在此後的夜裡，朱家依然不定時發出紅光來，村人甚至還以為是發生火災而趕忙跑來。

朱元璋17歲時，因為發生了大旱災而引起飢荒，使他失去了父母與長兄，他只好到廟裡去當和尚。不過在這許多人都吃不飽的局勢中，也無法期待寺廟有什麼收入，結果朱元璋還必須去托缽化緣才行。

他所出生的元朝，遂行的是蒙古人的種族歧視主主義。漢人被視為搾取的對象，因此稅金與強行索賄的狀況要比其它朝代還要嚴重。人民生活極為困苦，為了抵抗異族統治與過度搾取，在各地皆有叛亂，其中以韓林兒為首的紅巾之亂作為核心。在朱元璋的家鄉濠州，也有一名叫郭子興的人參與這場叛亂。朱元璋經過苦思之後決定參加郭子興的部隊，後來因此適時嶄露頭角，且成為了郭子興的得力助手。雖然以實力來說，朱元璋較佳，不過他一直跟著郭子興。

郭子興死後，朱元璋繼承了他的軍隊，於1356年佔領元朝統治江南的據點應天（南京），自稱為吳國公。朱元璋之所以能將力量發展至此，主因是他嚴令禁止部下掠奪，只要有人違反，任何人都處斬。他這種跟一般叛亂、掠奪者劃清界線的態度，讓許多知識份子因此前來投靠朱元璋。尤其是當代相當優秀的儒學者劉基、宋濂，也都來助他一臂之力，也因此使朱元璋能從一地之王轉而發展成為一國之君。

在朱元璋欲構築基盤的江南，有江州的陳友諒與蘇州的張士誠勢力存在。跟兩者相比，朱軍顯得較為弱小。劉基對他建議：「張士誠只求自國的富裕與安穩，不過陳友諒對領土具有野山。因此首先應該討伐陳友諒」。才定案，陳友諒就朝應天進攻而來。劉基對朱元璋獻策道：「先將敵軍引誘深入我方地盤，然後再以伏兵攻擊他們」，於是朱元璋便讓一名部下假裝內應，誘使陳軍深入果然使之大敗。

西元1363年，因為與元軍交戰而變得衰弱的韓林兒大宋國，因為被張士誠軍突襲，因此向朱元璋請求援軍。劉基因為認為陳友諒尚具有脅威性而表示反對，不過朱元璋則因顧慮張士誠的勢力會因此擴大，所以決定前往救援，擊退了張軍。不過此事結束後，陳友諒卻率領大型戰艦從長江順流進攻，在鄱陽湖與朱元璋爆發激烈衝突。

雖然朱元璋敗色濃厚，不過他趁敵軍進入下風處時，靠著裝載火藥的小型船隻進行突擊放火。陳軍的戰艦因較大型所以較不靈活，最後便遭到毀滅性的打擊。朱元璋阻塞湖口切斷敵軍退路，並在敵軍欲逞強突圍時發動總攻擊，陳友諒戰死，該役史稱「鄱陽湖之戰」。

消滅陳友諒之後，與張士誠一戰終於來臨。以作戰而言，武將常遇春主張要一口氣進攻至首都蘇州，不過朱元璋卻制止了他，並表示：「湖州的張天騏、杭州的潘原明有如張士誠的左右手，如果蘇州陷入危機，他們一定會盡全力趕來救援。一旦發展至此就很難取勝。因此首先要奪取湖州，將敵人的羽翼剪除後，再對首都進行攻擊」。

朱元璋列出張士誠的八條罪狀，以樹立自己起兵有理，且一如往常嚴禁掠奪。如同前述作戰計畫，他先進攻湖州，堆起沙包切斷敵軍糧道，還擊敗了張士誠親自率領的援軍。同時他又掌控了杭州，讓首都蘇州陷入孤立。朱元璋並未一口氣進攻，而是展開數圈包圍。在此期間，他曾發出勸降告示，不過張士誠則充耳不聞，打算拚命突圍。但終究大勢已定，張士誠被抓，在護送途中自殺身亡。

西元1367年，凱旋回到應天的朱元璋終於決定要討伐元朝。10月，朱元璋與徐達、常遇春等諸將領召開軍事會議。急躁型的常遇春主張乘著連戰連勝之勢，一口氣進攻元朝首府大都。而朱元璋依然制止了他，並說道：「元朝雖然衰弱，但終究是

中華門
（中國江蘇省南京市）始建於朱元璋時期，現只留有基座。

擁有百年命脈的王朝，相信必會堅守到底。如果我軍著手攻擊大都，且陷入長期戰的話，不僅補給會有困難，也會引來周邊敵軍的馳援。因此首先要進攻山東，斷絕後顧之憂，接著再將部隊退至河南，切斷敵軍羽翼。然後要攻破要衝潼關，截斷來自長安的援軍通路，將大都孤立，如此一來便能不戰而勝」。

這如同之前對張士誠的作戰方式，是種先控制周邊地區，以讓首都孤立的策略。

10月20日，徐達、常遇春等朱軍渡過長江進入山東，在此同時，朱元璋則於各地發送內容為「我們是為了要驅逐外族，讓天下回到漢族手中，並救濟人民而舉兵。軍律相當嚴格，絕對不會做出掠奪等行為，因此大可不用逃難」的檄文，以籠絡人心。

朱元璋特別命令徐達，一定得將敵軍切斷。意謂必須控制通往大都市的交通要衝，且派駐精兵把守，讓援軍無法通過。徐達遵照這樣的命令，把山東全域納入支配之下。翌年，1368年朱元璋在應天即位成為皇帝，定國號為明，是為洪武帝。而徐達、常遇春在平定山東之後，便往河南進軍。他們越過虎牢關，在接近洛陽時，碰到了5萬名元軍嚴陣以待。當時首先打破局勢的是常遇春，他以單騎操弓衝入敵軍之中，撂倒了敵軍先鋒。徐達見此機會便率領大軍進攻，趁著混亂大敗元軍。明軍一口氣推進至洛陽，且不經一戰便取得洛陽。如此一來，大都有如一絲不掛，進攻時機已告成熟。朱元璋自水陸兩方指揮大軍北上，推進至大都東郊的通州。此處距大都僅約20公里，雖然諸將主張速攻，不過主帥郭英則認為應慎重行事。

翌日起了大霧，郭英首先派兵埋伏，並親自來到通州城下。與元的大軍交鋒過後，故意退卻誘敵深入，再靠伏兵讓元軍陷入混亂。最後通州終於攻陷，明軍逼近大都。元順帝大為驚恐，不聽家臣勸諫便趕緊放棄大都逃回蒙古去。大都就這樣不費吹灰之力落入明朝手中，元朝宣告滅亡。

朱元璋雖出身於農民叛亂軍，不過卻能做到不掠奪、維持既有秩序，因此能獲得像劉基這樣的知識份子所協助，也能將熟慮型的徐達、猛進型的常遇春這兩位性格正好相反的武將適才適用。這雖是朱元璋本身具有作為皇帝的氣度，不過他之所以能夠完成天下統一，其身後優秀的人材們確實發揮效力也是最大原因之一啊！

文：川田 健

1574？～1648

秦良玉

繼承丈夫腳步統率軍隊，
並於北方擊退由努爾哈齊率領的後金軍。
雖然為政治腐敗而憂心，不過依然效忠於明朝。

秦良玉（西元1574?～1648）是位巾幗英雄，也就是女性將軍的意思。說起中國的女性將軍，隋朝的花木蘭可說最為有名，不過秦良玉卻是被明朝賜為四川都督僉事的將軍，這在中國歷史上則極其稀有。

她出生的四川雖是明朝版圖，不過在治理上是由朝廷賦予土著酋長官職，容許其自治。這種首長稱為土司，其地位是世襲制，如果沒有嫡子的話，就要由弟弟或是妻子繼承。這種地區在中央勢力衰弱時，就很容易陷入不穩定的狀態。在土司當中具有野心的人，會趁機宣布獨立，與官軍對峙。而有時官軍也會收取賄賂，不投入全力去掃蕩賊軍。

秦良玉自幼跟隨父親學習武藝，善於騎射。另外她也通曉詩文，可說是智勇兼備。她嫁過去的馬千乘家，代代擔任於重慶東北東方150公里遠處的石砫土司。此時四川的其中一位土司楊應龍發動叛亂，使官軍陷入苦戰。她跟隨夫婿以官軍的身分參與這場戰鬥，在遭致夜襲時反而將敵軍擊退，並奪回了7個村落，功績相當耀眼，不過她本人卻不居此功。後來馬千乘不幸因為被冠上無實罪名而死於獄中，又加上嫡子馬祥麟年紀尚幼，因此秦良玉就繼承丈夫的位置，成為了石砫的土司。

秦良玉一方面頒布嚴格軍律，以不對人民形成危害作為第一要件。她平常處事雖然穩重優雅，不過一旦站上前線，所發出的軍令會使得部隊肅然遵從。而她所率領的石砫軍被稱為白桿兵，令附近的部族敬畏三分。

當時，明朝正為由努爾哈齊所率領的女真族後金侵略所苦。1620年，石砫軍也被調至北方進行防衛。秦良玉與兄長秦邦屏、弟弟秦民屏隨軍出征，但部隊卻在意圖奪回瀋陽進行渡河時遭到後金軍攻擊，導致哥哥秦邦屏戰死，秦民屏雖然撿回一命，不過軍勢卻告瓦解。翌年，秦良玉親自率領3千精兵北上。雖然軍糧不甚充足，不過石砫軍在鐵的紀律規範下，沿途一物不取的趕赴戰地。她在嚴寒地區為傷兵準備了1千5百件冬衣，以減緩他們的疲勞，並親自把守要衝榆關。雖然戰鬥極為激烈，但依然成功擊退敵軍。北方戰事告一段落後，下一戰是四川平定奢崇明之亂。

奢崇明是通往雲南、貴州要衝的永寧土司，為了發起叛亂早已準備周全。他首先以征伐後金的名義

流經重慶市的
嘉陵江（中國四川省）
秦良玉曾立下從奢崇明手中奪回重慶、成都的大功勞。

徵兵兩萬，再假裝獻給朝廷，行軍至重慶時便發動叛變，並轉眼之間佔領該地。其它土司也有幾位參與行動，而奢崇明則派使者拿著金銀財寶引誘秦良玉加入同盟。秦良玉先斬了這名使者，再趕赴討伐叛亂。她派給秦民屏等人4千兵馬，讓其不捨晝夜趕往重慶，而自己率領6千部隊溯江而上趕至成都。

成都此時是戰況告急，但多位土司因為貪圖奢崇明的賄賂而按兵不動，只有秦良玉一邊奪回各個都市，一邊趕往成都。最後援軍終於開始抵達，後來有一部分看見秦良玉動向的土司也共同加入作戰。敵軍雖然建造出雲梯等武器企圖突破城牆，不過地方長官朱燮元以投石器先行反制。最後是在敵軍內部取得暗樁，讓暗樁與位於城外的秦良玉一同發動總攻擊，終於解除成都的危機。秦良玉的戰功獲得了朱燮元的認可，她也繼續致力於掃蕩奢軍殘黨。

經過這一連串戰事之後，秦良玉上奏說到：「乃行間諸將，未睹賊面，攘臂誇張，及乎對壘，聞風先遁。敗於賊者，唯恐人之勝；怯於賊者，唯恐人之強。如總兵李維新，渡河一戰，敗衄歸營，反閉門拒臣，不容一見。以六尺軀鬚眉男子，忌一巾幗婦人，靜夜思之，亦當愧死」。

上奏批評長官是個沒用的膽小鬼，著實是有相當的氣魄，不過這除了能看出她誠實耿直的態度之外，也充分顯現出了當時官軍的士氣低落狀況。《明史》記載在這項上奏之後，得到「帝優詔報之」的回應，由皇帝下詔厚待她。

西元1630年，秦良玉與其子馬翼明帶著私財赴北京擔任警護。朝廷為報其忠義，允許她們參內。

這時，明朝已無法維持國家的統治，就連秦良玉的家鄉四川，也有匪賊蹂躪太平與巫山等都市，等到秦良玉趕回時匪賊早已逃之夭夭，如此戲碼不斷重複上演。不過這也證明了她的鎮守相當重要。另外，當時在盜賊中也有她的族人混在裡面，這是一位逃獄者，不過卻被她看穿，遂將之逮捕後便交給長官。在此之後，聽說就再也沒有出現逃獄者了。

此時的四川巡撫是邵捷春，率領弱卒2萬防守重慶，因此相當依賴秦良玉。之後，在綿州知事陸遜之辭官回鄉時，秦良玉為他備酒，說道：「邵公不知兵。吾一婦人，受國恩，誼應死，獨恨與邵公同死耳。」。陸遜之問起原因，良玉答曰：「邵公移我自近，去所駐重慶僅三四十里，而遣張令守黃泥窪，殊失地利。賊據歸、巫萬山巔，俯瞰吾營。鐵騎建瓴下，張令必破。令破及我，我敗尚能救重慶急乎？且督師以蜀為壑，無愚智知之。邵公不此時爭山奪險，令賊無敢即我，而坐以設防，此敗道也。」陸遜之深感贊同。

在四川有張獻忠四處騷擾各城，秦良玉雖然再三應戰，卻皆陷入苦戰，因為官府實在已無餘力。舉例來說，要申請追加軍糧，府庫卻空空如也；而秦良玉雖熟知四川地形，不過當她請示要在幾處要害重點配置守軍時，能調遣的士兵卻已不敷使用。張獻忠最後進行總攻擊時，四川很快遭到攻陷。當時她已為了永年王朝而與賊軍奮戰，如果這時順賊所意，那麼自己的人生將會失去意義，所以便躲進了老巢石砫。就算張獻忠再厲害，仍無法踏進石砫一步，因而保住了獨立。後來，張獻忠死去之後不久，秦良玉也過世了。

雖然秦良玉那驚人的奇襲戰術與優秀的兵法理論並沒有流傳至後世，不過她兼具勇氣與智慧、光明正大而不諂媚長官、不誇耀功績、慈愛人民、體恤兵卒的性格，簡直就是備齊了將軍所需的所有條件，也因此她才能成為一位靠著鐵的紀律統率軍隊的稀世巾幗英雄。

文：川田 健

？～1587

戚繼光

以臨機應變的戰法迎敵，經常獲取勝利。
對付倭寇是以「鴛鴦陣」等獨創陣形攻擊，
後來還在北方構築要塞，成為邊防名將。

戚繼光（西元?～1587）字元敬，諡號武毅，登州衛（中國山東省蓬萊縣）人，是明朝討伐倭寇的大功臣。雖然家貧，不過自幼即有出眾的才能。

西元1552年以後，中國南部沿岸因受到倭寇的大舉侵略所苦。明朝在當時採行的是一種鎖國政策，在貿易自由上有所限制。因此包括部分商人、日本商船、甚至是葡萄牙人等在內，都開始以沿岸小島為基地，進行地下貿易活動。像這種走私集團，在遭到明朝軍隊毀滅性的打擊之後，其性質就開始轉變為類似於海盜。

戚繼光被賦予擊退倭寇的任務，但當時的沿海警備情勢相當惡劣。原本應該負責管理軍隊的官員相當腐敗，軍紀非常渙散，就連老兵都不堪一戰。因此在1559年，戚繼光親自前往浙江省的金華、義烏地區，募集當地農民當兵，並施以訓練。而他也招募沿海地區的漁民為士兵，組織水軍，建造了約40艘軍船，充實船艦與兵器，培養出一支討伐倭寇部隊。

戚繼光訂下了嚴格的軍律，除了賞罰分明之外，也主張官兵應該要有同等待遇，因此頗能抓住士兵的心。另外，他也相當專注於研究戰術。為了要讓剛組好的部隊充分發揮軍隊效用，必須建構出合理的戰術才行。首先，他把士兵按照大致的年齡、體格，分派不同的武器讓他們使用，並且以此為基礎編出一種稱為「鴛鴦陣」的陣形。這是以各自手持長短不同武器的12人為1組，然後以臨機應變的方式換用武器擾亂敵軍。他之所以會重視陣形，是因為南方地形多湖泊沼澤，因此無法採用以軍馬一口氣衝向敵軍本營的作戰方式。戚繼光便依此，根據手上的兵力狀況、戰場的地理特徵來建構軍隊。

這支部隊訓練完成後，成為一支勇於接敵、絕不掠奪人民的高水準部隊。人們稱其為「戚家軍」，所到之處皆大受歡迎。另外，戚繼光也呼籲一般民眾配合對抗倭寇。平常在財產與生命上飽受倭寇威脅的人民對此則挺身呼應，紛紛組織起自衛團，協助戚家軍對付倭寇。

西元1561年，倭寇船團大舉襲擊浙江省的台州。村落因為明朝官軍吃了敗仗而被掠奪，不過戚家軍以迅雷不及掩耳之勢奪回台州，還斬了敵將。戚繼光不放過這個機會，親自率領主力阻止倭寇反擊。他以得意的鴛鴦陣切斷敵軍，然後用各個擊破的方式將倭寇殲滅。此役之後，浙江的倭寇活動逐漸平息。立下這項功績的戚繼光晉升為都指揮使，並肩負起更為重大的海防責任。他為了增強兵力而繼續募兵，使戚家軍成長為將近6千人的軍團。

翌年，1562年倭寇的攻擊矛頭指向了浙江的南邊。倭寇從福建省溫州、廣東省南澳等地登陸，並以破竹之勢攻陷福建各城。倭寇以距離海岸很近的黃嶼島作為根據地，覬覦著沿岸地帶。通往該島的水路既細又險，使得官軍無法積極發動攻擊，總督胡宗憲因此從浙江請戚繼光前來幫助。戚繼光利用退潮的時機發動奇襲，斬殺倭寇2千6百人，奪回了黃嶼島。倭寇遂將根據地移往牛田及周邊地區，陣營零星分布於30里的範圍地帶中，因此無法一網打盡。於是，戚繼光便散佈以下訊息：「戚家軍遠從浙江來到福建，兵馬皆已相當疲累。再加上先前的戰鬥使得兵力減弱，如果不暫時休喘的話，就很難持續作戰」。

倭寇聽信了這樣的傳言，因而鬆弛戒心。戚繼光兵分4路，悄悄包圍住倭寇軍。主戰力為兩支部隊，其中一支由戚繼光親自率領。剩下的兩支部隊其中有1隊負責防止敵軍埋伏偷襲，最後一支部隊則配置在可以切斷敵人退路的位置上。入夜之後，戚繼光讓突擊部隊著輕裝，靜悄悄地逼近敵軍。他們首先放倒敵軍步哨，將熟睡中的倭寇層層包圍。當敵軍剛睡醒便開始放火，倭寇因為遭到突襲而燒死了大半。只好慌慌張張的撤退，不過在退路上卻早已有戚家軍部隊在等著他們。最後，戚家軍不僅切斷了敵軍，也燒毀他們的船隻，更救出了許多百姓。他們將倭寇一掃而空，得意洋洋地凱旋回浙江。

說時遲那時快，當戚繼光回到浙江之後，馬上又有別的倭寇侵襲福建。他們佔領了興化府城、平海

「倭寇圖卷」
（東京大學史料編纂所藏）
描繪出明軍與倭寇的戰鬥。

衛等地，且不斷進襲掠奪，讓福建總兵官俞大猷陷入苦戰。戚繼光因此又被召回福建，打了這場「平海衛戰役」。獲得戚家軍協助的明軍轉而反擊，一口氣奪回了平海衛與興化城。在此之後，雖然也有零星遭到倭寇攻擊，不過大多將之擊退。

由於戚繼光立下一連串軍功，再加上1567年海禁令解除，讓貿易重新開啟，使得倭寇轉而式微。朝廷遂任命戚繼光為總兵官，鎮守北方。中國長期以來便飽受北方外族侵略之苦，在明朝也無例外。戚繼光抵達赴任地點薊川之後，看到的卻是官軍慵懶、士兵完全沒有在磨練武藝，而且人力配置也相當混亂；反而讓年輕人去擔任門衛，老人配置於戰鬥部隊中。於是，戚繼光感嘆道：「這塊土地上的軍隊數量雖多，但有跟沒有一樣」。

另外，他也批判現行的軍事訓練根本沒有按照兵法進行：「薊州的地形大致可以分為3類。其1是廣大的平原，2是稍有起伏的土地，3則為險峻的山谷。平原適合戰車作戰，起伏地形則適於騎馬戰，在山谷中靠步兵最為妥當。如果能夠妥善應用地形，就能防止敵軍入侵。不過這裡的士兵卻不熟悉騎馬戰鬥」，「所謂的訓練方法，是有正確方法存在的。看起來美觀的並不實用。反過來說，若以實用性作為第一優先考量的話，美觀根本就不是問題」，他認為要創造出一支真正能派上用場的軍隊，就得要先從意識改革開始做起。以軍人來說，施行意識改革最有成效的，就是戚家軍了。

此時的戚繼光，在朝廷允許之下，蓋起了邊境防衛所需的瞭望台兼要塞，而負責建造的士兵們卻日漸不服從軍紀管理。戚繼光為此從浙江叫來戚家軍中的一軍，讓他們整隊集合。當天，下了整天大雨，不過這3千精銳部隊卻屹立不搖，一動也不動地站著。邊境部隊對此大為吃驚，終於明白了軍紀的重要性。

完工後的瞭望台堅固雄壯，內部分為3層，分別有供士兵休憩，以及儲存武器和兵糧之處，其它還有研發出戰車與拒馬機 （阻止馬匹進攻的機具）等武器。至於戰術方面，首先要以火器阻擋敵軍前進，然後再讓步兵設置拒馬機，阻止騎馬隊入侵，並以長槍應戰。等敵軍開始退卻之後，再派出騎馬隊將其趕出境內之外。薊州的大將在以往的17年內已經替換過10人，不過在戚繼光上任後的16年之間則是長保安泰，且深得當時的內閣首輔張居正信賴。不過在張居正死後，他馬上遭到彈劾而落寞下台。

戚繼光的作戰，在針對從海上進攻而來的倭寇時是力求徹底殲滅，不過在防守北方邊境時則是貫徹專守防衛。指揮過這兩種形式完全不同戰爭的戚繼光，將他豐富的經驗寫成《紀效新書》（18卷）與《練兵實紀》（9卷）這兩本書，成為供後世學習兵法者之用的教科書之一。

文：川田 健

1559～1626

努爾哈齊

為報父祖之仇而舉兵，
其後投身於戰場長達40年。
靠著活用騎兵機動性的戰略擊破敵軍。

努爾哈齊（西元1559～1626）是中國末代皇朝清代的第一任皇帝。他原本是以金（後金）為國號，不過到了第2代的皇太極時則改成清。努爾哈齊出身建州女真族，姓為愛新覺羅。

明朝的女真族分布方面：遼東有建州女真，長春有海西女真，黑龍江則有野人女真，雖然皆受到明朝的間接統治，不過依然各自稱王相互爭鬥。

西元1583年，努爾哈齊的祖父與父親，在明朝將軍李成梁消滅反抗明朝的阿台時遭到殺害。努爾哈齊後來發現這是部族中的尼堪外蘭居中搞鬼，因此便舉兵向尼堪外蘭進行報復，而他此時手上只有父親遺留下來的13組甲冑，以及未滿百人的士兵。

舉兵後的努爾哈齊，另也遭到其他部族妨礙其行動，不過每次都以機智化解災禍，並逐步合併周邊的各部族。1586年，他打倒了宿敵尼堪外蘭，並於翌年建築佛阿拉城，以此為根據地。1588年，他陸續收服哲陳、津河、完顏3個部族，統一了建州女真，此時他的兵力已達1萬5千人。努爾哈齊將全軍分為「環刀軍」、「鐵槌軍」、「串赤軍 」、「能射軍」4軍，並訂立嚴格的軍律，戰鬥力相當高。

明朝到了這個時候，已無法忽視努爾哈齊的勢力，因此每年贈送他800銀兩加以撫慰，並於1589年任命他為都督僉事。

另一方面，海西女真中的葉赫部、哈達部、烏拉部、輝發部這4個部族，對於努爾哈齊日益強大的建州女真感到相當不安。其中葉赫部在1593年與其它3個部族聯手，再加上蒙古科爾沁等3個部族，及長白山兩部，總共以9個部族組織出3萬聯軍，準備發動攻擊。不過努爾哈齊則認為敵軍是「烏合之眾，其志不一，敗其前軍，軍必反走」，在古勒山佈陣，將兵力集中於該地。

正如努爾哈齊所言，發動突擊的葉赫部將領被絆倒之後，遭到建州士兵斬殺，敵軍因此潰敗逃走。此役努爾哈齊取得了4千名士兵、3千匹馬、1千組甲冑，是舉兵以來最大的一場勝利。努爾哈齊乘勢制服了長白山的珠舍里、訥殷兩個部族，於1595年獲得明朝龍虎將軍的稱號，為統一全女真族邁出一大步。不過此時的努爾哈齊僅在表面上忠於明朝，實則為建國培養實力。

瀋陽故宮的大政殿
（中國遼寧省瀋陽）
為清太祖努爾哈齊最早建造的皇宮。

西元1601年，努爾哈齊趁著海西的哈達部飢荒時出兵，制伏了哈達部。1607年制伏輝發部、1613年制伏了烏拉部。緊接著他進攻葉赫部，不過因為有明朝援軍加入葉赫軍，因此只降了19座城便撤兵。當時他仍無法與明軍對戰，不過在之後局勢將為之大變。明軍將無法抵擋努爾哈齊的攻擊。

隨著統治區域的擴大，兵力也跟著增加，因此必須調整組織。努爾哈齊把既有的4支部隊重新編組，成為所謂的「八旗軍」。在1601年有黃、白、紅、藍4旗，到了1615年則新增鑲黃、鑲白、鑲紅、鑲藍4旗。鑲指的是軍旗的邊飾，是以紅色來裝飾旗幟邊緣，而紅旗則是用白色飾邊。

部隊組織是以300人為1佐領，5佐領成1參領，5參領則為1旗，也就是說1旗是由7500人構成。部隊以騎兵為核心，靠著配置於前方的重騎兵進行突擊，並由後方的輕騎兵擴張戰果。當初然未配備火器，只以射程較短的舊式裝備，不過卻能充分活用騎兵的突擊力與機動力，使他們越戰越勇，最後幾乎所向無敵。

努爾哈齊相當重視軍律與軍事訓練，就連檢查軍馬也都親自執行，並給予賞罰。八旗制度是一種兼具軍事、行政、生產的軍事化社會象徵。

西元1616年努爾哈齊即位，定國號為金（後金）。1618年4月，努爾哈齊宣布對明朝的「七大恨」後，即開始進攻明朝。他攻擊戰略要點撫順，且攻陷清河城等據點。明朝為之恐慌，於遼東集結了10萬大軍，以楊鎬為主將，兵分4路進攻赫圖阿拉。努爾哈齊對此則採行「敵從數道而來，我則一路孤行」的方針。3月1日，努爾哈齊首先集中兵力對付杜松以孤軍突擊的西路軍，在一天之內就將其殲滅於薩爾滸山下；2日，擊敗馬林的北路軍；4日殲滅劉鋌的東路軍，剩下的南路軍李如柏則逃之夭夭。

在這場戰鬥中，努爾哈齊的女真軍在面對裝備、兵力皆具有壓倒性優勢的明軍時，能善用其優秀的機動性，收集即時情報，正確掌握敵軍部隊動向，且靠著把兵力集中於一處的方式，達成將敵軍部隊各個擊破的目的。

在這場薩爾滸之役中大獲全勝的後金軍，不僅勢力獲得迅速擴大，且也成為改朝換代的要因。

該年，努爾哈齊乘著薩爾滸之役的勝利，攻陷開原、鐵嶺等地，也制伏了海西女真的葉赫部，統一整個女真族。

西元1621年，努爾哈齊攻陷瀋陽與遼陽，在瀋陽之戰中，他將戰略著眼於兩點上。其一，瀋陽城是一座被好幾層壕溝包圍保護的堅固城池，而明軍的戰鬥是以步兵為核心、使用大量火器，守城戰可以撐很久。因此努爾哈齊便採行將明軍引誘出城外，使其陷入游擊戰的作戰策略。一旦進入游擊戰，就能將八旗軍最為得意的騎射發揮出最大的效果。

另外一點，就是瀋陽與遼陽這兩座城池都收留了很多逃避飢荒的蒙古難民。努爾哈齊派出間諜在城裡進行內應的工作，在對戰開始後，城內的蒙古人就掀起動亂，呼應後金的進攻，最後這兩座城池很快宣告陷落。

就這樣，努爾哈齊佔領了遼東以東，準備要開始征服中國。

西元1626年1月，他突破了山海關，擁兵6萬進攻寧遠城。雖然努爾哈齊有發出投降勸告，不過守將袁崇煥嚴加拒絕，因此便展開強行突破。不過這座城池的防禦相當穩固，最讓後金軍苦惱的是11門稱為「紅夷炮」的最新型大炮。這是1604年明軍與荷蘭船艦交戰時，因為被其威力所驚，遂於1621年開始在國內製造。由於當時的中國人稱荷蘭人為「紅毛夷」，因此而得名。

袁崇煥在他親手構築的寧遠城上配備了這款紅夷炮。激戰3日之後，後金軍終於被迫在紅夷炮面前撤退。該軍損失甚大，就連努爾哈齊自己也因紅夷炮而身負重傷。

努爾哈齊自舉兵以來一直都能夠以寡擊眾，勢如破竹連戰連勝，不過在新兵器的威力面前，卻仍束手無策。在他歷經40年的戰鬥生涯中，初次嘗到敗北的滋味。

據說是因為在這場戰鬥中負傷的關係，努爾哈齊的病情越來越重，最後則於1626年8月結束他68年的生涯。

努爾哈齊在戰鬥中最為重視的，即為花很長的時間進行完整的作戰準備，且盡可能削弱敵方兵力。情報必須及時收集、分析，訂出能將高機動性發揮至最大限度的戰略，才能擊破敵人。

文：田中邦博

鄭成功

鄭成功（西元1624～1662），字明儼。父親鄭芝龍從事海上走私貿易而致富，並娶日本人田川氏的女兒為妻。鄭成功是他們的兒子，在日本的平戶出生。近松左衛門著名的人形淨瑠璃戲碼「國姓爺之戰」，就是以鄭成功為主角。

鄭成功在7歲時前往中國福建省，並於南京就學。1644年北京淪陷，明朝滅亡，他於翌年返回福建。

趁著明朝滅亡之際進入華北的清軍，佔領北京並且繼承明朝建立了新的朝代。但是不服外族統治的一派則擁立皇族，繼續與清朝展開反清運動。鄭成功與父親也加入了反清復明的行列，並且獲賜明朝皇帝的「朱」姓，這就是「國姓爺」稱號的由來。不過他的父親鄭芝龍於1646年決定降清，就算鄭成功流淚苦諫也充耳不聞，親子關係因而決裂。

在與女真族的清軍作戰時，鄭成功最寄予期望的就是水軍。因為女真族雖然擅長騎馬打仗，不過卻不擅於水戰。而福建的地形大多是一直延伸到海岸附近的丘陵，對於陸路移動來說相當不方便。因此，鄭成功以金門、廈門為根據地實施水軍訓練，同時也創設了陸軍。在此練成的軍隊擁有鐵的紀律，是支精銳部隊。清軍曾經前往討伐，卻被反將一軍，使得駐紮在福建的部隊主力遭到殲滅。因此清朝改採懷柔政策，告訴他若肯投降，就賦予靖海將軍的官職，但若拒絕，便要連同父親在內誅滅全族。鄭成功對此表示拒絕並趁著懷柔交涉期間北上攻下從浙江省的舟山到廣東省的揭陽地區。亡命政權的南明永曆帝，為此封鄭成功為延平王，以報其功。

西元1655年，清朝派遣大軍前往福建，與當地駐軍會師，再度前往討伐鄭成功。鄭成功將清軍引誘至海上，讓他們陷入最不擅長的海戰。而這項作戰可說是押對寶，翌年順利於廈門附近完全擊退清軍。1660年，鄭成功終於為了要讓南明帝回到南京，便出發進攻南京。他從海上進入長江，於鎮江戰勝並包圍南京。不過清朝這邊卻成功爭取到時間，使鄭成功遭到慘痛敗北，撤退回到廈門。而一旦回到海戰，清朝便無法全數殲滅鄭軍。進攻南京失敗的2年之後，清朝曾派遣水軍進入福建，不過仍被鄭成功擊退。

鄭成功的資金來源為仰賴貿易，他與日本、呂宋島等地區進行貿易。不過清朝除了進攻廈門給予壓迫之外，還在1661年頒布遷界令，用以切斷鄭成功的補給。遷界令是一項強迫浙江、福建等東南沿海居民遷往內地，並且禁止出海的法令。

鄭成功如果繼續留在廈門，經濟遲早會出現問題，而且廈門作為抗清運動的據點也實在太小，因此鄭成功就把目光移至福建對面的台灣島上。

台灣從明末開始即被荷蘭佔領，以台南為中心展開經營。此時因為受到英荷戰爭的影響，荷蘭的國

打著反清復明的旗幟，與投降清朝的父親決裂。
與清軍在海上展開執拗的追擊，
並且據守台灣意圖反攻，無奈壯志未酬身先死。

供奉於延平郡王祠的鄭成功像（台灣台南市）

力已經過了頂峰期。雖說如此，由於台灣的港灣狹小，大型船隻很難進入，且荷蘭人又備有西洋式炮台，因此鄭成功幕下諸將的意見便有分歧，鄭成功也遲遲無法下定決心。此時，台灣有位名為何斌的人找上了鄭成功，他在台灣擔任與荷蘭人的翻譯。何斌說到台灣的土壤相當肥沃，且荷蘭人的數量其實沒有很多，如果進攻的話一定可以得手，同時獻上了詳細的台灣地圖。鄭成功認為「這個機會簡直就是天賜我也」，因而決定要攻取台灣。之後，他準備了充足的軍糧、建造新的軍艦，同時派出偵察部隊，打探航路狀況與敵軍配置等情報。

西元1661年，逃至緬甸的南明永曆帝被清軍捕獲，中國全土幾乎完全納入清朝統治之下，因此對鄭成功來說局勢已刻不容緩。於是，他先把部隊從廈門移動至金門島，然後進入澎湖島。為了登陸台灣，必須選擇從北線尾島的北邊或南邊通過。其中一條路線是自北線尾島與一鯤身島（編按：當時用於稱呼台灣某地）中間通過的南側路線，這條水路較為寬廣，水深也足夠，不過在一鯤身島上卻有荷蘭軍構築的台灣城。

而另外一條路線則是通過位於北線尾島北側，稱為鹿耳門的水路。這裡雖然位於敵軍監視範圍之外，不過水路寬度較窄，而且深度也較淺，一次只能通過3艘船。鄭成功認為只要有何斌當他的引水人，就可以利用滿潮時辰趁敵之虛進入水道內，切斷台灣本島的赤嵌城與台灣城，將之各個擊破。

作戰按照計畫順利進行，算準鹿耳門的滿潮時辰，讓大小船隻順利通過，潛伏於內海。因大意而讓敵軍潛入的荷蘭軍趕忙以甲板船和大炮應戰，不過鄭成功部隊卻已直奔位於赤嵌城北方約3公里處的禾寮港，並成功進行登陸。緊接著，他迅速控制要衝，特別是確保住從鹿耳門進入內海的制海權，協助第2波部隊登陸，並同時切斷了連接台灣城與赤嵌城的水路。多數台灣居民都向他們提供物資協助。

荷蘭軍集中兵力，在鄭成功部隊尚未站穩腳步時轉而反擊。他們集合4艘戰艦發動炮擊，不過鄭成功軍卻對荷蘭主力艦赫克特號集中炮火攻擊，將之擊沉。此時通信船瑪麗亞號為了請求援軍，向巴達維亞航行而去。陸戰則在北線尾島展開激烈的攻防，不過相對於荷蘭軍只有240人，鄭成功部隊則有4000人，勝負早已相當明顯。經過前後夾擊之後，荷蘭軍幾乎要被殲滅。

荷蘭軍被包圍在台灣城與赤嵌城中。赤嵌城上有4座炮台，而台灣城則是高性能的巨大要塞，炮台充斥四方。鄭成功切斷了兩座城的聯繫，並且等待攻擊機會到來。赤嵌城在台灣人的協助之下，連水源都被斷絕，已難以支撐下去，最後終被攻陷。台灣城則分為正面與側面，自水陸兩方發動攻擊作戰。他們在城池南側設置炮台，從一鯤身島南端進行攻擊。不過在巨大的炮台面前，卻有許多士兵被擊倒，鄭成功因此體認到強行突破的困難，決定改行持久戰。事實上，鄭成功這裡也有補給上的問題。如同先前所述，因為遷界令的關係，使得從中國補給物資有所困難。鄭成功只能從台灣內部屯田，靠著自給自足的方式來解決這個問題。

話說回來，鄭成功開始進行台灣佔領作戰的時候，正好是吹西南氣流的季節，因此前往請求支援的瑪麗亞號花了很久的時間才到達巴達維亞。等到荷蘭的援軍抵達，鄭成功幾乎已經控制了大部分地區，只剩下台灣城而已，至於荷軍被擊沉兩艘戰艦，沒有達成任何戰果便撤退回巴達維亞。援軍的姍姍來遲，對於鄭成功來說實屬幸運。因為援軍撤退，使荷蘭軍士氣全消。1662年，難攻不落的台灣城終於陷落，荷軍向鄭成功投降。

鄭成功在與清朝作戰時一直挑自己拿手的海戰，在與荷蘭開戰之前，也充分收集情報、避開危險的正面衝突，採行利用自然環境趁虛而入的作戰。另外，就算他的經濟來源遭到清朝奪去，仍然致力於建立新基礎。因此，可說是位不蠻幹，時時營造對自己有利狀況的將帥。

文：川田 健

◉圖解檔案

中國人口變遷史

世紀	國名	年度	西元	戶數	人口	人口／戶數	出處
2C	後漢	安帝延光4年	125	9,647,838	48,690,789	5.05	後漢書郡國志
		桓帝永嘉2年	156	16,070,906	50,068,856	3.11	帝王世紀
3C	三國蜀	後主炎興1年	263	280,000	940,000	3.36	三國志蜀志　等
	三國吳	大帝赤烏5年	242	523,000	2,400,000	4.59	晉書　等
	三國魏	元帝景元4年	263	663,423	4,431,881	6.68	通典　等
	西晉	武帝太康1年	280	2,459,480	16,163,863	6.57	晉書　等
4C	十六國	前燕	370	2,458,969	9,987,935	4.06	晉書
5C	南朝	宋武帝大明8年	464	906,870	4,685,501	5.16	通典　等
6C	南朝	後主禎明3年	589	500,000	2,000,000	4.00	北史
	北朝	齊幼主承光1年	577	3,302,528	20,006,886	6.06	周書　等
7C	唐	貞觀13年	639	3,120,151	13,252,894	4.24	舊唐書地理志
8C	唐	神龍1年	705	6,156,141	37,140,000	6.03	資治通鑑
		天寶14年	755	8,914,709	52,919,309	5.93	通典
9C	唐	穆宗長慶1年	821	2,375,805	15,762,431	6.63	舊唐書穆宗紀
11C	宋	真宗咸平6年	1003	6,864,160	14,278,040	2.08	宋會要
		仁宗嘉佑8年	1063	12,462,317	26,421,651	2.12	通考戶口
		神宗元豐6年	1083	17,211,713	24,969,300	1.45	宋會要
12C	宋	哲宗元符3年	1100	19,960,812	44,914,491	2.25	宋會要
		徽宗大觀4年	1110	20,882,256	46,734,784	2.24	宋會要
	金	世宗大定27年	1187	6,789,449	44,705,086	6.56	金史
		章宗明昌6年	1195	7,223,400	48,490,400	6.71	金史
13C	金	章宗泰和7年	1207	7,684,438	45,816,079	5.59	金史
13～14C	元			13,867,219	59,519,727	4.29	綜合各種資料
14C	明	太祖（洪武帝）朝	1368～1398	10,699,399	58,323,933	5.45	黃冊
15C	明	成祖（永樂帝）朝	1403～1424	9,867,204	53,165,705	5.39	黃冊
		英宗（天順帝）朝	1457～1464	9,403,357	54,325,757	5.78	黃冊
		憲宗（成化帝）朝	1465～1487	9,146,327	62,361,424	6.82	黃冊
		孝宗（弘治帝）朝	1488～1505	10,000,043	51,152,428	5.12	黃冊
16C	明	武宗（正德帝）朝	1506～1521	9,247,406	60,078,336	6.48	黃冊
		神宗（萬曆帝）朝	1573～1619	10,030,241	56,305,050	5.61	黃冊
17C	明	熹宗（天啟帝）朝	1621～1627	9,835,426	51,655,459	5.25	黃冊
	清	順治18年	1661	—	76,550,608		綜合各種資料
18C	清	康熙61年	1722	—	103,053,992		綜合各種資料
		雍正12年	1734	—	109,421,848		綜合各種資料
19C	清	嘉慶17年	1812	—	333,700,560		綜合各種資料
		光緒13年	1887	—	401,520,392		綜合各種資料
20C	清	光緒27年	1901	—	426,447,325		綜合各種資料

出自文津出版《中國人口史》

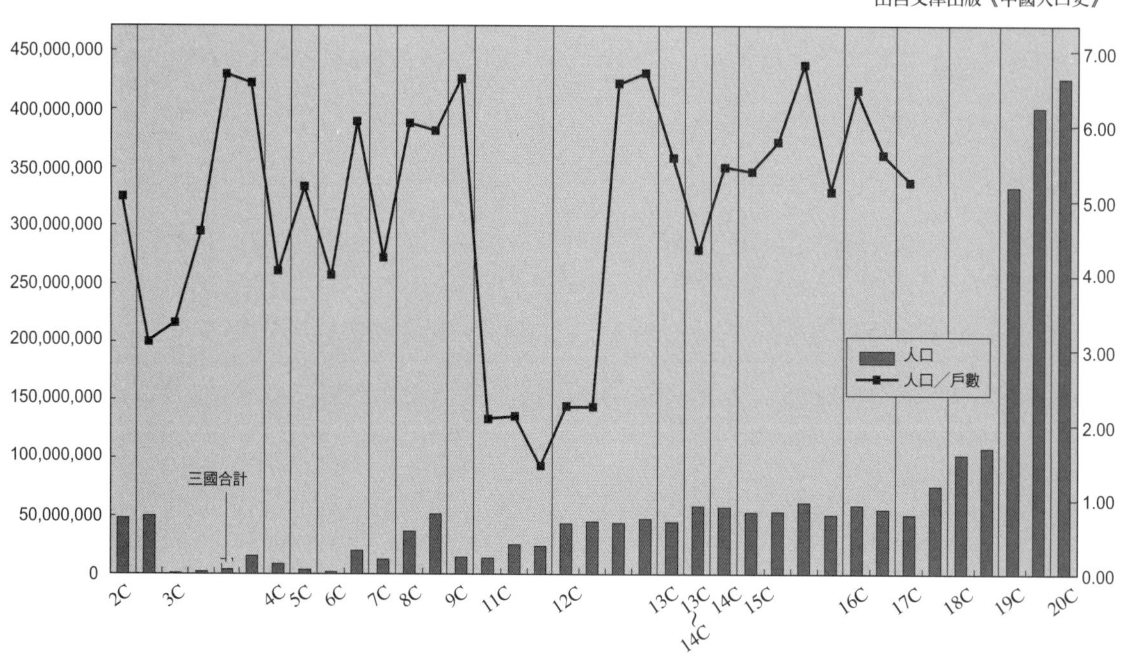

【中國歷代興亡史】

歷代皇朝

魏・晉
南北朝
隋
唐
五代十國
北宋
金・南宋
元
明
清

文／坂田 新

魏・晉

中國歷史可說是一連串的戰爭史。
各皇朝於戰爭中誕生，也在戰爭中滅亡。
我們既然已經讀過戰術與戰略，
在此便要來概觀遍覽歷代皇朝的攻防史。
首先，從司馬一族篡奪帝位的歷史開始講起…

三國的形勢走向

以興起於東漢靈帝末年（西元184年）的黃巾之亂為契機，中國開始陷入了群雄割據的狀態，最後演變成魏、吳、蜀各自盤據華北、江南、長江流域的三國鼎立，也就是所謂的「三分天下」。在三國當中，魏的國力最為強大，使得吳與蜀除了聯手對抗魏之外別無他法。

不過，原本應該攜手對抗強大魏國的吳與蜀之間，卻也因為要爭奪長江中游的領地而不斷產生紛爭，使得兩國的合作無法長久維持。因此，在263年時，魏國即滅了蜀國。而當魏合併了蜀之後，魏與吳的國力孰強孰弱，任誰都能一目了然。果然，不久之後吳也被魏所滅，中國看似將由魏建立起新的大一統皇朝。不過就在此時，魏國卻突然消失無蹤。

曹操的家系

雖然魏國是由曹操一手打下基礎，不過曹操本身只是後漢的魏王，而不是天子。在東漢末期的數年中，朝廷實際上雖由曹操所掌控，不過名義上他依然還是侍奉東漢天子的重臣之一，且曹操終其一生皆無改變過這樣的立場。天子帝位從東漢皇朝的劉家轉變至魏皇朝的曹家，是在曹操死後由他的兒子曹丕繼位之後的事情（西元220年）。

從前，有位仕於東漢安帝、順帝、桓帝三代的宦官曹騰，他有一位名為曹嵩的養子，而這曹嵩的兒子即是曹操。也就是說，曹操是出生於宦官的家系。由於宦官是天子的側侍官員，因此很容易接近權勢，蓄積家產也相當便利，不過在一般人眼中，他們被視為一群不惜犧牲身體以換取出仕機會的不潔之人。所以，雖然曹操是靠自己的力量一手建立起魏國，且成為能夠左右天下的人物，但因為他是宦官的子孫，所以在士人階級心中依然瞧不起他。而且這種侮蔑即使在曹丕之後，由曹家出任天子時依然持續存在。

不知道是否因為受到宦官家系的影響，曹操一門既不太提拔同族，也不崇尚迎娶其它名門女性以壯大門楣的風氣。220年，曹操於66歲去世之後，曹丕（文帝）繼承父親的腳步成為魏王，最後接受了東漢的禪讓，開啟了中國史上魏晉南北朝的魏朝，而其母為娼伎出身。

曹丕的治世只有短短6年，其繼承者為曹叡（明帝）。

曹叡的母親為甄氏，父親曾經擔任過縣令，姑且算的上是名門，不過她原本已經先嫁給袁紹的兒子袁熙，在袁紹一族被曹操所滅之後才由曹丕迎娶入門。雖然當時並未像後世一樣嚴格要求「不事二夫」的教條，不過皇后是改嫁而來的這點終究還是屬於特例，因此從曹家對於嫁娶之事不甚重視這點來看，在此可說是表露無遺。

曹叡沒有子嗣，雖然曾收齊王曹芳與秦王曹詢為養子，不過這兩位皇子究竟是誰的骨肉，又是否真的流著曹氏血脈，在當時已是宮廷最高機密，至今依然無法得知。最後繼承曹叡的是齊王芳，不過在他登上天子之位時，還只是個8歲的孩兒。

司馬一族的謀略

曹操在當上東漢魏王之前就已擔任其側近，最後成為魏朝元老，而輔佐魏文帝、魏明帝、齊王芳3代天子的，就是司馬懿。在曹丕即將死去之時，將後事託付給曹真、曹休、陳群與司馬懿4人，由此可知當時他已跟曹家並列，身為掌管朝廷運作的權臣之一。239年，在魏明帝曹叡去世時，也同樣將輔佐幼主曹芳的後事託付給曹爽與司馬懿。曹爽是曹家皇室中握有實力者之一，剛開始以輔佐曹芳的名義獨斷朝政，不過等到討伐蜀國的作戰失敗之後，聲望便一落千丈。反倒是司馬懿因為成功擋住蜀將諸葛亮多次的進攻，最後導致蜀國滅亡，立下了大功。

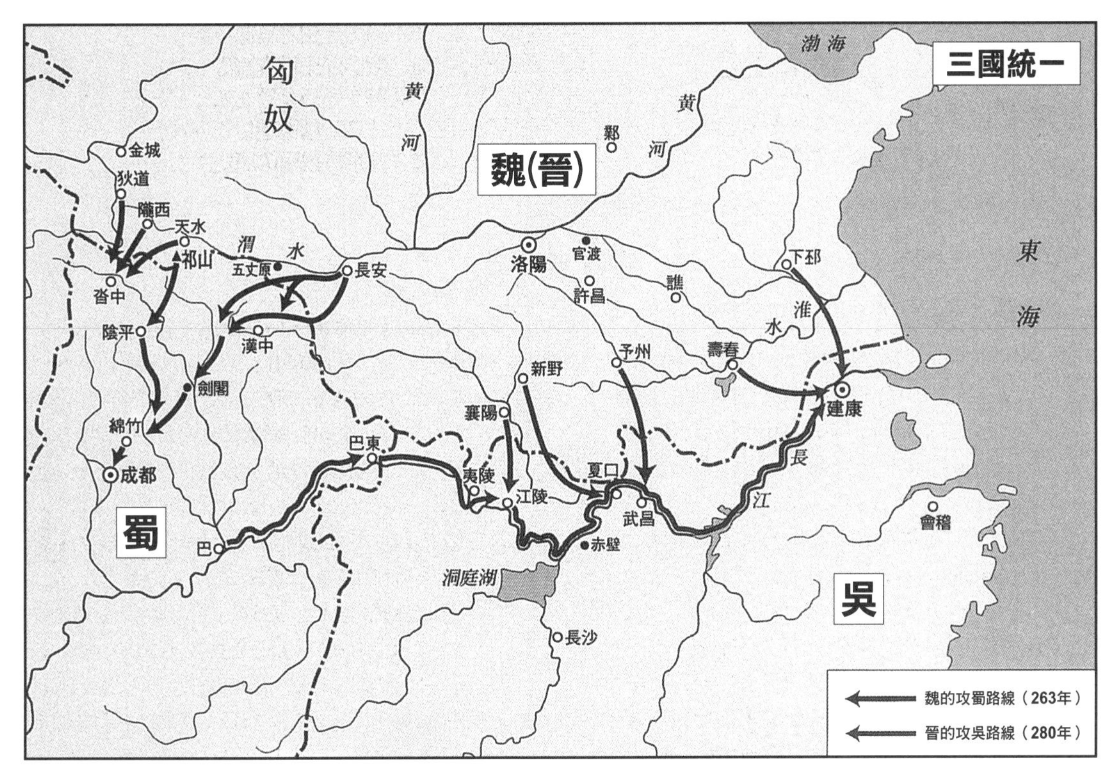

263年，掌握魏國實權的司馬昭決心伐蜀，命鄧艾、鍾會率領18萬大軍進攻。雖然蜀將姜維等人拚死抵抗，不過皇帝劉禪選擇宣告投降，讓蜀滅亡。265年，司馬炎接受魏的末代皇帝曹奐的禪讓，建立了晉朝，並在280年派出20幾萬大軍兵分6路進攻江南滅吳，使中國完成統一。

249年，獲得魏國家臣團支持的司馬懿，與兒子司馬師、司馬昭共謀政變打倒曹爽，將朝廷實權掌握在手中，並誅曹爽三族。從此之後，魏天子就成為徒具其名的空殼，政權完全被司馬懿、司馬師、司馬昭，以及司馬昭的兒子司馬炎一家3代所奪。這段時間中，終於長大成人的天子曹芳，曾與側近的李豐、夏侯玄共謀討伐司馬家，不過李豐與夏侯玄最後被殺害，天子曹芳也被逼迫退位（西元254年）。司馬師重新擁立曹髦（明帝曹叡的姪子）登基，但一樣也是個魁儡天子。260年，曹髦也想趕走司馬氏，不過卻沒有得到士人的認同，僅有幾位宮中僮僕跟他一起行動，所以很快地，曹髦就被司馬昭的部下殺害。

曹髦之後，司馬氏又改立曹奐為天子，不過此時天子的功能僅剩下等著在265年12月正式舉行將帝位讓給司馬炎的禪讓儀式而已。

就這樣，曹氏的魏就變成司馬氏的皇朝，並改國號為晉。

以名門血脈完成中國統一

從司馬懿以來侍奉魏朝達3代的司馬氏的聲望，反而比身為天子的曹家還要響亮。這除了因為曹家被視為祖先是宦官之家外，天子的外戚中也沒有名門，因此無法成為士人擁戴的核心。反觀司馬氏，不僅司馬懿的妻子山氏是後來「竹林七賢」其中之一的山濤之祖姑，而司馬師的妻子是東漢末年大儒蔡邕的外孫，就連司馬昭之妻都是東海郡的名門王氏。由於華北豪族眾多，因此會背離曹家改向司馬氏靠攏，就當時而言也是相當合理的事情。

晉朝的第一任皇帝－晉武帝司馬炎在從魏朝手上取得帝位後，便準備著手統一中國。280年，晉軍開始南下討伐江南的吳國，後來吳國境內人民陸續投降，因此中國很快就完成了統一。

自黃巾之亂始，經東漢末年群雄割據將近100年後，中國終於完成了睽違已久的大一統狀態。

南北朝

八王之亂開始爆發的內亂，
使晉朝僅延續36年即滅亡，
中國又再度陷入了分裂時代。
在華北有異族建立的小國家不斷輪替興亡，
江南同樣也是由短命皇朝接連更替。

■晉朝滅亡與異族國家的興亡

晉朝有鑑於過去的魏朝不重視身為皇室的曹氏家族，就連在面臨亡國危機之際，皆無近親在天子身旁支持的前車之鑒，為怕重蹈覆轍所以便將司馬家族在各地封王，且各自擁有其軍隊。

西元290年，晉武帝司馬炎過世由晉惠帝司馬衷即位。當時朝政被皇后賈氏所左右，趙王司馬倫見於此，便決定討伐賈氏一族，同時逼迫惠帝退位，自己登基為天子（301年）。對此，齊王司馬冏、成都王司馬穎、長沙王司馬乂、河間王司馬顒則舉兵殺了司馬倫，讓惠帝復位。

齊王司馬冏曾經進入洛陽且掌握實權，不過他後來被長沙王司馬乂所殺，而長沙王也遭到東海王司馬越殺害。之後，實權又從成都王司馬穎轉移至河間王司馬顒手上，然而再度從山東上京的東海王卻殺了成都王與河間王，重新擁立惠帝，並確立自己的霸權。最後終在306年，東海王殺惠帝，擁立其弟懷帝司馬熾即位。

這16年的期間史稱八王之亂，如同字面所示，晉朝諸王長達數十年相互鬥爭，不僅是洛陽、長安等都市，就連整個華北都全告荒廢，許多農民因此變成貧窮的流民。

因為戰亂而荒廢的華北各地，逐漸成為從西北邊境陸續南下的外族（非漢族）勢力範圍。原本從東漢開始，就已有匈奴捲土重來，並集體移居至中原。經過東漢末年到三國的對抗時代、及八王之亂的混亂時期，華北各地在政治上都曾出現空白，也使匈奴、鮮卑、氐、羌、羯（稱為五胡）等各民族開始在此地出沒。同時，由於在八王之亂中，諸王還有向五胡借調兵力，這也是促進外族南下的契機之一。

在五胡當中，匈奴從很早之前就已經開始跟漢人交流，文化也逐漸同化，他們在山西一帶以劉淵為天子成立了漢國，並且不時進攻晉朝首都洛陽。劉淵死後，漢國由劉聰繼承，他以匈奴的劉曜與羯族的石勒等人為主將，攻下河南各地。311年，洛陽遭到攻陷，晉懷帝被抓。

當時晉朝的太子司馬鄴（愍帝）在長安即位，繼承了皇統，不過卻已無能力去壓制異族。316年，劉曜終於攻陷長安，抓走愍帝，晉朝僅僅36年的國祚就此滅亡。

滅了晉朝之後，劉曜在長安自立為趙國，而過去曾與劉曜並肩作戰的石勒也在河北獨立，同樣以趙國為號。歷史上為了區別這兩個趙國，會稱劉曜為前趙，石勒為後趙。就這樣，在短命的統一帝國晉朝滅亡之後，中國再度陷入分裂時代。就長江以北而言，從304年劉淵建立漢國開始算起的136年間，直到北魏太武帝平定北中國的439年為止，曾經出現過由五胡或是漢族建立的政權，光只算國家就有16國，並交互輪替興亡。

■南北對峙的形成

當洛陽、長安落入劉曜手中，晉懷帝、愍帝成為俘虜時，司馬懿的曾孫琅邪王司馬睿，避開了華北的混亂，逃至長江南岸的建康（中國江蘇省南京市）。當愍帝在長安被抓後，他成為晉王組織政權（317年），而在翌年傳來愍帝死訊之後，他正式於建康即位（晉元帝），宣布繼承晉朝。這個晉朝已不能算是擁有全中國版圖的統一皇朝，而只是一個統治長江以南的地方政權，因此在華北的晉朝稱為西晉，移至江南的晉朝則稱東晉以示區別。

東晉政權是由從北方移居而來的世族—王氏、謝氏，以及長居江南的世族—朱氏、張氏、顧氏、陸氏等有力人士支撐，到420年為止持續了將近100年。從表面上來說，東晉的國策為恢復被五胡所奪的華北領土，以期再度統治整個中國，故曾數次嘗試北伐。雖然曾有桓溫暫時奪回洛陽（西元356年），甚至進攻至長安郊外的北伐軍戰績，不過後來因為後繼無力，未能確保補給線，終究無法成功收復中原。

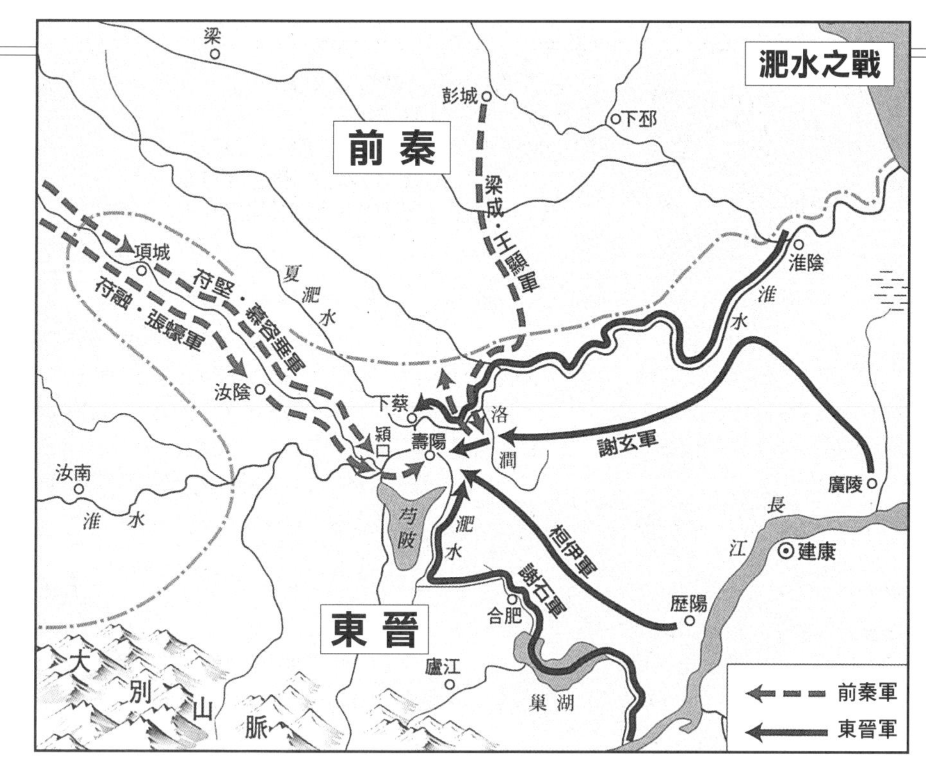

西晉因為異族南下而滅亡之後，在江南成立了東晉政權。而幾乎已統一華北的前秦苻堅，為了要消滅東晉統一全中國，在383年率領90萬大軍南下。項城、壽陽被攻陷之後，東晉朝廷陷入一片恐慌，命謝玄等將率領8萬部隊迎戰。兩軍在淝水對峙，最後因為苻堅戰術錯誤，導致前秦軍大敗。

另一方面，就華北政權來說，他們若想南下進攻東晉國土，就必須渡過長江才行。因此，對於不諳水戰的五胡士兵來說，進行渡河作戰可說是相當困難。即便如此，以長安為根據地，幾乎要統一華北的前秦苻堅，還是在383年率領步兵60萬、騎兵27萬、羽林軍（近衛兵）3萬，從漢水進入淮水，展開進攻江南的作戰，使得東晉曾一度面臨滅亡的危機。

當時，苻堅的大軍攻陷東晉的項城（中國河南省項城縣），並從淮水北岸的潁口（中國安徽省潁上縣東南）推進至淝水（淮水支流）西岸的壽陽（中國安徽省壽縣），這項消息使得東晉人人陷入恐慌當中。此時，東晉的宰相謝安派出弟弟謝石與名將謝玄領兵8萬，再加上胡彬的5千水軍，於壽陽迎戰苻堅部隊。

這場淝水之戰，是中國史上最大的一場南北戰爭，東晉軍的渡河急襲作戰成功，而敗逃的苻堅軍隊，最後僅有10萬人能回到長安。

苻堅的前秦因為在淝水一戰中大敗而轉衰，後來被由鮮卑慕容氏建立的後秦所取代，使得華北依然持續著分裂著。而東晉雖然在淝水獲得勝利，不過卻也沒有餘力再進一步收復中原，因此形成了南北對峙的形勢。

南北朝的興亡

後來，東晉國內接連發生農民叛亂，而出身下級士人的劉裕則藉著鎮壓叛亂的機會，掌握東晉實權，並重新組織北伐軍，開始進攻華北，消滅南燕、後秦凱旋而歸。420年，劉裕接受東晉禪讓，在江南建立宋國。另一方面，在黃河流域則有鮮卑拓跋部的北魏消滅夏、北燕、北涼，統一了華北（西元439年），開啟了南方的宋與北方的北魏相互對立的南北朝時代。

接著，江南的皇朝由宋換成齊、梁、陳，而這些皇朝都是漢族政權，首都皆位於現今中國的南京，因此以南京為首都的朝代，加上三國的吳及東晉即有六朝。

另外，北方的北魏則持續了100年，並於534年分裂為東魏與西魏，而東魏後來又演變成北齊（西元550年），西魏則演變為北周（西元557年），北齊與北周相互對立，爭奪華北的霸權，後來由北周獲勝（西元577年）。北周的武帝宇文邕原想趁著統一華北之勢，跨過長江進攻江南的陳，可惜在正式發動攻擊之前即病逝（西元578年）。最後，北周被外戚楊堅所奪（581年），而中國再度南北統一，那就是楊堅建立隋朝之後的事了。

隋

壓制華北動亂的，
是靠著確實的兵制組織
擁有強大軍事力量的北周，
而篡奪北周帝位的楊堅則建立了隋，
最後終於消滅南朝，完成中國統一。

■隋統一華北

在消滅北齊統一華北的北周宇文邕過世之後，由宣帝宇文贇即位，不過他相當愚昧，整天沉溺於飲酒而不管政務，只在位2年就讓位給太子宇文衍。太子即位後成為靜帝，不過當時他只有8歲，因此跟父親一樣無法掌政。

在這種狀況下，依照中國史上的慣例，權力就會集中在外戚手上。而靜帝時代握有最大實力的人，就是外戚楊堅。楊堅的長女嫁給宣帝當皇后，因此少年靜帝要稱楊堅為外祖父。

楊堅自稱是東漢名臣楊震的後代，不過這點倒是無法確定。自五胡十六國開始一直到北朝時代，有一些漢族會到華北地區活動，他們除了與外族進行協調，有時還會以通婚的方式擴大勢力，成為新興的名門，楊堅的家族就是其中之一。楊家首先在後燕與北魏底下出仕，後來出了一位名為楊楨的北魏將軍，其子楊忠隨侍在宇文泰（北周太祖）身邊，為北周的建國功臣，而楊堅便是楊忠之子。

楊堅身為外戚，從宣帝開始即擔任天子的輔佐，不過宣帝不希望楊堅坐擁權力，改讓親信鄭譯、劉昉等其它漢族臣子輔佐，並讓楊堅去擔任地方官。宣帝讓位給靜帝之後，便於翌年過世，雖然在遺詔中似乎有提到必須讓楊堅遠離政治核心，不過鄭譯卻為了楊堅而捏造出假的遺詔，讓楊堅回到宮中，並讓他奪得實權。

當然，在北周的家臣團中也有不支持楊堅的人，如：尉遲迥等人。尉遲迥是宇文泰姊姊的兒子，相對於宇文泰是屬於鮮卑族的拓跋部族，尉遲迥則是鮮卑族的尉遲部。尉遲迥的叛軍規模達數十萬人，不過在北周因楊堅的聲望較高，因此叛軍無法完全統合五胡的各部族，並於鄴城（中國河南省）戰敗。另外，靜帝的外戚司馬消難也起而呼應尉遲迥，決定要打倒楊堅，不過下場一樣兵敗而亡命陳國。

局勢發展至此，對於楊堅來說，只剩下因循古法等著進行接受靜帝禪讓的儀式而已。如同東漢到魏、再由魏到晉般罷了！

西元581年2月，楊堅接受了北周的禪讓，改以隋為國號，為隋文帝。

■染上貴族文化的南朝政權

當華北從北周變成隋的時候，江南政權則是陳朝的時代。在中國南北分裂的時期，南邊的六朝過去因為有長江下游豐富的農業生產力支持，因而繁榮的貴族文化相當興盛。就算當時南北相互爭奪政權，但在南朝的北側有一條中國最大防禦線一長江保護著，因此南朝政權雖然一直改朝換代，基本上，貴族士豪階層都還能維持著穩定的生活。不過從梁朝末年開始，卻因頻繁爆發諸如侯景之亂等大大小小的武力衝突，使江南的農業地帶因此荒廢。

陳朝是由出身下級士人階層的陳霸先（武帝）在廣東、越南方面進行軍事行動累積勢力，最後再回到江南登上帝位所建立的王朝。在北朝因為有北周（後來被楊堅篡奪帝位改稱隋）平定了整個華北，因此合而為一的北中國力量自然下一步便要越過長江往南推進。

在江南農村地帶不斷產生疲累的同時，北中國的軍事壓力又日與遽增，但是陳朝的天子們依然視自己為六朝貴族文化的繼承者，每天過著充滿詩歌樂舞的奢華生活。儘管開國始祖的武帝陳霸先是位豪毅果斷的軍人，讓國家得以興盛，不過建國之後只隔了幾代，身為他子孫的天子們即完全沉溺在風流文雅當中，彷彿是江南貴族文化的化身。

其中，陳朝第5代的陳叔寶（後主）不僅在宮中聚集了多位佳麗，並與當時文人相互贈達艷麗詩詞為樂。他特別寵愛的是張貴妃與孔貴嬪，甚至還做出讚揚她們美色的「玉樹後庭花」、「臨春樂」等樂曲。據說他連對政務報告下達必要裁

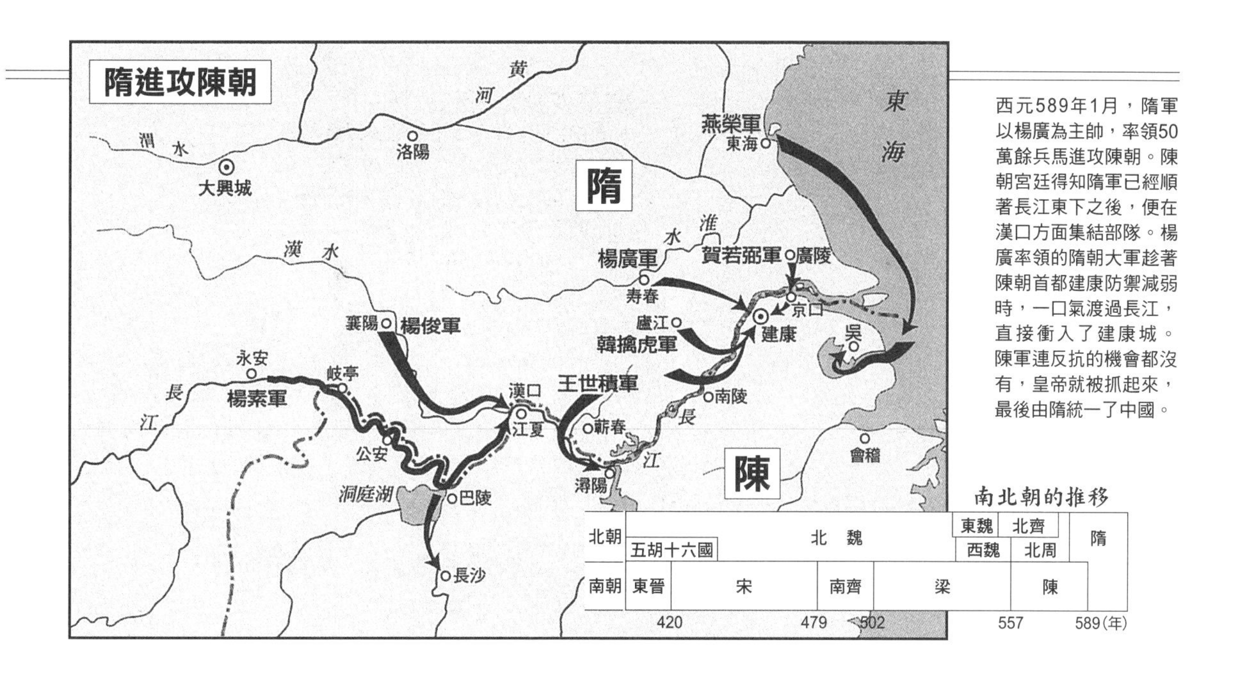

西元589年1月，隋軍以楊廣為主帥，率領50萬餘兵馬進攻陳朝。陳朝宮廷得知隋軍已經順著長江東下之後，便在漢口方面集結部隊。楊廣率領的隋朝大軍趁著陳朝首都建康防禦減弱時，一口氣渡過長江，直接衝入了建康城。陳軍連反抗的機會都沒有，皇帝就被抓起來，最後由隋統一了中國。

決時，都還把張貴妃抱在膝上。

南北朝統一

平定華北的隋文帝楊堅，終於要著手進行北朝歷代的共同心願—征服南朝。

過去在陳霸先取代梁朝時，梁王室有一部份逃至長江上游，持續維持亡命政權（後梁），不過這其實是在北朝保護下所成立的魁儡政權，隋首先合併了他們，以推進至長江中游流域。因此，主軍設在壽春（中國安徽省壽縣），並讓楊廣率領本隊配置於陳朝首都建康的對岸。589年元旦，在河面被朝霧壟罩中，隋軍全軍渡過長江，直驅陳朝宮殿。

陳朝軍隊幾乎完全沒有抵抗，全軍崩解。正月22日，建康遭攻陷，後主也被隋軍捕獲。當時聽到敵軍入侵城內的消息時，後主居然跑到後園中的井裡躲起來，但是到晚上即被發現，狼狽地從井裡被拉出來成為俘虜。

隋的南征主帥楊廣持續在各地掃蕩陳朝餘黨，並於589年3月帶著後主與陳朝百官凱旋回到隋都大興城（中國陝西省西安市）。至此，從東漢末年的群雄割據時代開始，除了中間有晉朝短暫統一之外，長達近400年的分裂狀態，終於在此畫上休止符。

從五胡十六國到北朝時代，造成華北動亂的主角多為陸續從西北邊境南下移居的遊牧民族。這些非漢族的族群通稱為「五胡」，都是帶著家畜到處遷徙，過著逐水草而居的生活。雖然最初他們每個成員都具有戰鬥力，不過在進入華北之後，便開始跟漢族文化融合，許多遊牧民族因此轉變為農民。所以，為了要確保戰力來源，必須建立新的制度才行。西元6世紀中葉，西魏開始實施府兵制。

西魏的府兵制全部是由24軍構成，每軍的領袖為開府，24位開府的上級則有12名大將軍。1名大將軍下轄兩位開府，也就是統領著兩個軍。

大將軍之上則有柱國，1名柱國下轄兩位大將軍。而這6名稱為柱國的人，就是軍團的最高指揮官。

因此，即為：「六柱國—十二大將軍—二十四開府」的軍團制度便告完成，而各開府的士兵則稱為府兵。府兵可以免除稅賦與勞役，而1名府兵的馬與糧食則由沒有貢獻士兵的6戶百姓負擔。透過府兵制的整備，兵員能致力於專業，形成精銳的戰鬥集團。

協助北周平定華北的建國功臣楊忠就是六柱國其中一人，其子楊堅則建立隋朝統一中國。等於說，由於他掌握了華北的府兵軍團，因而能夠完成南北的統一。府兵制在之後雖然有隨著時代演進而變化，不過從隋朝到唐朝為止，都是兵制的基礎。

因為隋煬帝的苛政引起的民亂，
沒多久就延燒至全國，
使隋朝一口氣走向滅亡。
唐的李淵再次統一中國後，
開始對割據於各地的群雄展開壓制。

煬帝誕生

在楊堅建立隋朝，取代北朝最後的北周之後，僅僅用了8年就消滅了南朝的陳，讓中國再度完成統一。不過在這時，隋朝內部卻發生了很大的問題。

當時，在文帝楊堅之後繼承次皇位的第一順位，原本是楊堅的長子一太子楊勇，不過其次子晉王楊廣卻在589年立下平定江南的大功凱旋而歸，因此眾臣之間便開始議論紛紛，認為最適合繼承皇位的人，應是功勳出類拔萃的楊廣。

而楊廣本身也對繼承皇位抱持著很大的野心，因此他一直想辦法討隋文帝與獨孤皇后歡心，最後終讓他們在600年廢掉了嫡子楊勇，改立楊廣為太子。新太子楊廣雖然在隋文帝面前總是裝成一位謹慎耿直的孝子，不過在文帝將死之時，卻還是看穿了楊廣的為人，認為他不足以信任。但是，此時他已病入膏肓，即使在臨終時呼喚著「勇」前太子的名字，想將後事囑託給遭廢嫡的楊勇，卻依然無法如願的離開人世。

西元604年，楊廣順利成為隋朝的第二任皇帝，是為隋煬帝。煬帝即位後，不久便殺了哥哥楊勇。當時，楊勇的么弟楊諒將這段繼位的過程活生生地看在眼裡。因此，雖然他身居統治函谷關以東52州的漢王地位，卻仍反對煬帝即位並發動叛亂。而這場戰亂最後由煬帝心腹的沙場老將楊素鎮壓完成。

壓迫民眾的國家事業

原本，隋文帝將長安改名為大興城，並置都於此。而煬帝則將大興城改成西都，另在洛陽營造東都。為了建設這座東都，每個月要動員200萬人，興建時間長達10個月。

之所以可以進行如此大規模的工程，主因是當時國家財政達到前所未有富裕的關係。在北朝末年北周消滅北齊的戰爭中，戰禍並沒有很嚴重，而北周過渡到隋朝幾乎也是無血革命。另外，在隋滅陳平定江南時，也因為陳朝軍隊缺乏戰意而未造成太大的戰禍。因此，在統一天下之後姑且還算得上是穩定。以前北周時期的人口約有900萬人，陳約200萬人，不過在隋朝建國26年後的大業2年時，全國人口加起來總數已達4600萬了。

隋朝在大興城與洛陽這東、西兩都建設完成後，物資光靠北方生產已不足應付所需消費，因此必須從生產力較高的江南地區把物資運輸至北方，進而開始開鑿運河。

早在文帝時代，便已開通了連結黃河與大興城的廣通渠，以及連接淮水與長江的山陽瀆。而煬帝則又開鑿了連接淮水與黃河的通濟渠、自長江通往南邊余杭（中國浙江省杭州）的江南河、以及打通黃河與涿郡（北京一帶）的永濟渠。

接連不斷地進行這些全國規模的大工程，即使隋朝再富有，財政仍逐漸無法負荷。至於被驅使勞役的百姓，也開始對朝廷怨聲載道。就在此時，一項稱為遠征高句麗的大事業，卻又如火如荼的展開了。

由於讓高句麗臣服，代表能使隋朝的背後獲得穩定，因此在建國初始就已是個問題。特別是在北方還有突厥人開始蠢蠢欲動，若高句麗決定與突厥聯手的話，便將對隋朝北方的安全形成威脅。

西元612年正月，煬帝親自從涿郡出兵，開始第1次高句麗進攻。此時隋軍集結了130萬士兵，而負責運輸物資等工作的士兵則動員了倍數以上的人數。不過，這場戰爭中，隋軍不僅在遼河（中國遼寧省）遭遇高句麗的頑強抵抗，且深入敵軍部隊時也在薩水（清川江）吃了大敗仗。

翌年，613年煬帝再度進攻高句麗，但此時過去曾幫助煬帝奪取帝位的功臣楊素之子楊玄感卻在河南發動叛亂，使遠征高句麗的行動必須緊急

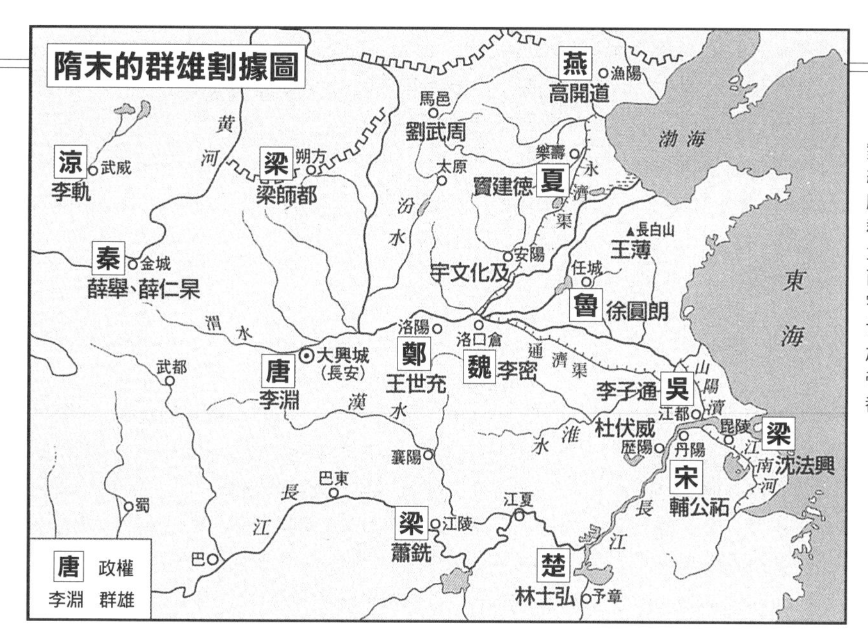

對於煬帝的苛政，不僅農民陸續掀起暴動，地方豪族與煬帝麾下的將領也發動叛亂，形成群雄割據各地的情勢。舉兵於太原的李淵攻陷隋都大興城，而煬帝則被屬下宇文化及殺害。李淵定國號為唐，其子李世民擔任主將，在各地鎮壓群雄。李世民之後繼位為第2代黃帝，於628年平定了朔方的梁師都，完成中國統一。

中止。或許這是因為當時身居隋朝禮部尚書高官地位的楊玄感，已開始看到隋朝內部崩壞的跡象所致。

儘管遭逢兩次失敗，煬帝還是再度下令遠征高句麗。後來此次遠征因為高句麗派出使者向隋朝投降而作罷，不過用以證明投降臣屬的朝貢卻一直沒有實行，因此整體來說，歷經3次的高句麗遠征其實全部宣告失敗。再加上著手進行第3次遠征時，隋朝國內各地已陸續爆發農民叛亂，天子威令可說是完全掃地。

唐克服萬難統一中國

煬帝過去曾是遠征江南且消滅陳朝的主將。可惜在之後，他便醉心於江南風光，到了晚年還在遠離首都的江都（中國江蘇省揚州市）建設離宮。在各地不斷發生暴動叛亂時，他仍像過去南朝的諸位天子一般，在美女簇擁之下風流度日。

終於，613年華北發生了楊玄感率領十餘萬人攻擊洛陽的叛亂，煬帝只好趕緊讓高句麗遠征軍掉頭進行鎮壓，不過其後的大小叛亂仍接連不斷，人們漸漸感覺到隋朝的國祚已無法長久持續。

後來，在山東一帶有劉霸道叛亂，而擔任楊玄感叛亂參謀的李密，也在洛陽近郊集結數十萬兵馬。煬帝從江都派遣王世充前去討伐李密，不過對付李密並非易事，最後演變王世充軍團也在洛陽擁立越王楊侗（煬帝之孫）形成自立的形勢。另外，在河北則有出身遊俠的竇建德，率領十幾萬農民叛軍自立一方。

至此，天下再度陷入有如東漢末年群雄割據的狀況。此時，位居太原（中國山西省）留守職位掌握北方鎮撫大權的李淵，則於617年脫離隋朝自立，進攻大興城。

李淵是統領西魏府兵軍團的柱國李虎之孫，不僅就家系以華北豪族來說，可與同為柱國的楊忠之子孫，也就是隋朝皇室的楊家匹敵，而且李淵與煬帝的母親都來自獨孤氏，所以他們彼此也是表兄弟的關係。

佔據大興城的李淵，首先擁立城內的代王楊侑為隋恭帝，並自行向下屬宣布煬帝已經退位。當然，這完全沒有徵得位於江都的煬帝同意，只是李淵的片面之詞。618年，隋恭帝以「禪讓」的方式讓位於李淵，李淵即位後改國號為唐。

事情演變至此，主因是煬帝早已不再具有天子實質，使各地群雄並起、皇朝崩壞。最後，身在江都的煬帝被掌握近侍士兵的宇文化及所殺。隋朝只經過文帝、煬帝兩代，即宣告滅亡。

李淵雖然在北方號稱繼承隋朝建立起唐，不過實際控制的卻只有大興城附近地區，天下仍處於分裂狀態。為此，李淵之子李世民等人便陸續鎮壓各地的群雄。從618年李淵繼位為唐朝皇帝（唐高祖）開始，一直到最後平定朔方的梁師都，唐朝完成中國統一之時，已過了10年（西元628年），進入到唐太宗李世民時代之後的事了。

五代十國

於太平盛世後的安史之亂，
使大唐帝國的根基大為動搖。
趁著動亂壯大自己勢力的各個節度使，
在唐朝瓦解的同時紛紛自立為王，
使中國再度陷入分裂時代。

■始自安史之亂的皇朝崩壞

唐朝在第2任皇帝—唐太宗李世民時完成天下統一，其後23年則進入貞觀之治的太平盛世。此時律令得以整理，組織由三省六部構成的官制，依據讓成年男子可以均等配得田地的均田法施行租、庸、調稅制；軍制則沿襲西魏以來的府兵制，而這些制度同時也成為東亞各國的模範。

從太宗李世民一直到第6代玄宗李隆基的開元年間（西元713～741）為止，除了在政治上因武則天與韋后的專橫而產生一些混亂之外，基本上唐朝的國力並未出現衰退。唐玄宗的前半期，就像杜甫所追懷的「憶昔開元全盛日」一樣，是大唐最值得歌頌的全盛時期。不過，在西北地區掀起的安史之亂，卻讓整個華北捲進混亂當中，不僅首都長安被攻陷，玄宗也被迫流落至蜀地（中國四川省）去。

雖然安史之亂好不容易平定，但是唐朝也因此開始走下坡。在動亂當中，農民變成流民，使政府的戶籍登記失去意義，建立於均田制之上的稅制因而無法成立。

另在兵制方面，府兵制中有一種稱為「番上」，由府兵每年輪流負責防衛首都的規定。府兵除了要為籌措上京經費所苦之外，如果邊境遭到外族侵略，就必須得留守鄉里無法上京。因此，為了防守邊境，軍隊會雇用流亡農民，讓他們成為能長期駐紮的常備兵。這使得掌握地方兵力的節度使，最後逐漸轉變成擁兵自重的藩鎮割據，連行政權也一併掌握於手中。各節度使以世襲的方式延續自己的地位，不再聽從中央的命令，不僅可隨意任免地方官員，就連徵收來的租稅也不上繳朝廷。演變至最後，唐代後期的藩鎮各自有如獨立國一般。

■農民叛亂擴大

在地方上有藩鎮陸續自立，而朝廷內部也有不小的問題。進入9世紀以後的唐文宗、唐武宗、唐宣宗各皇帝，基本上都是由宮中宦官推戴即位，這代表當時的朝廷實權已全部掌握在宦官手中。

特別是唐僖宗從12歲即位開始，政務就被宦官劉行深、韓文約、田令孜全部攬去，僖宗除了玩耍之外什麼事也做不了。

屋漏偏逢連夜雨，華北地區從873年開始連年歉收，導致因為飢餓而放棄家產的流亡農民遂轉變成盜賊。875年，私賣鹽與茶的商人王仙芝在長垣（中國河南省濮陽縣）聚集了3千人左右發起叛亂，並且迅速吸收盜賊化的流民形成龐大勢力，除了攻陷濮州、曹州之外，連河南15州都遭到叛軍蹂躪。為了呼應王仙芝的叛亂，私賣鹽的黃巢也與王仙芝聯手，爆發歷時10年的大動亂。

朝廷雖然任命平盧節度使宋威擔任討伐軍的主將，不過卻一直無法成功鎮壓，結果朝廷居然轉而赦免王仙芝等人的罪狀，改採賦予其官位的招撫策略。876年12月，從河南一直席捲至蘄州（中國湖北省蘄春縣）的叛軍，只有王仙芝表明願意招撫歸順，因此黃巢便與他分道揚鑣，繼續從河南、山東摧殘至長江一帶。之後王仙芝的動向並不十分清楚，只知道他暫時接受了朝廷的招撫，後來卻又再次掀起叛亂，並於878年2月戰死於在長江中游流域的黃梅（中國湖北省黃梅縣）。

黃巢則繼續率領大軍進行叛亂，黃巢軍為了避免待在同一個地區會遭到朝廷軍與藩鎮軍的包圍，因此採行在各地不斷轉移的策略。最後在湖北渡過長江，經由浙江、福建竄入廣東。據說，當時黃巢一干人在廣東屠殺了遠道而來的阿拉伯貿易商人十幾萬人以上。

接著，他們又再度從廣東反轉北上，通過湖南、江西，從安徽進入河南攻陷東都洛陽，還作勢要進攻長安，使身在長安的唐僖宗趕緊逃至

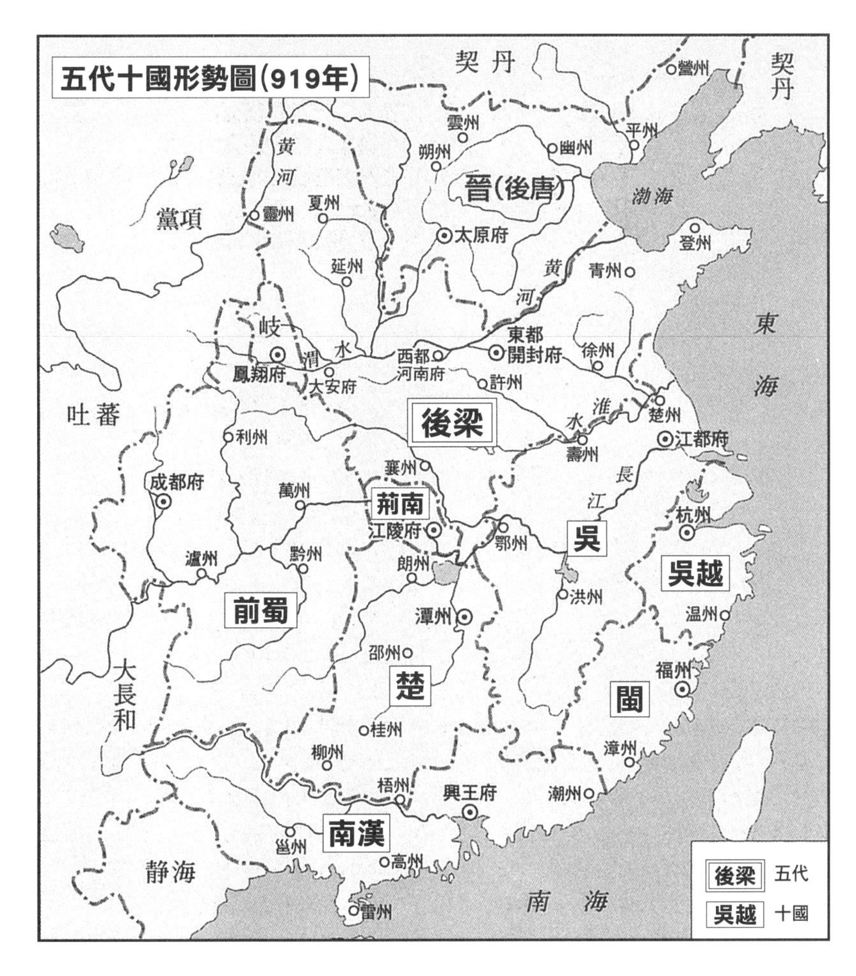

朱全忠篡奪唐哀帝的帝位之後建立了後梁，而在各地累積實力發展成獨立國家的節度使，也紛紛自立為王宣布獨立。以太原為根據地的李克用並不承認後梁為正統王朝，因此自稱晉王與之對立。而李克用兒子李存勗則消滅後梁，建立起後唐。華北地區有五個短命王朝交互輪替，而南方也有十個小國陸續興亡。左圖畫的則是十國當中的南唐、後蜀、北漢這3國尚未建立的時期。

蜀，黃巢軍則在都城多數居民的歡迎之下進入了長安城。黃巢之所以大受歡迎，是因為他自許與官吏和富裕的商人階級為敵奮戰所致。

黃巢自行在長安宣布改國號為大齊，登上帝位，定年號金統。不過黃巢麾下朱溫等人卻接受了朝廷的招撫而背叛，再加上新政府缺乏行政經驗，導致長安糧食調配困難，讓黃巢軍的勢力日漸衰退。

唐僖宗雖然有對各地的藩鎮發出奪回長安的請求，不過卻沒什麼人回應他。最後其中出身突厥砂陀族的李克用決定出兵攻打黃巢，花了2年以上的時間，終於得以收復長安。而黃巢則往山東方向轉戰，後來在884年於泰山附近的狼虎谷自盡。

中國再度分裂

黃巢之亂的叛亂地區範圍之大、時間如此之長，在中國歷史上只有清朝的太平天國之亂可與其相提並論。唐朝的命脈因為黃巢之亂的關係，可說實際上已走到了終點。

趁著大亂，在華北地區有以太原（中國山西省）為根據地的李克用，以及從黃巢麾下降唐，成為宣武節度使的朱溫等人即開始爭奪霸權。

朱溫獲得唐僖宗賜名全忠，以汴洲（開封）為根據地，成為華北數一數二的勢力。後來，繼承僖宗的唐昭宗把朱全忠叫來長安，原想借用他的武力來恢復朝廷實權，不過朱全忠卻想要自己當皇帝，反而將朝廷內的高官與宦官全數殲滅，就連昭宗也遭到殺害。907年，唐朝最後天子哀帝也以「禪讓」的形式，讓位給朱全忠，唐朝正式滅亡。朱全忠改國號為梁（後梁）。

長達289年的唐朝滅亡之後，後梁也不過存續20年就換成後唐的李存勗（李克用的長子），並接連有後晉、後漢、後周等短命王朝交替興亡。在唐以後約半世紀的期間內出現的後梁、後唐、後晉、後漢、後周合稱為五代，皆為僅限於華北地區的皇朝，而在長江以南及長江上游則有四川王建的前蜀、浙江錢鏐的吳越、福建王審知的閩等，由各地藩鎮勢力發展而來的地方政權，為數達到10國，這些全部合稱為五代十國。

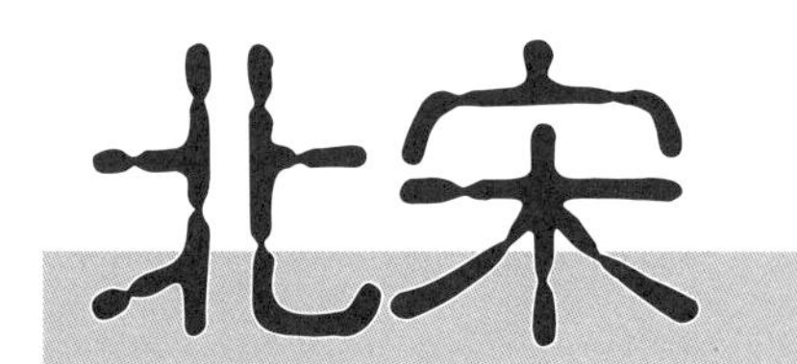

北宋

趙匡胤建立了宋朝，
即將要為動亂時代畫下休止符而完成統一。
不過卻在達成願望前猝逝，
趙光義因而繼承兄長趙匡胤的遺志，
終於再度統一中國。

■短命王朝的興亡

在唐朝滅亡之後的黃河流域，有後梁兩代17年、後唐三代13年、後晉兩代10年，這些短命的非漢族王朝交互興亡。10世紀中葉，在河北一帶有突厥出身的劉知遠建立一個稱為漢（後漢）的王朝。劉知遠雖然不是漢族，但是卻自稱為古早時代漢高祖劉邦的子孫，並以漢為國號。

屬於劉知遠（高祖）、支撐著後漢的有力家臣則有史弘肇、郭威等人，他們都是從節度使發展成的藩鎮，前來幫助劉知遠建國。劉知遠在當上天子的隔年即過世，由其子劉承祐（隱帝）繼承帝位，但是朝廷大小事卻都掌控在史弘肇與郭威等人手中，他們甚至在上朝時還曾對隱帝說過：「有我們在，你就別多嘴了」。

西元950年，即位進入第二年之後，隱帝為了將政權奪回自己手中，在宮中發起掃蕩，殺了史弘肇、楊邠等權臣。郭威因為剛好身在外地所以逃過一劫，但是他的家人卻都被隱帝所殺，因此郭威決定舉兵反隱帝，與後漢朝廷軍展開對決。

郭威戰勝之後進入大梁城（中國河南省開封市），殺了隱帝掌握大權，並且在形式上擁立高祖劉知遠的弟弟劉崇之子劉贇為皇帝。由於該年正好有契丹（遼）軍從北方侵略，郭威就率領後漢軍前往迎戰，等回師大梁時就順勢登上帝位。

綜上所述，後漢只有劉知遠（高祖）、劉承祐（隱帝）、劉贇三代共4年就宣告滅亡，由郭威（太祖）建立了大周（後周）。

由於後周太祖郭威的兒子與姪子都被後漢隱帝所殺，因此他便收皇后柴氏兄長之子柴榮為養子，讓他繼承天子的地位。而他就是身為五代英主的周世宗。

在後漢隱帝被郭威殺害時，隱帝的叔父劉崇則逃至北方，與契丹聯手以太原（中國山西省）為中心自立，宣告繼承後漢，此政權稱為北漢。當劉崇得知後周太祖郭威去世之後，便在契丹支援之下對後周展開攻擊。

剛即位不久的後周世宗，對此決定身先士卒前往迎擊。宰相馮道等人以「先帝才剛亡，人心易動搖」為由阻止世宗出陣，不過世宗依舊毅然決然親自出兵。

北漢的劉崇親自率領3萬兵馬，加上契丹援軍1萬餘騎，在高平（山西省高平縣）佈下陣式。而後周雖然在右翼配置有攀愛能、何徽的部隊，不過他們在契丹騎兵的威容面前卻戰意全失分崩離析。世宗因此親自騎馬進入戰場督戰，總算重整後周軍且取得勝利。

高平之戰獲勝後，世宗認為軍制有值得反省之處，因而挑選出強壯的年輕人組織成近衛精銳兵團。另外，他也採取減輕租稅、獎勵開墾、實施治水事業等政策，藉此充實國力。他厭惡奢侈遊食之徒，因此斷然禁止佛教。佛教界因而將他與北魏太武帝、北周武帝、唐武宗並列稱為「三武一宗滅佛」。

■動亂當中的無血革命

西元959年，後周世宗年僅39歲便過世，由其子柴宗訓（恭帝）即位，不過這位天子當時卻只有7歲。因此，當翌年契丹來襲時，後周的群臣中便有傳出如果擁立幼帝，恐怕無法繼續生存的耳語，使眾人產生了動搖。

當時擔任指揮精銳近衛兵團的「殿前都點檢」這項軍隊要職的是趙匡胤，他為了對付南下而來的契丹，來到位於首都開封北邊的陳橋。天亮之後，自軍的將士突然一擁而上，硬是把天子專用的黃袍披在他身上，請求他繼承帝位。趙匡胤因此立刻返回首都，廢了恭帝自行即位，改國號為宋（西元960年），成為宋朝的第一任皇帝宋太祖。

對於太祖趙匡胤成為天子建立新國家的這一點，有人認為這是趙光義（趙匡胤的弟弟）與心腹趙譜等人在摸透趙匡胤的野心之後，聯手演出

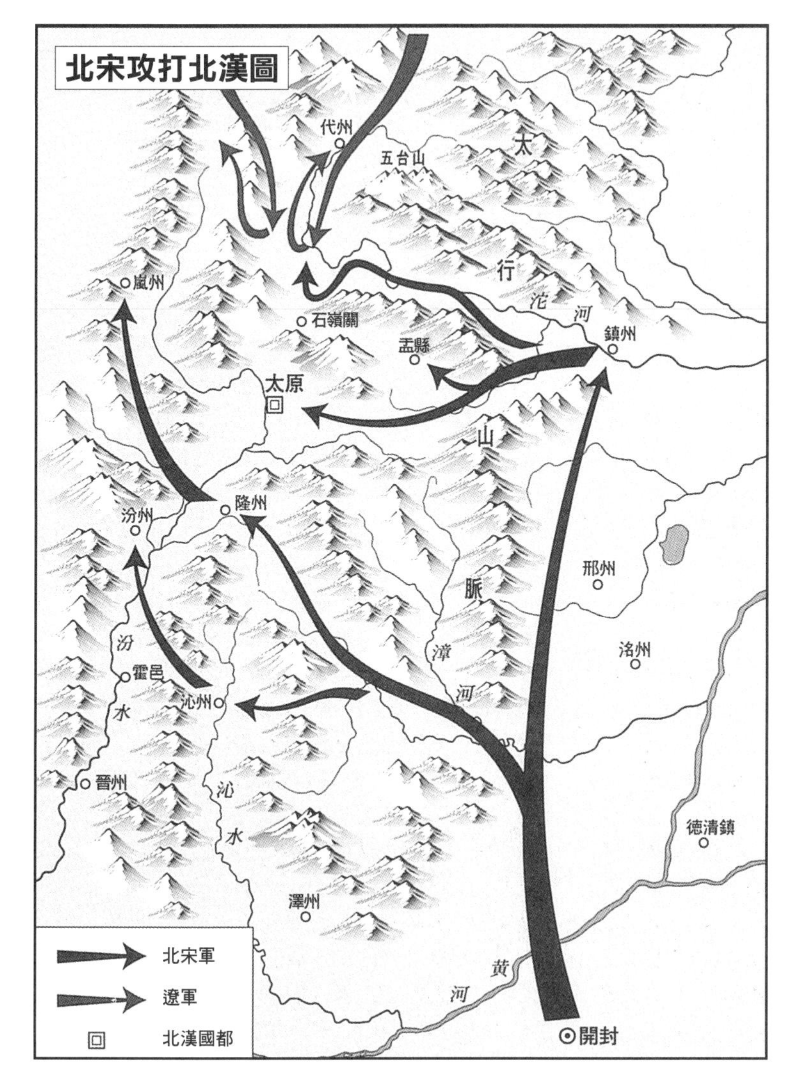

突然被擁戴為天子而建立宋朝的趙匡胤，逐步合併南方的小國，將分裂的中國邁向統一。可惜趙匡胤在即將完成統一之前猝逝，而即位為第二代皇帝的弟弟趙光義，於979年親自率兵攻打北漢。他擊敗了前來救援北漢的遼軍，攻陷北漢首都太原，使中國再度完成統一。

的一齣「禪讓」戲碼，不過以後周來說，趙匡胤原本即是高居近衛部隊將軍的有實力之人，會把帝位讓給他實在也無需太過驚訝。

■宋朝統一中國

即位成為宋朝天子的趙匡胤，繼承了後周世宗的遺志，致力於中國統一大業。宋朝開國之初，其版圖僅限於承接自後周的華北與江北，而從四川、湖南至長江以南，則還有數幾十國國家存在。

趙匡胤對於北方的契丹及契丹所支援的北漢，於當下採取融和策略，讓宋的背後能夠獲得穩定，好先向南方進軍。他把有著豐饒經濟支持的南唐與吳越擺在後面，先從外側的國家開始著手進攻。963年，他趁湖北發生內亂，以慕容延釗為主將，消滅荊南與楚兼併了湖南、湖北。

接著，965年他收服了後蜀，兼併四川地區，971年則成功攻下南漢，讓廣東、廣西也投向宋朝。如此一來，在南唐四周的各國接連被消滅，終於在975年以曹彬為將軍，組成南唐討伐軍派遣至江南，抓走南唐後主李煜，取得了勝利。

最後，南方就只剩下由浙江錢氏所建立的吳越而已，但是宋太祖趙匡胤卻在即將完成中國統一之前的976年，以50歲的年齡猝逝。

至於吳越王錢俶決定入朝，並將浙江地區獻給宋朝，則是978年第二任皇帝宋太宗時代的事了。另外，太宗在翌年也親自率領軍隊制服北漢，完成天下統一。而宋太宗，就是趙匡胤的弟弟趙光義。

由於北漢是後漢一族在契丹保護之下存續的政權，因此宋朝征服北漢之後，等於就是要與契丹進行直接對決。對於成為剛一統中國的宋而言，實在是個大威脅。

金・南宋

企圖奪回燕雲十六州的宋與金聯手，
成功消滅了宿敵遼國，
不過卻也因此讓金崛起，讓宋於苦境。
在金軍的進攻之下，首都開封迅速陷落，
政權只能移往江南去。

■獨裁君主制的確立

宋朝開國之初，一方面要收拾五代十國的分裂狀態而採取軍事行動使中國完成統一，一方面也在宋朝內部開始建構起國家組織。由於五代十國大多都是各地的節度使自立為藩鎮後發展出來的皇朝，因此為了避免重蹈覆轍，宋初在軍制方面將軍事力量盡可能全部集中在天子一個人手上。

首先要充實禁軍（近衛軍），並將其分為3軍，各自任命將領。而各將領雖然有指揮作戰的權限，但是卻無法過問任免、賞罰等軍政事務。另外，軍政的權限則是由樞密院掌握，不過樞密院無法指揮士兵，而且規定所有的決議都必須要經過天子的裁定才行。

透過這種軍制改革，事實上是可以達到防止地方節度使藩鎮化的效果，但缺點是當邊境發生緊急事態時，在人員調配的反應上就會比較遲鈍。

特別是對北方遼國的外交上，就連邊界的緊張情況，都得要向天子報告才行，因此就會產生發至邊境的軍令常常都已不符合當下現況。

■北方外患增強形成壓迫

經過宋太祖（趙匡胤）、宋太宗（趙光義）兩代，中國姑且算是完成統一。這時對宋朝而言的下一個難題，就是奪回936年五代的後晉在建國時，為了獲得協助而以割地「燕雲十六州」（河北、山西北部）給遼國的土地。

遼是由契丹族的耶律阿保機稱帝（遼太祖），在10世紀初所建立的國家。契丹的各個部族原本是4世紀左右出現於內蒙古東部西拉木倫河流域的遊牧民族，於9世紀末因唐朝勢力在西北邊境減弱而開始擴大，他們制伏了党項、吐谷渾，又打倒渤海，直逼華北而來。

如果能將燕雲十六州奪回，並且把遼趕回長城以北的話，就能確保宋朝北方的安全，並徹底達成中國統一。因此太宗便於979年、986年兩度出動大軍，但皆吃了大敗仗，無法收復失地。

西元1004年，遼國先征服了朝鮮半島的高麗，解除了後顧之憂，開始大舉南下，進攻宋朝首都開封。宋真宗在宰相寇準的建議之下御駕親征，終在澶州（中國河北省濮陽縣）擋住了20萬遼軍。

之後，宋、遼兩國簽訂條約（澶淵之盟），宋雖稱遼為弟，但卻須每年贈遼白銀10萬兩與絹布20萬匹。藉此獲得暫時的和平。但事實上，宋朝既無取回燕雲十六州，遼也在經濟上實際獲益。

儘管沒有收復失土，不過與遼的緊張關係卻有稍微解除，這時宋朝的煩惱換成來自西北邊境由李元昊率領的西夏。西夏是由党項族所建立的國家，勢力範圍是在內蒙古至甘肅一帶，從11世紀中葉開始，存在了約200年左右。

宋朝認為若單純以武力與西北邊境的西夏對決，恐怕會有連長安都被佔領的危險，因此最後還是與西夏締結和約，每年由宋朝贈與西夏大量白銀、絲絹、茶葉等。

如上述般贈與鄰國的財物稱為歲幣，對於宋朝來說，想當然爾是項沉重的財政負擔。

■被趕至江南的宋朝

西元12世紀以後，宋朝周圍又有新局勢產生。在遼的北方有女真族建立了金國，這是從遼的統治之下獨立出來的國家。宋朝認為這是施展「以夷制夷」策略的大好機會，因此便於1120年決定聯金滅遼，合作進行南北夾擊。

金接受了宋的提案，開始征戰於遼，而宋也從南邊往燕京（北京）展開攻擊。不過遼在燕京拚死抵抗，使宋軍未能將之攻陷，最後打下燕京的則是金軍。

西元1125年，遼的天祚帝投降於金，遼國正式滅亡。後來金國見宋朝衰弱不堪，便藉口侵宋，最後和議不成，金兵南下侵宋。1127年，宋都開封遭攻陷，包括天子在內的皇室成員都被抓到北

宋與脫離遼獨立的金聯手，成功消滅了宿敵遼國。雖然宋朝因此得以收復被遼奪取的失土，不過卻因為政治外交上的疏失，反而遭到金軍攻擊。不僅宋都開封遭攻陷，就連皇帝也被抓走。好不容易逃過一劫的趙構在應天府即位，卻又在金軍的侵略之下逃至江南。他在杭州樹立新政權，從此形成南北對峙的形勢。

方去，史稱靖康之難。至此，由第一任皇帝趙匡胤即位開始算起167年的宋朝，暫告滅亡。

宋朝的皇族幾乎全都落在金手中，不過徽宗的第9個兒子趙構得以逃過一劫，因此宋朝遺臣們就在應天府（中國河南省商丘市）擁立趙構，並對各地發出勤王檄文，呼籲對金展開反擊，終使宋朝得以存續下來。

不過華北的戰況已使得宋朝沒有復活的餘地，因此趙構就南下遷都至長江北岸的揚州（中國江蘇省揚州市）。而金軍此時也追擊至揚州，趙構繼續越過長江，從杭州（中國浙江省）逃到溫州（浙江省）。雖然金的南征軍也推進至寧波（浙江省）附近，不過進入江南之後，便有韓世忠等人所率領的軍隊奮力抵抗，使金軍無法攻陷至長江以南，只好返回北方。在此期間，趙構於杭州組織了新政府，是為宋高宗，其隔著長江與金對立，形成南北分裂的形勢。逃至江南以後的宋朝稱為南宋，之前的宋朝則稱北宋以做區分。

對於南宋來說，收復失去的長江以北領土，不用說當然是當務之急的國是。而岳飛等人則率領自民間組織而成的義勇軍，從湖北一直打到河南，但是卻沒有得到南宋政權中樞的支援，因此無法繼續向北反攻。

或許是高宗當時傾向議和於金，又加上朝廷當下眼前著重於江南的開發，所以將重心南移所致吧！

在南宋與金的對峙中，
蒙古已逐漸擴大其勢力，
驅使著騎兵軍團建立起一大帝國。
他們的勢力從亞洲一直席捲至歐洲，
最後終於滅了金與南宋，征服全中國。

北方新脅威竄起

在蒙古高原上，人們為了僅有的牧草地而不斷爭鬥，因此蒙古族一直無法成為一股單一民族的大勢力。但就在12世紀末時出現了一名叫鐵木真的男子，他快速的壓制了近鄰各部族，將蒙古統一，而被稱之為成吉思汗。接著開始進攻西夏。

成吉思汗的騎兵軍團陸續於山西、河北前進，最後攻陷了金的中都（北京）。金因此幾乎失去了黃河以北全部的領土，只好將都城遷移至汴京（中國河南省開封市），使領土範圍變更為河南一帶。

此後，蒙古暫時把兵力先調至歐亞大陸，欲將歐洲逐一收入版圖，連一個小城也不放過。看到金遭受新起的蒙古如此重大打擊，南移的南宋政權又開始浮現出「以夷制夷」的策略。過去在北宋時曾想以聯金滅遼的方式坐收漁翁得利的成效，但最後卻反而使金因此滅了北宋，可見南宋並沒有因此學到教訓。

蒙古在成吉思汗死後，由窩闊台（太宗）繼承帝位，並且開始對金全面展開攻擊。南宋理宗則派出使者，希望蒙古能與南宋從金的南北兩方進行夾擊。根據約定，在滅金之後，南宋可以獲得河南的土地，達成長久以來收復失土地的心願。

西元1234年，南宋軍呼應從北方進攻的蒙古軍，開始對金攻擊，將敗逃的金哀宗追擊至蔡州（中國河南省汝南縣），最後終於把長年的宿敵金給消滅。不過，南宋軍乘著勝利，便想要一口氣收復中原，藉此汴京、洛陽等地。

於是，蒙古以南宋背棄盟約為由大舉南侵。把南宋再度趕回長江以南，南宋在長江以北的據點則只剩下襄陽（中國湖北省襄樊市）而已。翌年，1235年蒙古軍派出軍隊，對南宋展開全面進攻。不過此時的南宋軍也驍勇善戰，特別是在之前的蔡州追擊戰中打出名號的孟珙，在他的死守之下，終於擊退了蒙古軍。

在靖康之難後，南宋之所以能跟勢均力敵的金持續對峙，且在江南維持獨立政權，主因是有長江這條中國最大的天然屏障保護。而且出身遊牧民族的金，其主力部隊較擅長陸上的騎馬作戰，不諳南方的水戰。同理，蒙古軍也是一樣。他們的騎馬作戰在當時應該可以算是所向無敵，不過若要進攻縱橫水路交織的江南，就需要再三思量了。

南宋重要據點陷落

蒙古帝國在成吉思汗之後，依序由窩闊台、貴由（窩闊台長子）、蒙哥（窩闊台姪子）、忽必烈（蒙哥的弟弟）繼承，而在忽必烈即位時，擁有廣大版圖的幾個汗國則已經逐漸呈現分裂的狀況。對於這個起自東亞，西至波斯和俄羅斯南部，橫跨歐亞大陸的史上最大帝國來說，會形成分割統治也是很自然的趨勢。

忽必烈於1271年將國號改成元，並慢慢進攻南宋，欲將整個中國當作自己的根據地。此時，他正式揮軍南下，首要任務便是攻下襄陽。

此時，襄陽已由守將呂文煥拚死力守數年，當元軍大軍攻至，呂文煥苦撐許久後依然等不到援軍只好投降，至此，襄陽淪陷。南宋末年，在抵抗蒙古軍侵略時雖然出了很多忠臣、義士，不過卻未能同心協力合作，由此可見南宋的內部紛爭、矛盾累積已久。

襄陽的淪陷，不只代表南宋抗戰的軍事重鎮被奪去，讓長江中游失去屏障，對於之後的戰局有著莫大的影響。

沉入南海的宋王朝

蒙古的南宋征討軍指揮官是伯顏。由於襄陽已經攻陷，使蒙古軍得以確保從漢水下至長江的水路，因此伯顏便接連拿下江南諸城，一路逼進杭

忽必烈決定進攻南宋之後，首先包圍了要衝襄陽。雖然花了數年才把它攻陷，不過在吸收跟呂文煥一起投降的南宋軍之後，以伯顏為主將的蒙古軍便開始全面進攻南宋。伯顏率領的主力部隊沿著漢水、長江前進，接連攻下南宋軍的城池。1276年，首都臨安淪陷。逃至南方的朝臣擁立新皇帝繼續抵抗，最後則是在廣東近海的崖山全滅。

州。

南宋朝廷雖然趕緊招募勤王之師，不過回應檄文的人，卻只有張世傑與文天祥等少數幾人而已。而且這些將領之間，彼此並無相互合作。

西元1276年，年僅6歲的南宋最後皇帝恭宗投降於伯顏軍。從靖康之難（1126年）後，宋高宗趙構立為南宋首任天子開始，持續了150年的南宋宣告滅亡。

在杭州陷落之前，恭宗的兩個年幼兄弟逃至溫州，陸秀夫、張世傑、文天祥原想擁立這兩位皇子繼續對抗蒙古。不過一行人經由福建一路往南逃至廣東，光是要逃避追擊而來的蒙古軍就已相當吃力。而在江西與福建的山中遭元軍襲擊的文天祥，最後也被蒙古軍抓到。

至於逃跑的兩位皇子當中，哥哥端宗在敗逃中病死，陸秀夫與張世傑便擁立弟弟趙昺，在廣東新會縣海邊一個稱為崖山的島嶼上建構據點。

之所以會特別跑到海上去，應該是考慮到蒙古不善於水戰的緣故。不過蒙古軍攻打至此已經有許多漢人加入，推測水戰應已不是問題。

西元1279年，南宋在崖山的海上打了最後一場仗，南宋的船艦接連沉沒。當勝負明顯已定時，陸秀夫便背著趙昺縱身跳入海中。張世傑雖然想要往南逃走繼續抵抗，卻在脫離戰場時船隻卻遭遇暴風，而不幸溺死。

明

由於元朝施行種族歧視的苛政，
使各地亂事頻起。
貧農出身的朱元璋壓制了割據的群雄，
打倒號稱空前大帝國的元朝，
成功重建起漢民族的皇朝。

■對元朝的強烈反感

由蒙古人忽必烈所建立的元朝，在平定南宋之後取得中國全土，不過農民卻不斷發生暴動，宮中的皇族與臣下之間也各懷鬼胎，政治並不算穩定。其中一個原因，是因帝位繼承並沒有固定的方式；當時採用的方式是延續自遊牧時代，從小部族中直接選出天子的做法，因此在交替天子時，宮廷中很容易為了即位的事情產生紛爭。在元朝末年，甚至還發生弟弟先繼承第10代帝位（寧宗），等他死後哥哥才繼任第11代皇帝（順帝）。像這種在一般皇朝根本就無法想像的繼承順序逆轉現象，其緣由想必跟宮廷內部的混亂有很大的關係。

另外，元朝還將全國人民依據人種分成四個階級；第一為蒙古人、第二是色目人，包括較早歸順蒙古的西域人以及其子孫；第三為原本金國領土內的華北漢族，稱作漢人；而最下層的第四級，則是原本隸屬南宋的漢族，稱為南人。

根據這四種階級區分，從朝廷到地方的官員幾乎都是蒙古人，而色目人的待遇則次之，最後才會任用少數漢人。以官職來說，幾乎不會任用任何南人，同時當時科舉也遭到廢止。

在這樣的情況下，即表示被稱為讀書人的中國知識分子階級大多失去了適當的職位，想當然爾會對元朝充滿強烈的反感，更不用說對其付出忠誠了。

再加上元朝從初年開始就不斷執行，如：兩次遠征日本等大規模軍事行動，導致需要時常增加國庫收入，因此便向農民課以重稅，使貧窮的農民更加不滿，隨時都有點燃叛亂暴動火種的可能。

■人民相繼起義

西元1348年，在浙江從事物資運輸業的方國珍轉變為海盜，不斷掠奪沿海地區。而元朝中央因為重臣都在進行派閥鬥爭，所以無法採取適當的對策，最後只好從朝廷授予他官職讓其歸順。以招撫來解決這件事，讓人民清楚看見元朝的無能。

無獨有偶，這次換成韓山童以一個稱為白蓮教的宗教團體為背景，在淮水一帶掀起叛亂。韓山童自稱為北宋徽宗皇帝的第8世子孫，要將外族趕出中國，成為天子。此意謂他將民族革命的氣氛帶進了叛亂當中。韓山童最後被元軍所殺，而他的兒子韓林兒則聚集十幾萬民眾持續叛亂。

另外，為了呼應白蓮教的叛亂，在各地都有人揭竿起義，長江中游流域有陳友諒，江南則有張士誠，幾乎已經讓朝廷陷入束手無策的狀態。再加上元朝宮廷內部的重官因為派閥分裂而不斷鬥爭，使得叛亂的混亂又更加嚴重。舉例來說，從朝廷派出去討伐張士誠的指揮官脫脫，曾率領著元朝正規軍勢如破竹地擊敗叛軍，只差一步就能把張士誠逼死在高郵，但是卻突然被冠上罪人之名召回京城。

■漢民族王朝再起

在起而響應白蓮教亂的人當中，有一個人名叫郭子興，以濠州（中國安徽省鳳陽縣）為根據地。而被這位郭子興所欣賞，甚至還把養女馬氏嫁給他的人就是朱元璋。朱元璋原本是濠州貧窮農家的兒子，因為沒飯吃而到寺廟出家，結果卻變成流浪和尚，在淮水流域遊蕩了三年之久，而他似乎也是在這段期間與佛教系的白蓮教徒扯上關係。

郭子興很早就病死，朱元璋整合濠州、滁州（安徽省滁縣）的叛軍並逐漸擴大勢力。他在與元軍激戰後，於1356年佔領集慶（南京），並將該地改名為應天府。此時夾著應天府的朱元璋，西邊有陳友諒、東邊有張士誠，龐大的叛軍勢力沿著長江排列，並且互為對立關係。

陳友諒雖曾建議張士誠一起從東西夾擊朱元

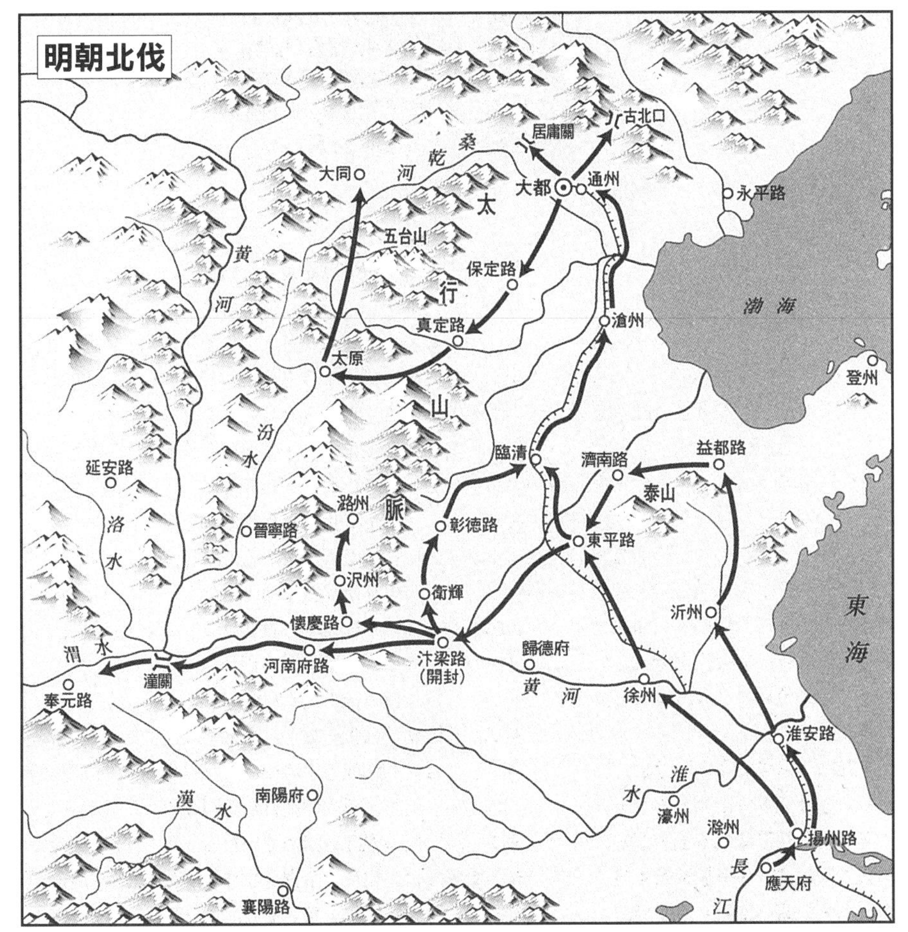

朱元璋掃蕩其他反抗勢力，取得了江南，並於1367年起兵討元。主將徐達首先攻克山東，而後控制河南站穩腳步。1368年，朱元璋在應天府即位，建立了明朝，並且開始向元的首都大都進軍。他在通州擊敗元軍，元順帝因此嚇得逃回蒙古，元朝遂宣告滅亡。

璋，不過張士誠不為所動，因此陳友諒就先與朱元璋交鋒，兩軍在鄱陽湖上激戰。在鄱陽湖之戰中，陳友諒的水軍號稱共有60萬，不過卻因朱元璋軍的火攻吃了大敗仗。陳友諒的士兵接連投降朱元璋，而陳友諒本身也在敗逃中戰死。

朱元璋擊敗陳友諒之後，於1364年在應天府自稱吳王，準備建立新的王朝。在這前一年，蘇州的張士誠也同樣自稱吳王，所以這個時期在江南同時有兩位吳王存在。最後，朱元璋派遣徐達擔任主將，率領張士誠討伐軍向東前進，於1367年攻陷蘇州，逼張士誠自殺。吳王朱元璋完全掌控江南之後，便決定開始討伐元朝。他先命徐達平定山東，於1368年在應天府登上天子寶座，重新定國號為明、年號定為洪武，由於在朱元璋之後，每一代天子都習慣只用一個年號，因此朱元璋也稱為洪武帝。

朱元璋為了消滅元朝統一天下，終於要開始進行北伐了。當時在元朝宮廷中，有天子順帝與皇太子相互爭執，朝廷的重臣們也相互對立，不斷重複上演著殺戮與放逐等戲碼。因此，當明的北伐軍攻陷通州，逼近大都（北京）時，順帝深知已無法繼續抵抗，便帶著后妃逃離都城，跑到內蒙古的應昌府去。

西元1368年8月，原本已經準備要進行最後一場大決戰的北伐軍，在主帥徐達的帶領之下，浩浩蕩蕩的開進了大都，同日，元朝宣告滅亡。

最後，逃至北方的元順帝在應昌府過世，不過他的皇太子—愛猷識里達臘則想要在西北的沙漠地帶復興元朝，史稱為北元。明朝曾經數度派遣軍隊出兵於北方，使北元氣勢甚弱，幾乎已無法再對明朝造成威脅了。

清

因為政治腐敗，使各地爆發民亂，
而勢力逐漸擴大的李自成軍，
不僅攻陷了北京，最後還滅了明朝。
不過當明朝將軍吳三桂知道北京淪陷後便向清投降，
將意圖征服中國的清軍引入中原。

宦官所引起的混亂

明朝始於第一任的洪武帝（朱元璋），他先以南京為根據地建立皇朝，同時也在該處即位，因此當初的首都就是南京。洪武帝死後，因為原本的皇太子朱標已經過世，所以就由朱標的兒子，也就是洪武帝的嫡長孫朱允炆繼承第二任皇帝（建文帝），不過他的叔父燕王朱棣卻發動叛亂，攻打建文帝並奪取皇位，成為永樂帝。由於這位燕王原本是以北京為根據地，因此就把首都遷移至北京，並使該地在之後皆以作為中國首都的形式發展。

明朝傳至第16代的天啟帝時，北京宮廷的實權被宦官魏忠賢所把持。天啟帝並不關心政治，因此把所有事情都交給他所信任的魏忠賢去處理。傳聞，魏忠賢是因為在賭博時輸個精光，所以才跑去當宦官。由於他手中握有大權，甚至還在各地建起把自己當作神來拜的廟，行為相當猖狂。

在明朝的臣子之間，當然會有人對魏忠賢大加批判，其中有個稱為東林黨的讀書人集團，即為批判魏忠賢的核心勢力，因此很自然地遭到魏忠賢嚴重壓制。與此同時，又另有一批心向明朝的士人無法對東林黨引起的騷亂坐視不管，朝廷黨爭之下讓明朝政治陷入更嚴重的混亂當中。

最後，天啟帝過世由弟弟崇禎帝即位，他即位後的第一件事就是鬥倒魏忠賢。魏忠賢自知無路可退而上吊自殺，他死後屍體則被拖出來任人千刀萬剮。

崇禎帝之所以解決掉魏忠賢，是為了表示今後將肅正綱紀，重新出發，不過對明朝來說卻為時已晚。

北京城陷落

崇禎帝即位的1627年，旱災頻傳導致農業歉收，民不聊生，因此在陝西一帶，有很多農民因為捱不住飢餓而暴動。1628年之後，貧農的暴動並未停止，反而由王嘉胤帶頭，領著他們進行叛亂，而在王嘉胤底下則聚集有高迎祥、張獻忠等人。

出身陝西延安的李自成，曾經當過驛站的驛卒，但因為政府刪減經費的關係，使得驛站被廢除，李自成無處可去，只好投身於叛軍。雖然詳細情形不得而知，不過他跟王嘉胤麾下的幹部高迎祥似乎有親戚關係。

發生於陝西一帶的叛亂，終於發展到朝廷無法輕視的地步，這是因為明朝的正規軍因為糧食與薪餉遲發的關係，有很多人一怒之下就跑去加入叛軍。後來，朝廷任命洪承疇為總帥，開始正式進行鎮壓，而首先就拿王嘉胤開刀。

李自成跟著高迎祥的部隊轉戰各地，但是高迎祥卻在1636年被明軍抓到，並且送至北京處刑。於是李自成整理高迎祥的殘餘部隊，從陝西的山中逃到四川去。

在這段期間，各地的叛軍因為與明軍交戰的關係，勢力逐漸進行統合，而李自成與張獻忠這兩個人，便是各自率領著強大集團的兩大勢力。張獻忠的部隊最後也跟李自成一樣被趕到四川去，主因是明軍在四川的配置戰力相對較弱一點。

後來，明軍的鎮壓部隊終於進入四川，張獻忠逃往湖北並攻下武昌，接著又再度回到四川，自稱為大西王。李自成的部隊則是從四川跑到河南去，由於河南當時正好在鬧大飢荒，因此許多貧農陸續加入李自成軍，使他的勢力越來越龐大。

西元1641年，成為一股龐大勢力的李自成攻陷了洛陽，然後持續進攻河南、陝西一帶，並於1644年經由山西朝北京前進。北京城被包圍之後，明軍一點鬥志都沒有，很乾脆地投降李自成，而崇禎皇帝上吊自殺，明朝至此已算實質滅亡。

中國最後的王朝

在明朝混亂不已的同時，長城以北興起了一個

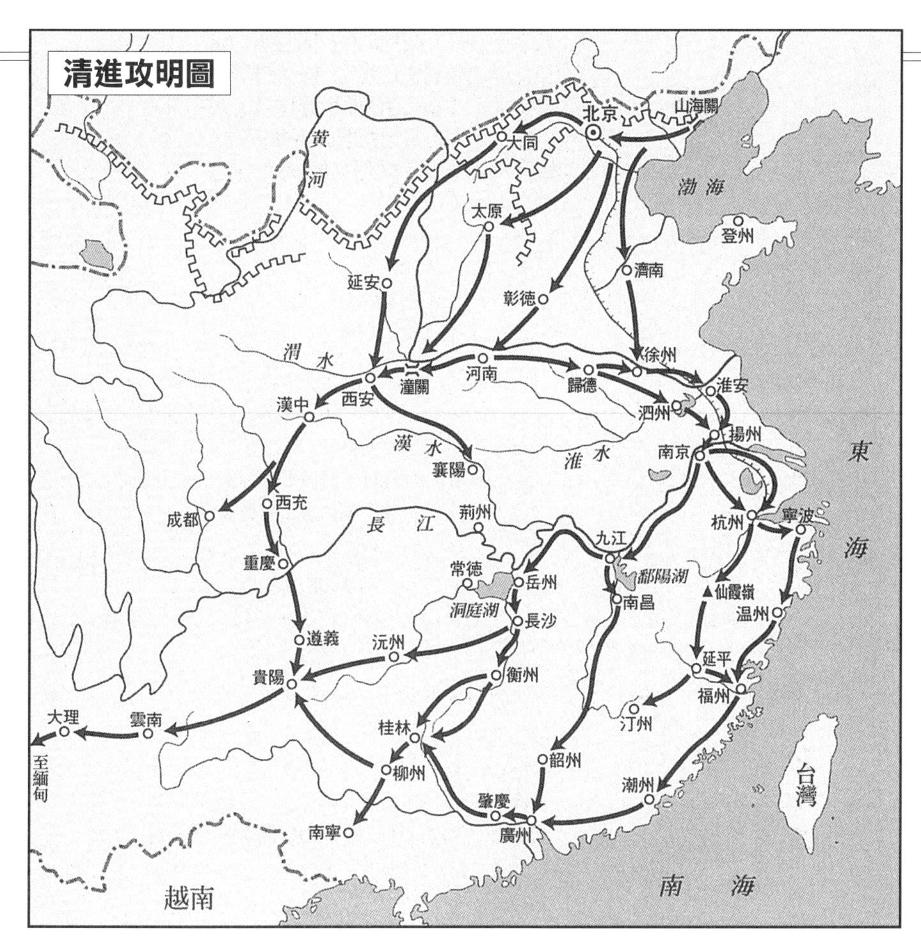

終於得以進入中原的清軍，繼續征服中國全土。以江南為據點進行抗清活動的各方勢力，在清軍壓倒性的攻勢之下，被逼到南方去，而繼承明朝最後皇統的永明王也在緬甸被抓。殘餘的抗清勢力在1683年完全被消滅，清朝遂完全掌控整個中國。

由女真族所建立的清。女真族在過去所建立的金朝曾於12世紀時滅了遼與北宋，而金朝被消滅之後，他們轉而成為東北山中的狩獵民族。到了16世紀後半，出現了一位名為努爾哈齊的有能之人，他整合了女真的各個部族，建立起後金這個國家。

努爾哈齊在1619年的薩爾滸之役中大破明軍，進而想要闖過山海關進入中原，不過卻在攻擊山海關外的寧遠城（中國遼寧省興城縣）時遭遇失敗，努爾哈齊本身也因在該處所受的戰傷而身亡。後來，努爾哈齊的兒子皇太極完全掌握了長城以北，並改國號為清，最後還實現父親無法獲得逐鹿中原的機會。

北京被李自成攻陷之後，因為持續防守寧遠城、擊退清軍攻擊聞名的明朝將軍吳三桂，改變心意讓清軍進入山海關，讓他們擊敗李自成並收復北京。李自成被清軍趕出北京之後，從山西逃至西安，又轉戰至湖北的襄陽與武昌，最後在湖北的九宮山中自殺（西元1645年）。算算李自成待在北京城內的時間，其實只有短短40天而已。

清軍在以意想不到的方式實現進入中原的目的之後，陸續征服了全中國。崇禎皇帝在北京自殺後，明朝皇族中的福王（崇禎帝的表兄弟）則於南京即位，宣布繼承明朝，史稱南明。但在他即位的翌年（西元1645年）清軍就攻陷南京，並把福王抓起來。

另外，跟李自成一樣是由農民叛亂起家，於四川建起另一股勢力的張獻忠，最後也在與清軍作戰時被殺（西元1646年）。

雖然在南方的台灣、福建地區還有鄭芝龍的部隊擁立明朝王族，持續進行著反清活動，不過主要的反清集團在1659年之前已都被掃蕩一空，使得清朝得以紮穩根基。

繼承明朝最後皇統的永明王朱由榔（永曆帝）最後是逃至緬甸，並於1661年被清軍抓到，在翌年過世。鄭芝龍的兒子鄭成功效忠著永明王，仍持續抗清活動，不過在永明王死後，他也很快地追隨君主腳步離開了人世。

國家圖書館出版品預行編目資料

戰略・戰術・兵器事典. vol.7, 中國中古篇
; 張詠翔翻譯. -- 初版. -- 新北市：楓樹林,
2012.06　196面25.7公分

ISBN　978-986-6023-24-8（平裝）

1. 戰史　2. 兵器　3. 中國

592.92　　101007894

譯者簡介
張詠翔
1982年生。新竹高中動畫社幹部、MDC軍武狂人夢網站成員、長庚大學卡漫社社長。畢業於長庚大學工業設計系。日本東洋美術學校創造設計科高度產品設計專攻。曾任軍事雜誌美術編輯。

戰略戰術兵器事典【中國中古篇】vol.7

出　　版／楓樹林出版事業有限公司
地　　址／新北市板橋區信義路163巷3號10樓
網　　址／www.maplebook.com.tw
郵政劃撥／19907596　楓書坊文化出版社
電　　話／(02)2957-6096
傳　　真／(02)2957-6435
作　　者／來村　多加史
　　　　　坂田　新・篠田耕一
　　　　　坂出　祥伸・竹田　健二
　　　　　李天鳴・周維強
監　　修／村山　吉廣
翻　　譯／張詠翔
總 經 銷／商流文化事業有限公司
地　　址／新北市中和區中正路752號8樓
網　　址／www.vdm.com.tw
電　　話／(02)2228-8841
傳　　真／(02)2228-6939
港澳經銷／泛華發行代理有限公司
定　　價／380元
初版日期／2012年6月